U0157737

[美]乔治·伽莫夫 著　陈佳 译

One Two Three

···

Infinity

从一到
无穷大

FREE WATER
SURFACE

江苏凤凰文艺出版社
JIANGSU PHOENIX LITERATURE AND
ART PUBLISHING

图书在版编目（CIP）数据

从一到无穷大 /（美）乔治·伽莫夫著；陈佳 译
. —— 南京：江苏凤凰文艺出版社，2024.5
ISBN 978–7–5594–8452–9

Ⅰ.①从… Ⅱ.①乔…②陈… Ⅲ.①自然科学－普
及读物 Ⅳ.① N49

中国国家版本馆 CIP 数据核字 (2024) 第 008436 号

从一到无穷大

（美）乔治·伽莫夫 著　陈佳 译

策　　划	栗子文化
策划编辑	钱　丽
责任编辑	白　涵
封面设计	刘　军
版式设计	天　缈
出版发行	江苏凤凰文艺出版社
	南京市中央路 165 号，邮编：210009
网　　址	http://www.jswenyi.com
印　　刷	北京中科印刷有限公司
开　　本	880mm×1230mm 1/32
印　　张	11
字　　数	286 千字
版　　次	2024 年 5 月第 1 版
印　　次	2024 年 5 月第 1 次印刷
书　　号	ISBN 978–7–5594–8452–9
定　　价	58.00 元

江苏凤凰文艺版图书凡印刷、装订错误，可向出版社调换，联系电话 025-83280257

献给

我心怀牛仔梦的儿子伊戈尔

海象说:"来吧,是时候让我们好好聊聊了。"

——刘易斯·卡罗尔《爱丽丝镜中奇遇记》

原子、恒星和星云，神秘的熵、伟大的基因传承……本书将带你掀起头脑风暴，深入探讨"时空会弯曲吗？为什么火箭会收缩？"等一系列充满趣味性和知识性的话题，充分满足你的求知欲和探索欲。

本书创作的初衷，是希望将现代科学中最富趣味性的内容和理论通过科学家的视角进行呈现，让读者感知微观和宏观视野下宇宙的精妙和神奇。撰写过程中，我尽量避免全面系统地去阐述故事，防止将本书变成内容庞大的百科全书；同时，有针对性地甄选讨论主题，对相关科学的基础知识进行简要查证，确保不出现知识盲区。

挑选主题的时候，我更多考虑的是重要性和趣味性，而非难易程度，因此，读者在阅读过程中会有不同的体验感。某些章节内容相对简单，孩子们也能轻松把握，部分内容则需要读者集中注意力，认真学习才能完全理解和驾驭，希望大家都能充分享受这一过程。

需要特别说明的是，我曾在《太阳的诞生与死亡》和《地球传》中详细讨论了许多与宏观宇宙有关的问题，为避免内容冗长，使文章更具可读性，书中对"宏观宇宙"最后章节的讨论比"微观宇宙"要简练许多。在这一部分，内容更多聚焦于行星、恒星和星云世界中的物理事实和事件，揭示其蕴含的内在规律，对近年来学科发展过程中所关注的新问题进行更为详尽的讨论。诸如，物理学中已知的最小粒子"中微子"，引发了被称为"超新星"的巨大恒星爆炸；新的行星理论否定了当前被公认的"行星起源于太阳和其他恒星碰撞"这一观点，让康德和拉普拉斯的理论重新焕发生机。

最后，我想对众多艺术家和插画家们表示感谢，他们的作品经过了拓扑变换（见第二卷第三章），为本书的很多插图提供了基础素材。此外，还要感谢玛丽娜·冯·诺依曼，一位自称比她声名远播的父亲更为博学，不擅长数学，却依旧深谙其道的年轻朋友。在玛丽娜阅读了部分章节，并告知我并不十分容易理解之后，我最终确定了本书的适用范围应该是成年人而非儿童，跟我当初设想的不太一样。

乔治·伽莫夫
1946年12月1日

随着学科细分领域后知识结构的快速更新与变化，所有关于科学的书籍在出版几年后都极其容易过时。从这个意义上来说，十三年前出版的《从一到无穷大》是极为幸运的，书籍中吸纳了许多重要的科学成果，具有一定的理论和实验基础。此次再版时，只需对内容进行少量的修改和完善，就能与时俱进地跟上科学的发展水平。

截至目前，部分成果取得了突破性进展，比如：原子核发生核聚变反应（热核反应）后引发氢弹爆炸，通过热核过程能够缓慢且稳定地控制能量释放。本书第十一章对热核反应的原理及其在天体物理学中的应用进行了阐述，而关于此项研究的进展则在第七章末尾提供新的材料进行说明。

此外还有一些新的变化，包括：宇宙的年龄从之前预估的20亿或30亿年变更为50亿年或以上，以及在加利福尼亚州帕洛马山使用新的200英寸海尔望远镜观察后，科学家们修正了天文距离尺度。

我重新绘制了图100（本书256页）来说明生物化学研究所取

得的最新成果，修改了与之相关的文本，并在第九章末尾添加了关于简单生物体合成生产的内容。此外，首版书籍中曾写道："是的，我们在生物和非生物之间肯定有一个过渡的步骤，也许在不远的将来，某位才华横溢的生物化学家从普通化学元素中合成病毒分子时，他会发出惊叹，'看呐，我让一块死亡有机物再次获得了生命！'"事实上，几年前，此项研究在加利福尼亚州已经取得成功，读者可以在第九章的结尾看到关于这个项目的来龙去脉。

最后要告诉大家的是，本书首次出版时，很多朋友看到我题写的"献给我心怀牛仔梦的儿子伊戈尔"，纷纷来信询问"他是否真的如愿以偿成为牛仔？"，答案是否定的，小伙子主修生物学，将于今年夏天毕业，今后将致力于遗传基因方面的工作。

G·伽莫夫
科罗拉多大学
1960年11月

| 目 录

第一卷

数字游戏

PART I

Playing with Numbers

第一章　大数字

1. 你最多能数到几?

咱们先来听个故事吧。很久以前,有两个匈牙利贵族决定玩一个数字游戏,看看谁说的数字最大。

其中一个摸了摸自己的下巴,对伙伴说:"你先来!"

另外一个沉吟许久之后,认真地说出了一个他认为最大的数字"3"。

第一个人听到后,冥思苦想了一刻钟,最终,艰难地选择放弃,不甘心地说:"你赢了!"

诚然,这两位匈牙利贵族也许智商平平[1],这个故事也有些许

---

[1]　这一说法可以在另一个故事中再次得到验证,在那个故事中,一群匈牙利贵族在阿尔卑斯山徒步旅行的过程中迷路了。其中一人拿出了一张地图,研究了很长时间后激动地说:"我知道我们现在在哪里了!""在哪里?"其他人问。"看到那边的大山了吗?我们就站在上面呢。"

挪揄的色彩，但如果把故事的主角换成霍屯督人[1]，那么类似这样的对话则极有可能发生。事实上，非洲探险家们就曾经发表过一些权威的言论，对霍屯督人部落的词汇中没有大于3的数字进行过描述。当你和一个当地人对话，问到他有多少个儿子或杀死了多少个敌人，一旦答案超过"3"，他会回答"很多"。由此看来，就算是一个普通的美国幼儿园小朋友，也可以让霍屯督人部落里骁勇善战的勇士们甘拜下风，毕竟孩子可是能够轻松数到"10"的。

现如今，我们可以毫无障碍、随心所欲地使用各类数字，无论是战争开支中精细到"美分"，还是测量恒星之间距离所使用的单位"英寸"[2]，只要通过在数字右侧加"0"的方式，就能让数字无限增大，当你把"0"写到手腕酸痛时，也许就能得到一个比宇宙[3]当中所有原子总数还要大的数字，现阶段已知的这个数是300 000 000 000 000 000 000 000 000 000 000 000 000 000 000 000 000 000 000 000 000 000 000 000 000 000[4]。

或者，可以直接简写成：3×10^{74}。

在这里，小数字"74"位于"10"的右上方，所代表的是"3"之后"0"的个数，简言之，就是3乘以10的74次方。

但这种"简易算术"的系统在古代并不为人所知。事实上，它由一位默默无闻的印度数学家发明，出现的时间可能还不到两千年。在他开创先河之前，人们并未意识到这件事情不同凡响的意义和价值。古代的人们通过使用特殊的符号来记录和书写数字

---

[1] 霍屯督人，自称科伊科伊人，主要分布在纳米比亚、博茨瓦纳和南非。一般认为属于尼格罗人种科伊桑类型，但更像是远古蒙古人种的残存后代。

[2] 英寸，一种英制长度单位。1英寸等于2.54厘米。

[3] 目前最大测距的望远镜所能观测到的范围。

[4] 截至2018年，可观测宇宙的原子总数量约为10^{80}个，大家可以看看这个数字比伽莫夫的时代又增长了多少倍。

时，通常需要进行烦琐的重复，比如，表示十进制单位中的每一个具体数字，需要将对应的符号重复到一定的数量，就像古埃及数字"8732"，其记录方式就是这样的：

而恺撒办公室的职员会这样写：

MMMMMMMMDCXXXII

后面这组符号你一定很熟悉，因为罗马数字现在仍然会被用来标记一本书的卷或章节，或者在那些记录重大事件的石碑上记录历史事件发生的日期。然而，由于古代需要记录的数字最大也不过几千而已，因此，表示更高十进制单位的符号未被创造出来。

图1　一位打扮类似奥古斯都·恺撒的古罗马男子试图用罗马数字写出"一百万"

一个古罗马人无论在算术方面接受过多么好的训练，一旦被要求写出"一百万"，他都会感到束手无策，连续书写一千个"M"所需的时间和精力会让人心浮气躁、难以持续（见图1）。

对于古人来说，那些非常大的数字，比如天上有多少恒星，海里有多少条鱼，海滩上有多少沙粒，都是不可预测的。就像对一个霍屯督人来说，"5"是一个无法估量的数值，只能用"许多"来表示。

公元前3世纪，著名科学家阿基米德以其伟大的智慧，提出过大数字是可以被记录的。他在论文《赛米德》中记录道："有些人认为沙粒的数量是无限的，不仅仅包含锡拉丘兹和西西里岛，还有地球上所有地方的沙子，无论那里是否有人居住。还有一些人不认同这个说法，他们觉得我们找不到一个合适的数字来描述这些沙子的总量。持这种观点的人认为，如果有一个与地球拥有同样大小和质量的沙堆，填满了所有海洋和洞穴，堆积到和地球上最高山脉一样的高度，那么绝对不可能有对应的数字来表示出这些沙子的数量。但是，我可以很笃定地说，我所命名的数字，不但可以将刚才所描述场景中沙子的数量概括出来，甚至可以比那个数值还要大。"

阿基米德在这部著作中所阐释的写"大数字"的方法，与现代科学所采用的记数法极为相似。他从古希腊算术中最大的数字"myriad"（一万）开始，引入了一个新的数字——"myriad myriad"（一万的一万倍，代表一亿），他称之为"octade"（八进制）或"第二级单位"。同理，"Octade octades"（千万亿）则被称为"第三级单位"，"octade octade octades"代表的就是"第四级单位"。

也许你会认为，一本专门用来教人们写"大数字"的书实在不足为道，但这在阿基米德时代，是一个不同凡响的伟大发现，在数学科学发展历程中，具有里程碑式的重大意义。

为了计算填满整个宇宙所需的沙粒数量，阿基米德首先得知道宇宙有多大。在那个时代，人们普遍认为，宇宙被一个水晶球所包围，那些闪亮的星星附着在水晶球的周围。与他同时代的著名天文学家，萨摩斯的阿里斯塔克斯[①]预测，地球到宇宙水晶球外围的距离为10 000 000 000视距[②]，约1 000 000 000英里[③]。

将球体的大小与一粒沙子的大小进行比较，阿基米德进行了一系列可以让高中男孩噩梦连连的计算，最终得出了这样的结论：

"显而易见，根据阿里斯塔克斯的测算结论，在一个与宇宙球体一样大的空间内，能够容纳的沙粒数量不会超过一千万个第八级单位。"[④]

值得注意的是，阿基米德对宇宙半径的估计要远小于现代科学家的预测。十亿英里仅略高于太阳距离土星的距离。正如我们稍后将在书中看到的那样，现在我们用望远镜能够探知的宇宙范围，已经到了5 000 000 000 000 000 000 000英里。因此，填满宇宙所需的沙粒数量将超过10^{100}（即1后面跟了100个零）粒。

───────────────

① 阿里斯塔克（前315—前230），萨摩斯人（爱琴海萨摩斯岛），古希腊天文学家。他是历史上最早提出日心说的人，也是最早测定太阳和月球对地球距离的近似比值的人。阿里斯塔克认为，地球每天在自己的轴上自转，每年沿圆周轨道绕日一周，太阳和恒星都是不动的，而行星则以太阳为中心沿圆周运转。这是古代最早的朴素日心说思想。

② 英里，一种英制长度单位。1英里等于1.609344公里。

③ 希腊距离单位1视距，约为一座希腊"体育场"的高度，为606英尺6英寸，即188米。

④ 现代的算法可以这样写：一千万（10 000 000）×第二级单位（100 000 000）×第三级单位（100 000 000）×第四级单位（100 000 000）×第五级单位（100 000 000）×第六级单位（100 000 000）×第七级单位（100 000 000）×第八级单位（100 000 000），或简化为：10^{63}（即1后面跟着63个0）。

当然，这比本章开头所说的宇宙中原子总数（3×10^{74}）要大得多，但我们不能忽视，宇宙并没有被原子填满。事实上，每立方米的空间里平均只有大约1个原子。

在实际操作中，人们没有必要为了获得真正的"大数字"而去完成用沙子填满整个宇宙这样激进的事情。事实上，那些极大的数字往往出自一些非常简单的问题，而当你对它们进行初步审视的时候，是不会期待其中能够找到大于几千的数字的。

印度的舍罕王就吃过数字的"苦头"。据说，当时舍罕王打算重赏国际象棋的发明人、大维齐尔①西萨·班·达依尔，便问他有何要求，这位聪明的大臣看来并未狮子大开口，他跪在国王面前说："陛下，请您在这张棋盘的第一个小格内，赏给我1粒麦子，在第二个小格内放2粒，第三格内放4粒，照这样下去，每一个小格内都比前一小格加一倍。陛下啊，请求您把那些摆满棋盘上所有64格的麦粒都赏给您的仆人我吧！"

国王一听，觉得这区区赏赐实在微不足道，既显示了自己的慷慨，又不会损失太多的财富，于是便随口答应道："你所求不多，一切将如你所愿。"随后，便令让人把一袋麦子拿到宝座前。

接下来所发生的事情让所有人大跌眼镜，按照第一格内放1粒，第二格内放2粒，第三格内放4粒……还没有放到20格，一袋麦子就已经完了。于是，一袋又一袋的麦子被扛到国王面前来。棋盘上麦粒数一格接一格地增长迅速，国王马上意识到，如果按照这样的方法，一旦计算到第64格，即使拿来全印度所有的粮食，国王也兑现不了他的诺言。因为按照大维齐尔的要求，最

---

① 大维齐尔，源自阿拉伯语"维齐尔"，是奥斯曼帝国苏丹以下最高级的大臣，相当于宰相的职务，拥有绝对的代理权。

终，需要的麦粒多达18 446 744 073 709 551 615颗！^①

图2 技艺高超的数学家大维齐尔西萨·班·达依尔
正在向印度舍罕王索要奖赏

这个数字看起来并不像宇宙中的原子总数那么大，但其实也

---

① 聪明的大维齐尔所要求的小麦数量可以用下面的式子来表示：
$1+2+2^2+2^3+2^4+\cdots\cdots+2^{62}+2^{63}$。数学中，一串以相同倍数不断增长的数
字被称为"等比例数列"（此例子中的倍数是"2"）。等比例倍数
中所有数字之和等于公比（例子中为"2"）的项数次幂（例子中为
"64"）减去第一项（这种情况下为"1"），再除以公比减1，数学
公式表示为：$\dfrac{2^{63}\times2-1}{2-1}=2^{64}-1$，最终答案为18 446 744 073 709 551
615。

014

并不小了。假设一蒲式耳的小麦含有大约5 000 000颗麦粒，那么就需要大约4万亿蒲式耳的麦子来满足大维齐尔的需求。世界小麦产量平均每年约为2 000 000 000蒲式耳，大维齐尔要求的奖赏相当于全世界约两千年的小麦总产量！

此时，罕舍王惊奇地发现，自己欠了大臣一笔巨额债务，摆在他面前的只有两个选择，要不就慢慢还债，要不就马上砍掉他的脑袋。我们更倾向于相信他选择了后者。

让我们来看看另外一个关于"大数字"的故事吧。它同样发生在印度，与"世界末日"有关。擅长计算的历史学家W.W.R.鲍尔讲述了这个故事[①]：

在世界中心贝拿勒斯的圣庙中，矗立着一块插着三根高为一腕尺[②]，和蜜蜂身体一样粗的金刚石针。印度教的主神梵天在创造世界的时候，在其中一根针上，按照从下往上的顺序串联了由大到小的64片纯金圆盘，这就是"汉诺塔"。日夜交替，每天总有一个僧侣按照既定的法则移动这些圆盘，即：每次只移动一片，无论在哪根针上，小圆盘必须在大圆盘上面。僧侣们预言，当所有的纯金圆盘都从梵天穿好的那根针移到另外一根针上时，梵塔、庙宇和众生都将化为灰尘，伴随着一声霹雳巨响，整个世界都会消失。

你可以用普通的纸板圆盘代替纯金圆盘，用长铁钉代替金刚石针，自己尝试制作这个益智玩具。

其实，圆盘移动的规则很好掌握，专注其中，你会发现每个圆盘所需的移动次数都是前一个圆盘的两倍。第一个圆盘只需要

---

① 此故事见W.W.R.鲍尔的《数学娱乐与散文》（纽约麦克米伦公司，1939年）。

② 腕尺这一术语广泛用于埃及，也用于希腊和罗马，作为他们的测量单位。一个希腊腕尺约18.22英寸（约46.38厘米），而一个罗马腕尺约为17.47英寸（约44.37厘米）。

移动一次，但后面所有圆盘所需的移动次数呈几何级数增加，当第64个圆盘移动完毕后，僧侣移动圆盘的次数和西萨·班·达依尔要求的小麦数量一样多！①

那么，要将梵天塔中的64个圆盘从一根针转移到另一根针需要多长时间呢？假设僧侣们夜以继日地工作，没有假期，每秒钟都完成一个动作。按照一年大约31 558 000秒来计算，完成这项工作需要超过5800亿年的时间。

如果将"末日问题"与现代科学预测宇宙的寿命问题放在一起，则十分有趣。当前，根据宇宙演化理论，恒星、太阳和行星，包括我们所处的地球，大约是在30亿年前由无定形的物质团块聚合形成。科学家们预测，为恒星，特别是太阳提供能量的"原子燃料"可以再维持100亿到150亿年。因此，宇宙的生命周期必定短于200亿年，而非印度传说中估计的5800亿年那么长！毕竟，那也只是一个传说而已！

文献中提到的最大的数字可能与著名的"印刷行问题"有关。假设我们拥有一台印刷机，它可以不间断地连续印刷，自动为每一行匹配字母表中的字母和其他印刷符号形成不同组合。这样的机器由多个单独的圆盘组成，圆盘边缘都刻有字母和符号，与汽车里程表中的数字盘相同，当每个盘完整旋转一圈之后，位于它前面那个盘便会向前移动一个位置。每次移动后，来自卷筒的纸张都会自动压到滚筒上。这种的自动印刷机可以轻松地制造出来，其外观如图3所示。

---

① 如果我们只有7个圆盘，那么必须要移动以下次数：$1+2^1+2^2+2^3+2^4+2^5+2^6$，或者$2^7-1=2\times2\times2\times2\times2\times2\times2-1=127$。如果你移动速度够快，准确程度极高，那么完成任务需要1小时左右。如果是64个圆盘，需要移动的总次数则等于：$2^{64}-1=18\ 446\ 744\ 073\ 709\ 551\ 615$。这个数字和西萨·班·达依尔要求的麦粒数量又不谋而合了。

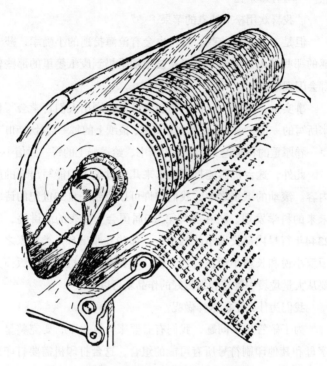

图3 这台自动印刷机刚刚打印出莎士比亚的诗句

当我们让机器开始工作，查看印刷机上奔涌而出的不同印刷线条。大部分线条看起来似乎毫无意义，因为它们是这样的：

"aaaaaaaaaaa..."

或者是：

"booboobooboo..."

还有可能是：

"zawlcporpkossscilm..."

可以预见的是，由于机器能够排列组合出所有可搭配的字母和符号，我们也可以在那些没有价值的句子当中发现一些让人欣喜的东西。只不过，绝大部分句子确实毫无用处。比如：

"马有六条腿……"

"我喜欢用松节油煮的苹果……"

但是，如果你花些心思，也会有沧海拾遗的小确幸，莎士比亚的那些动人的诗句，甚至是被他随手扔到废纸篓里的那些作品都会闪现而出。

事实上，这样一台自动印刷机可以印刷出人们自学会写作以来所写的一切：每一行的散文和诗歌，报纸上的每一篇社论和广告，每一卷厚重的科学论文，每一封情书，给送奶工的每一封信……

此外，这台机器能打印出未来几个世纪人们能写出来的所有内容。滚动的纸张之中，我们或许可以找到来自30世纪的诗歌、未来的科学发现、将在美国第500届国会上发表的演讲稿，以及2344年行星内部交通事故的报告。那些并非出自人类作家之手的短篇小说和长篇小说被公之于众，而拥有这种机器的出版商只需要从大量垃圾中挑选和编辑好的作品就可以了。

我们为什么不能这样做呢？

为了解答这个问题，我们有必要来计算一下，要完整呈现出字母和其他印刷符号所有可能的组合，这台打印机需要打印出多少行才行。

英语字母表中有26个字母，10个数字（0、1、2……9）和14个常见符号（空格、句号、逗号、冒号、分号、问号、感叹号、短划线、连字符、引号、撇号、括号、圆括号、大括号），合计共50个符号。假设机器有65个圆盘，对应于平均印刷行中的65个位置。印刷时，每一行的第一个符号都是随机选择，与此对应的是50种排列的可能性。同样，第二个符号依旧存在50种排列可能，两组符号组合起来，就是50×50=2500种可能性。对于前面两个符号组合出的双符号，第三个符号同样存在的50种可能，以此类推。总之，整条线路中可能出现的数量可以表示为：$50 \times 50 \times 50 \times \cdots \cdots \times 50$（65个50相乘），或者$50^{65}$，也就是$10^{110}$。

为了感受这个数字到底有多"大"，我们把宇宙中的每个原子都假设为一台印刷机，此时，有3×10^{74}台机器同时工作。同时，进一步假设，自宇宙诞生以来，所有这些机器一直在连续工作，已经满负荷运转了30亿年或10^{17}秒，如果印刷机以原子振动的频率为参照进行打印，即每秒印刷出10^{15}行。那么截至目前，他们仅已完成了总任务的三分之一。

是的，如果你想从所有自动打印的材料中挑选出任何东西，都需要花费极为漫长的时间！

2. 如何计算"无穷大"的数字

在上一部分，我们讨论了数字，其中许多数字相当大。但是，尽管那些和西萨·班·达依尔提出的麦粒数量有着异曲同工效果的数字大得让人瞠目结舌，但它们依旧是有限的，如果时间充足，人们可以将其精确地记录到最后一位小数。

但是，还有一些真正"无穷大"的数字，无论我们耗时多久，都无法将它们写完，它们比我们能够写出的任何数字都大。诸如，"所有数字的数量"和"一条线上所有几何点的数量"都是"无穷大"的。看到它们，除了描述为"无穷大"，你还能用其他方式来表述吗？或者，把两个"无穷大"的数字放在一起，我们能够判断出哪一个"更大"吗？

著名数学家格奥尔格·康托尔[1]在深入研究之后，发出了灵

---

[1] 格奥尔格·康托尔（1845—1918），德国数学家。康托尔对数学的贡献是集合论和超穷数理论。由康托尔首创的全新且具有划时代意义的集合论，是自古希腊时代的两千多年以来，人类认识史上第一次给无穷建立起抽象的形式符号系统和确定的运算，它从本质上揭示了无穷的特性，使无穷的概念发生了一次革命性的变化，从根本上改造了数学的结构，促进了其他许多新的分支的建立和发展。

魂拷问："所有数字的数量与一条线上所有点的数量比较，孰大孰小？"这个问题看似无厘头，却发人深省，彰显出这位"无穷大"学术奠基人的伟大与睿智。

对"无穷大"进行比较和讨论，首先要解决一个问题：这些数字，应该怎样来记录和描述它们，同时，还要能把它们数清楚。就像霍屯督人那样，要清点自家的百宝箱，看看玻璃珠或铜币的数量哪个更可观。但是正如我们所知，他们能够数到的最大数字就是"3"，那么，他会因为无法计数而放弃比较珠子和铜币数量的尝试吗？我想，答案应该是否定的，如果他足够聪明，就会通过把珠子和铜币逐一配对来得到答案。在一枚铜币旁边放上一枚珠子，然后在另一枚铜币旁边放上第二颗珠子，以此类推，重复相同的动作……如果用完了珠子，而铜币还剩几枚，他就会知道自己的铜币比珠子数量多一些，反之，就是珠子比铜币数量多。如果刚好一比一放完，就说明二者数量完全一样。

康托尔提出了同样的方法来比较两个"无穷大"的数字：就是将两组"无穷大"的数进行配对，让每一组无限集合数中的元素与另外一组两两相对。如果两组在匹配后，均没有多余的元素，那么它们数量相等。如果其中某个集合存在剩余的元素，我们就可以认定，它更大，或者更强。

这个方法较为合理，也是目前唯一能够比较"无穷大"数字的方法。但是，如果真的打算进行尝试，就得做好应对一切状况的准备。比如：比较偶数和奇数这两组"无穷大"的数，我们往往会出于直觉地认为它们应该是相等的，它们也能像刚才说的那种排列规律一样一一对应：

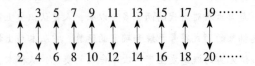

这个表中的每个奇数都对应一个偶数，反之亦然。因此，偶数的无穷大等于奇数的无穷大。是不是看起来特别简单！

但是，请稍等一下。你认为哪一个数字更大呢？是偶数和奇数数量的总和？还是只有偶数的数量？你也许会说，肯定是所有数字的数量更大，因为它不止包含了所有偶数，还包含了所有奇数。但做学问，只凭印象可不行的！为了让结果更为精确，我们必须运用上述规则进行严格比对。而当所有操作完成之后，你会惊讶地发现，所有之前的判断都是错误的。事实上，所有数字的集合和只有偶数的集合也能做出一张一一对应的表格：

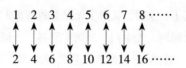

根据"无穷大"的比较规则，我们只能认定"偶数的无穷大和所有数字集合的无穷大相等"。这似乎听起来很矛盾，因为偶数只代表所有数字的一部分，但我们必须记住，这里关注的是"无穷大"的特性，我们只能适应并接受这些在使用过程当中出现的"无厘头"现象。

事实上，在"无穷大"的世界里，部分和整体可能是相等的！关于这点可以从德国著名数学家大卫·希尔伯特[1]的故事中得到最好的证明。据说，在他关于"无穷大"的讲座中就曾经指出过这个问题具有"悖论特质"[2]："在一家酒店里，房间数量十分

[1] 大卫·希尔伯特（1862—1943），又译戴维·希尔伯特，数学家。其研究领域涉及代数不变式、代数数域、几何基础、变分法、积分方程、无穷维空间、物理学和数学基础等。

[2] 出自未经出版发行，甚至可能并不是R.库兰特亲笔撰写，却依旧广为流传的《希尔伯特故事全集》。

有限，当所有的房间都有客人入住之后，又来了一位新客人，他提出想要一个房间。'对不起，'店主说，'所有的房间都已经住满了。'接下来，让我们展开想象，现在这家酒店里有无限多的房间，所有的房间也都住了人。同样地，这家酒店也来了一位新的客人，要求住房间。

"'当然可以！'一店主喊道，他把之前住在N1号房间的客人挪到了N2号房间，把N2号房间的人搬进了N3号房间，再把N3号房间的人送到了N4号房间，以此类推……最后，新客人顺利入住刚刚腾出来的N1号房间。

"让我们继续想象，现在有一家酒店拥有无限多的房间，所有的房间都住满了，这时，又来了无限多的新客人需要办理入住。

"'完全没问题，先生们。'店主回答，'请各位稍等。'

"紧接着，他将N1号房的客人移动到N2号，将N2号房的客人移动到N4号，将N3号房的客人移动至N6号，依此类推……

"现在，所有奇数号码的房间都空出来了，就算是有无限多的客人也能轻松住进去了。"

这个故事发人深省，因为当时正处于战争时期，即使在华盛顿，希尔伯特所描述的状况也很难被人理解。但它却带来了无尽的启发，把无穷大那种稀奇古怪、不走寻常路的特性巧妙地表现出来。

遵循康托尔法则，我们可以证明诸如3/7或者753/8这样的分数数量与所有整数的数量相同。操作步骤如下：将所有分数排列成一行，首先写下分子与分母之和等于2的分数，符合条件的分数只有1/1；然后写出分子与分母之和等于3的分数，即2/1和1/2；接下来写出分子与分母之和为4的分数，即3/1、2/2、1/3。以此类推，将会出现一个包含了人们所能想象到的所有分数的数列（参照图4）。接下来，在这个数列上方写出所有整数数列，与分数数列一一对应，你会发现，它们居然数量相同！

图4 非洲土著和G.康托尔教授一样，都想比较他们数不出来的数

"好吧，听起来这个方法确实不错。概括起来，也就是说所有的无穷数都相等。如果是这样，我们干吗还要比较呢？"

发出这样的论断恐怕有些以偏概全。只要你想去尝试，就会很容易找到比整数或分数更大的无穷数。

回到前面提出的关于"所有数字的数量与一条线上所有点的数量孰多孰少"的问题，通过一个实验，即：在一条线（比如1英寸长的线条）和整数数列之间建立一一对应的关系，就会得出结论"一条线上所有的点数，会比整数或者分数数量多得多"。

直线上的每一个点和线段某一端的距离就代表它所处的位置，我们可以用无限小数来进行记录，比如：0.7350624780056……或0.38250375632……。[①]而这种比较，实际

---

① 所有这些分数都小于1，因为我们假设线的长度为1。

上就是整数的数量和无限小数的数量之间的"较量"。那么，是否有人关注到无限小数与3/7或者8/277这样的分数区别是在哪里呢？

数学课堂上，有一个知识点必定曾经在你的脑海中留下过印记，每一个分数都可以转换成一个有限小数或一个无限循环小数。因此，$2/3=0.666666\cdots\cdots=0.\dot{6}$，$3/7=0.4285714285714285714\cdots\cdots=0.\dot{4}2857\dot{1}$。刚才，我们证明了分数的数量与整数的数量完全相等，同理，无限循环小数与整数数量也是相等的。但是，一条线上的点不一定都能用无限循环小数来表示，在大多数情况下，点的位置对应的是无限不循环小数。在这种情况下，两组数列不可能出现一一对应。

如果说，有人提出，他能够完成这样的对应排列，那么就应该是这样的：

N	
1	0.38602563078……
2	0.57350762050……
3	0.99356753207……
4	0.25763200456……
5	0.00005320562……
6	0.99035638567……
7	0.55522730567……
8	0.05277365642……
·	………………………
·	………………………
·	………………………
·	………………………
·	………………………

实际操作中，没人会真的埋头写出不可计量的数字，那些无限小数就像银河中的繁星一样数不胜数，无穷无尽。构建出上面

表格的人，一定会有一套独特的排列法则，有点近似于分数的排列规则，以确保你脑海中能想到的所有小数都可以被囊括其中。

看到这里，你也许会嗤之以鼻，因为这种说法根本经不起推敲，我们可以轻松地写出一个没有在这张表格中出现的无限小数。方法特别简单，首先，在小数点后第一位，写出一个与N1不同的数字，然后在小数点后第二位写上一个不同于N2的数字，以此类推，就会出现以下的排列：

根据这样的方法，无论往后面延伸多少位，这个数字都不可能出现在排列中。假如制表者提出质疑，说某一个数出现在137位或其他数字的位次上，你都能笑着反驳"这并不是同一个分数啊，你所列分数中的第137个小数和我的可不一样哦"。

综上所述，一条线上的点和整数之间要建立一对一的对应关系可能性为零，而同样是"无穷大"，一条线上点的无穷大要比整数或分数的无穷大数量更多，或者说更加强大。

抛开"1英寸长"线上的点这个范例，我们可以根据"无穷大"法则对所有不同长度的线段进行论证，并且得出相同的结论。实际上，一英寸、一英尺或一英里长的直线，上面"点"的数量都是一致的。为了证明这一点，一起来看看图5吧。图片上，AB和AC是两条长度不同的线段，用画线的方式，让AB上所有的点与BC上的点连接起来，出现了无穷多的平行线，平行线与两条线段交接的点，分别进行标注，如：D和D1、E和E1、F和F1等，一一对应之后，我们发现，AB上所有的点在AC上都有一个对应点，反过来，AC上所有点也在AB上出现了对应点。"无穷大"法则让我们清晰地知道，两条线段上"点"的数量完全一致。

此外，"无穷大法则"还有一个更引人注目的结论，即：平面上所有点的数量与线段上所有点的数量相同。论证时，可以画一条长为一英寸的AB线段和有着CDEF四个顶点的正方形（见图6）。AB线段上，每一个"点"都用一个数字表示，如0.75120386……取小数点后的奇数和偶数的数位，写为两组数字：0.7108……和0.5236……。

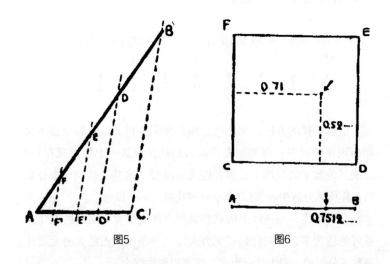

图5　　　　　　　　　　图6

正方形中，用这两个数字在水平和垂直方向上表示横坐标和纵坐标，将由此获得的"点"称为"对点"。换言之，如果我们在正方形中有一个点，其所处的位置用0.4835……和0.9907……作为横纵坐标来表示，那么，同样能够得到AB线段上的对应点0.49893057……

显然，这种方法使两条线段中的"点"分别建立了一对一的关系。直线上的每一点都可以在正方形中匹配到相应的"点"，正方形中的所有点也都能够在直线中找到对应的"小伙伴"，不会有任何点被"孤立"。因此，根据康托尔的规则，正方形中所有点的"无穷大"和一条线上所有点的"无穷大"是一样的。

以类似的方式，也很容易证明立方体内所有点的"无穷大"与正方形或直线上点的"无穷大"数量相同。要验证一点，只需将最初那个小数分为三个部分[①]，以这三个点代表新的坐标，寻找立方体内"对点"的位置即可。就像两条不同长度的线段拥有同样数量的"点"，无论正方形或立方体大小如何，它们所拥有"点"的数量也将是完全一样的。

尽管几何点的数量大于整数和分数的数量，但这并不是数学家们已知的最大数。通过实验，曲线（包括各种形状各异、结构大相径庭的曲线）中"点"的数量要超过几何"点"的数量，可以用无穷数列的第三个数来定义它。

奥尔格·康托尔作为"无穷大数学法则"的提出和实践者，提出"可以用希伯来字母 $\aleph$（aleph）来代表无穷大的数字"，$\aleph$ 右下方标注的角标则表示该数字在无穷数列中所处的位置。由此，可以看到这样一组数列（含无穷数）：1，2，3，4，5……0，$\aleph_1$，$\aleph_2$，$\aleph_3$……

我们现在能够认定"一条线段上面有 $\aleph_1$ 个点"或者"曲线总共有 $\aleph_2$ 种"，类似于我们平时所说的"世界可分为七个部分""一副牌有52张组成"一样（见图7）。

关于"无穷数"的讨论结束前，我们要清楚地认识到，这些数字增长的速度"急如星火"，很快就会超过你能想象到的数列和数字的集合。已知 $\aleph_0$ 代表所有整数的数量，$\aleph_1$ 代表所有几何点的数量；$\aleph_2$ 代表曲线的所有种类，但是截至目前，还没有任何人找到能够用 $\aleph_3$ 所表示的集合。

似乎前三个"无穷大"已经将我们的想象力发挥到极致，足以囊括、计算我们的思维所能触及的所有东西。这是非常有意思的一件事，我们面临的境况和那位拥有很多个儿子，却始终无法

---

① 比如说从0.735106822548312……可以分割成0.71853……，0.30241……，0.56282……。

突破"3"这个数字限制的霍屯督老友截然相反！

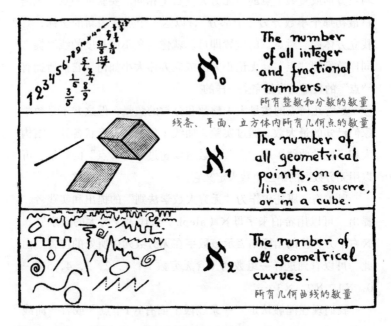

The number of all integer and fractional numbers.

所有整数和分数的数量

线条、平面、立方体内所有几何点的数量

The number of all geometrical points, on a line, in a square, or in a cube.

The number of all geometrical curves.

所有几何曲线的数量

图7 前三个无穷大的数字

| 第二章　自然数和人工数

1. 最纯粹的数学

数学是公认的"科学女王"，尤其是被数学家们赋予了极高的地位。也因为这样，数学和其他学科有着清晰的界限，杜绝任何"暧昧"。基于这个原因，当大卫·希尔伯特在"纯粹数学和应用数学联合大会"上被邀请发表公开演讲，借此消除两派数学家间存在的敌意时，他以如下方式开场：

"我们经常被告知，理论数学和应用数学是一对'宿敌'。事实真的如此吗？实际上，理论数学和应用数学互不矛盾，无论是过去，还是未来，它们从来没有，也永远不会互相敌对。把理论数学和应用数学放在一起比较其实毫无道理，因为它们之间并不存在任何共同点。"

但是，尽管数学喜欢"独善其身"，与其他科学保持各自的特性，但真实的情况是，其他科学，尤其是物理学，却特别喜欢数学，并穷尽所有方式与数学"亲密互动"。而理论数学的几乎所有分支，包括那些学术界认为最纯粹、最不实用的"群论、非交换代数和非欧几何"等学科，现在都在为服务和解读物理世界贡献力量。

虽然如此，在数学体系中，仍然有数量庞大的领域在坚守"无为"的初心，以"锻炼和提升人类的智商"为出发点，将古早而纯粹的桂冠优雅地传承下去。这套体系，就是所谓的"数论"（此处"数"即"整数"），是理论数学思想中最古老、最复杂的产物之一。

虽然看起来略显怪异，但作为最纯粹的数学，数论可以从某个方面被解读为实证科学，甚至是实验科学。事实上，它的大多数命题都是将数字作为验证、实施不同的事情的工具，通过反复的实验，最终得出结论并形成理论。就像物理定律试图用实物完成不同的事一样。在物理学中，某些命题已经被"数学"所证明，而另一些命题仍然凭借经验来解决，等待最优秀的数学家去攻克并揭晓答案。

以质数问题为例。质数是指不能被比它小的数字（1除外）整除的数。①1、2、3、5、7、11、13、17等都是这样的质数，但12就不是质数，因为它可以拆解为$2 \times 2 \times 3$。

质数的数量是无限的吗？还是说已经存在一个最大的质数，超过这个质数的任何数字都可以表示为已有质数的乘积？这个问题是欧几里得提出的，他随即给出了一个非常简单而有力的结论：质数的数量根本没有穷尽，因此不存在"最大质数"这一说法。

为了验证这个结论，假设已知的质数个数有限，并且用字母N代表某个最大的质数。然后，将所有质数相乘，并加上1，可以写为：

$$(1 \times 2 \times 3 \times 5 \times 7 \times 11 \times 13 \times \cdots \times N) + 1$$

这个式子的答案比所谓的"最大质数"N要大得多。但是这个数字不能被任何一个质数（最大到N，也包括N）整除。从它的解

---

① 现如今的质数概念是指在大于1的自然数中，除了1和它本身以外不再有其他因数的自然数。

题路径来看，用其他任何质数来除这个数都会留下余数1。

因此，这个数字要么本身必然是质数，要么就必须能被比N还大的质数整除，而这两种情况都与我们最初的假设"N是最大的质数"相矛盾。

这种检验方法叫作归谬法，也叫反证法，是数学家们最喜欢用的方法之一。

现在，大家都知道质数的数量是无限的，那么是否设想过，是否有简易可行的方法能够在没有错漏的前提下，将所有质数按顺序逐一罗列出来？

图8

古希腊哲学家、数学家埃拉托斯梯尼最早提出了一种被称为"筛选法"的解题思路。具体分为三个步骤：首先，写下所有整数，如1，2，3，4……；然后，筛选出2的所有倍数和3、5的所有倍数；最后，按照这个规律继续筛选出所有质数的倍数。图8所呈现的就是1至100以内所有质数的示意图。

这类数字共有26个。通过筛选法，人们已经罗列出10亿以内的质数表。

如果有这么一个公式，可以快速、精准、自动地定位出所有质数（且只识别质数），那问题就愈发简单了。在这个美好的愿景下，数学家们进行了十几个世纪的探索和尝试，却依旧是镜花水月，无法达成所愿。1640年，法国著名数学家费马自信地宣布，他推导出了只能算出质数的公式。

让我们来看看他的公式吧：$2^{2^n}+1$，n表示1、2、3、4等自然数。

使用这个公式可以得到以下结果：

$2^{2}+1=5$

$2^{2^2}+1=17$

$2^{2^3}+1=257$

$2^{2^4}+1=65537$

事实上，这些确实都是质数。但在费马宣布这一消息大约一个世纪后，德国数学家欧拉发现，按照费马公式得出的第五个数（$2^{2^5}+1=4294967297$）并不是质数。这个数等于6700417和641的乘积。而费马计算质数的公式也被推翻。

另一个能够产生大量质数的重要公式为：n^2-n+41，其中同样是诸如1、2、3之类的自然数。在实验中，当n代表的是从1到40的任意数字时，上述公式计算结果均为质数。但让人沮丧的是实验进行到第41步时依旧出现"滑铁卢"。

事实上，$41^2-41+41=41^2=41×41$

这是一个平方数而非质数。

此外，还有一个目标指向相同的公式：

$$n^2-79n+1601$$

这个式子对1至79以内任意自然数都适用，却在经历第80次考验的时候无效了。

所以，直到现在，人们依旧无法列出一个只能产生质数的万能公式，这个问题依旧困扰着无数数学家们。

值得一提的是，数论定理中，1742年提出的"哥德巴赫猜想"至今既没有被证实也没有被推翻，是个极富趣味性的例子。这个猜想围绕"任意偶数，均可以表示为两个质数的和"展开论证。即便不是特别机敏的人，也能够很轻松地看出，这个猜想在一些简单的例子中是成立的，诸如：12=7+5，24=17+7，32=29+3等。尽管如此，几代数学家们耗费了大量时间和心力，还是无法完全证实这个猜想是成立的，也找不到任何一个范例来证实它不成立。1931年，俄罗斯数学家施尼雷尔曼开创性地迈出了关键一步，他证明了，任意偶数都能表示为不超过300 000个质数的总和。另一位俄罗斯数学家维诺格拉多夫又让"真相"距离我们更进一步，他跨越了"30万个质数之和"与"2个质数之和"之间的障碍和鸿沟，将后者推进为"4个质数之和"，离哥德巴赫的"2个质数之和"只剩下关键的一环。最难走的路往往就在离终点最近的地方，剩下的最后两步尤为不易，没有人知道在黎明到来之前，还需要多少人前赴后继地反复实践，才能证明或推翻这一命题。[①]

在科学的征途上，这个自动推导出质数的公式依旧是数学家们坚持的梦想，虽然目标似乎披着一层朦胧的面纱，若隐若现，

---

① 1966年，中国数学家陈景润证明了"陈氏定理"：任何一个充分大的偶数都可以表示为两个质数的和或者一个质数与一个半质数（2个质数的乘积）的和。严格说来，这是哥德巴赫猜想的一个弱化版本，但截至目前，陈景润的证明仍是验证哥德巴赫猜想的最好结果。

半真半假。

或许现在，我们更应该思考的是另外一个更为实际的问题：在指定的数字区间内，质数的百分比占比多少？随着数字不断增大，这个百分比是否保持不变？如果不是，它是上升了还是下降了？集中注意力，让我们通过计算表中给出的质数来回答这个问题吧。通过观察可以发现，100以内有26个质数，1000以内有168个质数，1 000 000以内有78498个质数，1 000 000 000以内有50 847 478个质数。将这些质数罗列如下：

区间1~N	质数个数	比例	$\frac{1}{\ln N}$	偏差（%）
1~100	26	0.260	0.217	20
1~1000	168	0.168	0.145	16
1~10^6	78498	0.078498	0.072382	8
1~10^9	50847478	0.050847478	0.048254942	5

根据这张表格，我们可以看到，质数的相对数量随着所有整数数量的增加而逐渐减少，但不存在最大质数。

数学上有没有一种简单的方法来描述这一随着数值增大而减小的比例呢？不仅有，而且质数平均分布的规律是整个数学领域最了不起的发现之一。简单来说，即：从1到任何更大的数N之间质数所占的百分比近似由N的自然对数的倒数所表示。[①]并且N越大，这两个数值越接近。

表格中，第四列可以找到N的自然对数。如果你将它们与前几列的值进行比较，会发现二者相当接近，N越大，数列的偏差就越小。

正如数论中的许多其他命题一样，质数定理最初是通过实践

---

① 简单地说，自然对数可以定义为表中的普通对数，乘以因子2.3026。

进入人们视野的，并且在之后的很长一段时间内没有被严谨的数学逻辑所证实。直到19世纪末，法国数学家雅克·阿达马[1]和比利时数学家德拉瓦莱·普森[2]才成功地验证了这一定理。其所采用的方法过于复杂，在此就不再赘述。

讨论整数时，一定得提到费马大定理[3]，一个表面上看起来与质数问题全然无关的第二类数学问题。其理论依据可以追溯到古埃及，那时，每个优秀的木匠都知道，一个三条边比例为3:4:5的三角形必须包含一个直角。事实上，古埃及木匠使用三角尺就源于此，也就是今天被俗称为"埃及三角形"的工具。[4]

公元3世纪，亚历山大的丢番图对这个问题展开质疑和论证，他认为除了3和4之外，"两个整数的平方和等于第三个整数的平方"这样的结果还能在其他整数上得到验证。果不其然，他发现性质与3、4、5相同的数字组合有"无穷多"个。同时，找到了普遍适用的规则：三条边都是整数的直角三角形现在被称为"勾股三角形"（也称为"毕达哥斯拉三角形"）。"埃及三角形"则是其中的鼻祖。诠释勾股三角形问题，可以简单地用一个代数方

① 雅克·所罗门·阿达马（1865—1963），法国数学家。他为偏微分方程创造了适定问题概念，创造了阿达马不等式和阿达马矩阵。他最有名的是他的素数定理证明。

② 德拉瓦莱·普桑（1866—1962），比利时数学家。1896年，他证明了著名的素数定理，解决了困扰数学家长达一个世纪的难题。德拉瓦莱·普桑的主要贡献在微分方程、数论、函数逼近论、三角级数论等方面。

③ 费马大定理，又被称为"费马最后的定理"，由法国数学家费马提出。它断言当整数n>2时，关于x、y、z的方程 $x^n + y^n = z^n$ 没有正整数解。被提出后，经历多人猜想辩证，历经三百多年的历史，最终在1993年被英国数学家安德鲁·怀尔斯证明。

④ 初等几何的勾股定理这样证明的：$3^2 + 4^2 = 5^2$。

程式来表示，其中x、y和z必须是整数[①]：$x^2+y^2=z^2$。

1621年，巴黎的皮埃尔·费马购买了《算术》的法语译本，书中详尽阐述了勾股三角形等内容。阅读到此处时，他在页边空白处做了一个简短的注释，大意为"方程 $x^2+y^2=z^2$ 有无穷多个整数解，但是对于 $x^n+y^n=z^n$ 这种类型的方程而言，假设n大于2，则方程无解"。

"我有一个极为权威的证明材料，"费马补充道，"然而，页边距太窄，已经无法继续阐述了。"

费马去世后，在他的图书馆里，人们发现了丢番图的这本著作，旁注内容也因此引起了广泛的关注。从那时起，全世界最好的数学家们都试图重建费马在写旁注时想要展示的"证据"。历经了岁月的洗礼，却依旧不如人意。但可以肯定的是，在追求终极目标的过程中，数学家们发挥所长，实现了不同领域的突破和进步。比如，为了证明费马定理的真实性，"理想论"作为一个新的数学分支被创造出来。欧拉让大家看到，$x^3+y^3=z^3$不存在整数解。狄利克雷[②]证明了方程$x^5+y^5=z^5$也没有整数解。通过几位数学家的共同努力，向世界证明了：当n的值小于269时，费马方程是没有整数解的。然而，"临门一脚"还是无法射出，对于n为任意值的最终证明还未实现，人们越来越怀疑费马本人要么没有任何证据，要么就是在其中产生了错误和偏差。直至有人愿意悬赏十万

[①] 根据丢番图的规则（取任意两个数字a和b，要求2ab是一个完全平方数。取x=a+$\sqrt{2ab}$；y=b+$\sqrt{2ab}$；z=a+b+$\sqrt{2ab}$，然后用普通代数验证：$x^2+y^2=z^2$），我们可以罗列出所有可能的解，其开头为：$3^2+4^2=5^2$（埃及三角形），$5^2+12^2=13^2$，$6^2+8^2=10^2$，$7^2+24^2=25^2$，$8^2+15^2=17^2$，$9^2+12^2=15^2$，$9^2+40^2=41^2$，$10^2+24^2=26^2$……

[②] 约翰·彼得·古斯塔夫·勒热纳·狄利克雷（1805—1859），德国数学家，科隆大学荣誉博士，历任柏林大学和哥廷根大学教授，柏林科学院院士。他是解析数论的创始人，对函数论、位势论和三角级数论都有重要贡献。主要著作有《数论讲义》《定积分》等。

德国马克来解开这个"世纪难题"之后，更多的数学家和业余爱好者们愈发跃跃欲试，但即便有重金"加持"，这个谜题至今仍然悬而未决。[1]

当然，关于判断"费马的定理是错误的"论断始终存在，我们或许能够举出例子，证明"两个整数的高次幂之和等于第三个整数的同一次幂"。只不过，寻求答案的过程中，要遵循"n必须大于269"的要求可不是一件容易的事。

2. 神秘的 $\sqrt{-1}$

现在让我们做一点高级算术。二乘二等于四，三乘三等于九，四乘四等于十六，五乘五等于二十五。因此，四的平方根等于二，九的平方根等于三，十六的平方根等于四，二十五的平方根等于五。[2]

但是负数的平方根是多少呢？像 $\sqrt{-5}$ 和 $\sqrt{-1}$ 这样的表达有什么意义吗？

如果基于理性的方式去解读，你会淡定地说：上面的公式毫

---

[1] 1908年，德国人沃尔夫斯科尔立下遗嘱，宣布在自己去世后100年内第一个证明费马大定理的人可以得到10万马克的奖金，很多人因此趋之若鹜。但一战后，马克大幅贬值，此悬赏也失去了魅力。

[2] 我们很容易解出许多其他数字的平方根。例如，$\sqrt{5}=2.236\cdots\cdots$，是因为（$2.236\cdots\cdots$）×（$2.236\cdots\cdots$）$=5.000\cdots\cdots$。$\sqrt{7.3}=2.702\cdots\cdots$，是因为（$2.702\cdots\cdots$）×（$2.702\cdots\cdots$）$=7.300\cdots\cdots$。

无意义。引用12世纪数学家布拉敏·婆什迦罗[1]的话："正数的平方和负数的平方都是正数。一个正数有两个平方根（一正一负）互为相反数。负数没有平方根，因为任何数的平方均为正数或零。"

但数学家们可不是那么容易被说服的，当数学公式中不断出现貌似"毫无意义"的成分时，他们就会竭尽所能地彰显其价值。负数的平方根像幽灵一样出现在各个角落，无论是几个世纪之前困扰数学家的简单算术问题，还是20世纪相对论框架下的空间和时间的关系问题，都有负数平方根的"积极参与"。

16世纪的意大利数学家卡尔达诺[2]是第一个吃螃蟹的人，他将负数平方根列入了数学方程。彼时，他在努力尝试将"10"一分为二，使两个数字的乘积等于40。加入负数平方根之后，这个问题没有出现合理的答案，却为数学家们站在特殊的角度找到了两个看似不可能的式子：

$5+\sqrt{-15}$ 和 $5-\sqrt{-15}$。[3]

---

[1] 婆什迦罗（1114—1193），印度数学家、天文学家。其著作《莉拉沃蒂》在阿耶波多的基础上进一步给出了"矢弦法则"："取弦直径和与差之积的平方根，从直径中减之，折半，则为矢也。直径减去矢，乘以矢，取平方根，二倍之，则为弦也。半弦之平方除以矢，加矢则为直径之大小也。往昔之师关于圆之法如是说。"

[2] 吉罗拉莫·卡尔达诺（1501—1576），意大利文艺复兴时期百科全书式的学者，数学家、物理学家、占星家、哲学家和赌徒，古典概率论创始人。在他的著作《论运动、重量等的数字比例》中建立了二项定理和二项系数的确定。他一生写了200多部著作，内容涵盖医药、数学、物理、哲学、宗教和音乐。

[3] 证明如下：$(5+\sqrt{-15})+(5-\sqrt{-15})=5+5=10$，并且 $(5+\sqrt{-15}) \times (5-\sqrt{-15})=(5 \times 5)+5\sqrt{-15}-5\sqrt{-15}-(\sqrt{-15} \times \sqrt{-15})=(5 \times 5)-(-15)=25+15=40$。

卡尔达诺的寥寥数笔看似天马行空，不着边际，但他还是坚定地"表达了自己"。

"道生一，一生二，二生三，三生万物"，一个看似虚构的伪命题一旦被提出，就会有人将其延续下去，直至找到答案。将"10"分为两个部分，使其乘积等于40这个命题很快就被解开了。仿佛火箭按下了"启动"按钮，负数的平方根在卡尔达诺"破冰"之后被广为流传、频繁使用，人们还给它赋予了一个名字——"虚数"。这个流行的过程伴随着质疑、不确定和纠结，但不可否认的是，无论遇到多少阻力，它依旧焕发出了新的生命力。1770年，瑞士著名数学家莱昂哈德·欧拉[1]出版的《积分学原理》中，出现了海量虚数的应用，他在书中标注到"类似于$\sqrt{-1}$、$\sqrt{-2}$这样的表达，代表的是不可能的数或者虚数。它们代表负数的平方根，对于这种类型的数，可以理解为——不是零，但是不比零大，也不比零小，它们只是假想虚构出来的"。

尽管褒贬不一，虚数依旧迅速在数学学科中"站稳脚跟"，成为和分数、根数一样不可或缺的重要组成部分，任何试图绕开它的尝试都会无功而返。

虚数的地位有点类似实数的"虚构镜像"，实数以数字"1"为基础进行"繁衍"，虚数对应的就是$\sqrt{-1}$，以此为起点构建所有的虚数，这个"起点"或"基数"通常用i来表示。

请看如下例子：

$\sqrt{-9}=\sqrt{9}\times\sqrt{-1}=3i$；

$\sqrt{-7}=\sqrt{7}\times\sqrt{-1}=2.646\cdots i$；

---

[1] 莱昂哈德·欧拉（1707—1783），瑞士数学家、自然科学家。他不但为数学界作出贡献，更把整个数学推至物理的领域。他是数学史上最多产的数学家，平均每年写出八百多页的论文，还写了大量的力学、分析学、几何学、变分法等的课本，《无穷小分析引论》《微分学原理》《积分学原理》等都成为数学界中的经典著作。

以此类推，实数和虚数之间一一对应。此外，实数和虚数还能在同一个式子中出现，比如：$5+\sqrt{-15}=5+\sqrt{15}\,i$。这种虚实混合形式通常被称为"复数"。

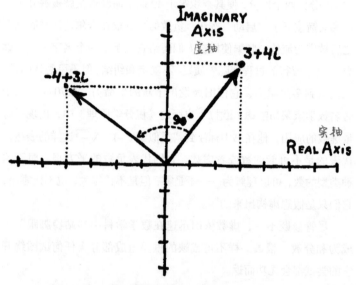

图9 横轴为实轴，纵轴为虚轴

在虚数进入数学殿堂后的两个多世纪里，宛若一位身披薄纱的少女，让人看不清她的真实面容。直到两位业余数学学家用几何原理对其进行了新的解读，虚数才结束了"雾里看花"的尴尬局面。这两位数学家分别是来自挪威的测绘员韦塞尔[①]和巴黎的会

① 卡斯帕尔·韦塞尔（1745—1818），挪威-丹麦数学家。测量师的工具涉及几何学，激发他探究复数的几何意义。其数学成就是为复数奠定了坚实的基础，使复数"正式"成为数学的一员。他用平面坐标解释复数，用几何法发明了复数的"加法"与"乘法"运算法则。

计师让-罗贝尔·阿尔冈[1]。

两位数学家用图9所示的方式，让复数问题变得清晰而直观。可以看到，3+4i是坐标轴上的一个点，其中3是横坐标，4是纵坐标。

通常情况下，实数（正或负）都可以用横轴上的点来表示，所有纯虚数都由纵轴上的点表示。用横轴上的一个实数（比如3）乘以虚数基数i时，得到了必须定位在纵轴上的纯虚数3i。由此可见，用任意数乘以i，在几何的逻辑框架内，等同于让它对应的点于坐标轴中逆时针旋转90度。（见图9）。

这时，再次将3i乘以i，那么这个点就会逆时针再旋转90度，并重新回到横轴上，与之前不同的是，它会位于负数那一侧。因此$3i \times i=3i^2=-3$，或者$i^2=-1$。

看到这里，你会发现"i的平方等于-1"要比"逆时针旋转90度两次，等于转为相反方向"要更加容易理解和接受。

这个法则同样适用于复数，用3+4i乘以i，将会出现：

$(3+4i)i=3i+4i^2=3i-4=-4+3i$

如图9所示，-4+3i点对应于3+4i点，该点绕原点逆时针旋转90度。类似地，与-i相乘只不过是绕原点的顺时针旋转，如图9所示。

虚数的与众不同会让一些人感到神秘而有距离感，要是你也这样觉得，可以试着用它来解决简单的问题，在实践当中去感受它的价值和意义。

有位年轻而富有冒险精神的青年在曾祖父的文件中发现了一张羊皮纸绘制的藏宝图，上面提示了如下信息：

---

[1] 让-罗贝尔·阿尔冈（1768—1822），会计师，业余数学家，生于瑞士日内瓦，于法国巴黎逝世。1806年，他阐述了如何用几何方式表示复数，普及了"复数是对平面上点的描述"这一观点。因而，复数平面有时也叫作阿尔冈平面。

"航行至北纬＿＿＿＿，西经＿＿＿＿[1]，那里矗立着一座荒岛。岛的北岸有一片没有栅栏的开放式草地，一棵孤独的橡树和一株孤单的松树守护在那里[2]。一个年代久远的绞刑架无声地讲述着叛徒与惩罚的故事。从绞刑架走到橡树底下，记住你所有的步数。然后右转90度，走相同的步数，并在停步的地方打下一根树桩。这时，返回绞刑架旁，走到松树前面，记下步数，再向左转90度，以同样的步数定位，打下第二根木桩。宝藏就埋藏在两根桩子的正中位置。"

看到宝藏如此清晰地标注在藏宝图上，似乎唾手可得，年轻人毫不犹豫地租了一艘船，驶向南海。他找到了岛、草地、橡树和松树，但令他捶胸顿足的是，绞刑架不见了。经历了岁月的洗礼和光阴的轮回，大自然的淬炼将绞刑架化作了尘土，如果没有看过那个指示，甚至连它曾经存在过都不会知道。

这位年轻的探险家陷入了绝望，随即愤怒地开始在草地上四处乱挖。但这座岛屿实在太大了，他所有的努力都付诸流水，最后只能心灰意冷地返回家乡，把宝藏永远地留在了那里。

这个故事令人唏嘘，但更可惜的是，如果这个年轻人略微懂得一些数学知识，特别是虚数的实际应用，那他很有可能已经富甲一方。虽然物是人非，故事已经成为"过去式"，但也不妨碍我们利用掌握的知识去探寻一番。

首先，把这座岛看作一个复数平面，画一条穿过两棵树底部的轴（实轴），并在两棵树连线中点画一条垂直于实轴的直线，作为虚轴（见图10）；然后，以两棵树之间直线距离的一半作为基本单位，橡树所在的点标注为实轴上的–1，松树所在的点标注

---

[1] 藏宝图上标注了经度和纬度的数字，但为了不泄露秘密，本文省略了这些数字。

[2] 由于与上述相同的原因，树木的名称也发生了变化。显然，在热带宝岛上还会有其他种类的树木。

为实轴上的+1。再把绞刑架的位置记为希腊字母 Γ（它的形状酷似绞刑架）。由于绞刑架的位置不一定会出现在两条轴上，我们必须把它看作一个复数，即：$\Gamma = a+bi$，其中a和b的作用参见图10。

图10 虚数寻宝

现在来进行一些简单的计算。如果绞刑架的坐标为 Γ，橡树坐标为-1，它们的距离和方向就是 $-1-\Gamma = -（1+\Gamma）$。同理，绞刑架和松树之间的距离为 $1-\Gamma$。将这两段距离分别按照顺时针（向右）和逆时针（向左）旋转90度，并根据虚数乘法法则，将这两个数分别乘以–i和i，从而找到两根桩子所处的位置：

第一根桩子：（–i）[–(1+Γ)]+1=i(Γ+1)+1

第二根桩子：（+i）(1–Γ)–1=i(1–Γ)–1

由于宝藏位于两根桩子的中间，我们必须求出两个复数之和的一半：

1/2[i(Γ+1)+1+i(1–Γ)–1]=1/2[+iΓ+i+1+i–iΓ–1]=1/2(+2i)=+i

我们能非常直观地看到，Γ 所表示的绞刑架所处的"未知位置"在计算中消失了，所以无论绞刑架实际位于哪里，宝藏都必然位于"+i"这个地方。

只要这位青年探险家稍做运算，就不会花蛮力在岛上四处乱挖，而是在图10所标注的十字架的位置上下手，宝藏就轻松装进他的口袋了。

如果你对此存疑，不相信抛开绞刑架依旧能够找到宝藏，那不妨试试另外的方法，在一张纸上标出两棵树的位置，随意挑选一个点作为绞刑架的位置，再用藏宝图上的提示一步一步进行操作。最后你会惊讶地发现，无论你选的点位于哪里，最终得出的结论，一定是宝藏埋在"+i"的点上。

通过–1的平方根这个虚数，另一个"隐藏的宝藏"也跃然纸上：三维空间和时间可以结合起来，成为一个符合四维几何规则的坐标轴。关于这一点，将留到后面讨论阿尔伯特·爱因斯坦和他的相对论的章节再进行阐述。

第二卷

空间、时间与爱因斯坦

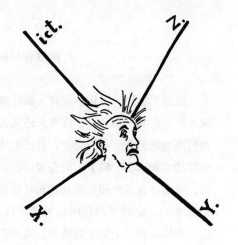

| 第三章　空间的特殊属性

1.维度和坐标

　　提到"空间"，几乎所有人都耳熟能详、张口就来，但如果深入探究它的内在含义，许多人还是会抓耳挠腮，不知道该如何去精准地定义它。我们会说，自己生活在空间里，可以向所有方向移动，如向上、向下、向左或向右。物理空间最基本的特征之一，就是存在三个相互独立、相互垂直的方向。人们常说：空间是三维的。空间中的任何位置都可以通过参考这三个维度来表示。当你去到一个陌生的城市，向酒店前台询问如何找到某家知名公司的办公室，店员可能会说："向南走五个街区，再向右走两个街区，然后上到七楼。"刚才提到的三个数字通常被称为"坐标"，在上面的例子中，代表的是城市街道、建筑楼层和酒店大堂起点之间的关系。坐标可以帮助我们准确地标注出起点和目的地，无论是在哪里，处于什么位置，都可以通过坐标找到正确的方向。此外，通过简单的数学计算，结合新旧坐标的相对位置，能够以旧坐标为参照找到新坐标，这个过程被称为"坐标变换"。需要说明的是，这三个坐标不一定是用于表示特定距离的数字，有时，角坐标比距离坐标使用体验更为便捷。

来看一些实际应用吧：纽约市喜欢用直角坐标系来表示各个街道和大道；莫斯科却经常使用极坐标系。这座古老的城市以克里姆林宫的中央堡垒为圆心不断向四周发展，街道呈放射状，有几条一圈圈涟漪状向外扩散的环形大道。只要提及房屋所在的位置，人民就会不假思索地说"这座房子位于克里姆林宫城墙西北偏北20个街区的地方"。

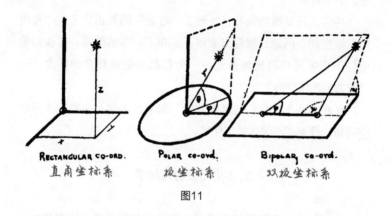

图11

海军部大楼和华盛顿特区的五角大楼是直角坐标系和极坐标系的另一个经典例子，在二战期间从事战争工作的人都非常熟悉。

图11用了几种方式，描述空间中一个点的三个坐标，它们有的代表距离，有的则代表角度。而无论采用哪种坐标系，这三个数字都是必不可少的，因为现在讨论的是三维空间的问题。

受限于思维习惯，对于超过三个维度的超空间（后面将揭晓其庐山真面目），我们的想象力颇为匮乏，但是，这样的空间却真实存在。人们其实更容易想象一个小于三个维度的空间，比如：平面和球面等，这些都属于二维空间的范畴，只需要两个数字就可以描述出这个面上任意一点的位置。以此为例，线（包括直线和曲线）属于一维空间，用一个数字就可以描述一个点的位置。此外，点是零维空间，在一个点上，所有位置都是一样的。只是，似乎没人对点有太多的研究兴趣。

作为三维生物，理解线和面的几何特性要比理解三维空间容易得多，因为我们可以"从外部"来观察线和面。但是，要理解我们所处的三维空间似乎困难重重，因此很多人学习曲线或曲面觉得特别容易，但要说到"三维空间也可以弯曲"，就会十分疑惑，不得其解。

其实，只要稍加练习，掌握了"弯曲"的真正含义，"弯曲的三维空间"问题也就迎刃而解了。在下一章的结尾，（我们希望！）大家可以轻松地谈论另一个看起来更加复杂的概念——"弯曲的四维空间"。

在此之前，让我们的思维"活"起来，多学习一些关于三维空间和二维面、一维线的特性吧。

2.不用测量的几何学

在记忆中，我们曾经在课本上学习的几何学是一门测量空间的科学[1]，包含了很多定理，用于描述各种各样的距离和角度之间的数值关系（例如著名的毕达哥拉斯定理，描述了直角三角形边长的数值关系）。实际上，不用测量任何的长度和角度也可以研究空间的基本特性。在几何学研究中，这个分支被称为"位相几何学"或拓扑学[2]，属于数学中最为困难、充满挑战的一个内容。

---

[1] "几何"一词源自希腊语中的两个单词，其中："ge"代表"大地"，或者更确切地说是"地"，"metrein"表示"度量"。看得出来，这个单词的诞生，与古希腊人对房地产的兴趣密不可分。

[2] 从拉丁语和希腊语的角度来分析，这代表着对测量的探究。

来看看具体的应用吧，感受一下典型的拓扑学问题。假设有一个封闭的几何面，比如一个球，球面上的线条将其分为了几个不同的区域，我们能够在球面上选择任意的几个点，用不相交的线条连接它们（见图12），请思考，初始点的数量是多少？用于区分相邻区域的线的数量与区域的数量间是什么样的关系？

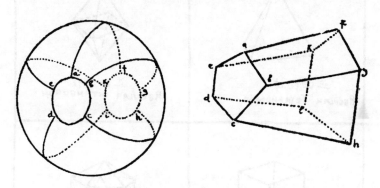

图12 一个划分为多个区域的球体变成了一个多面体

首先能够确定的是，将球压扁为南瓜一样的形状，或将它拉伸变为南瓜一样的细长球体，球面上点、线和区域的数量将保持不变。同理可证，我们可以让一个橡胶气球变形、拉伸、挤压，按照你的喜好任意改变它的形状，只要不把它切开或撕裂，无论呈现哪一个形态，都不会影响这个问题最终的答案，因为它适用于任意形状的封闭面。拓扑几何与普通的几何（以数值关系为主，如长度、面积、体积之间的关系）形成了鲜明对比，假设我们把一个立方体拉伸成一个平行六面体，或者把一个球体挤压成煎饼，各项数值的关系就会发生变化。

我们还可以将球体划分为多个单独的区域，分别压平，将它变为一个多面体，不同区域的边线成为多面体的棱，若干条棱的公共顶点则成为多面体的顶点。

之前所提出的问题，在没有改变其内在本质的情况下，变成了讨论"任意形状的多面体的顶点、棱和面之间数量关系的问题"。

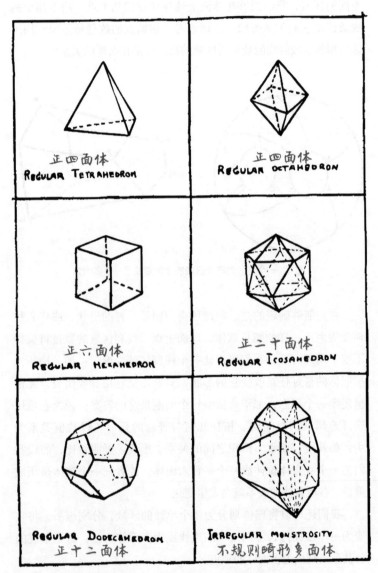

图13 五个正多面体（唯一可能的五种）和一个不规则畸形多面体

图13展示了五个正多面体，它们每个面所包含的棱、顶点数量完全相同。另外，还有一个在思维流动的过程中随意想象出的不规则多面体。

在这些几何体中，我们可以计算出顶点、边和面的数量。用于观察这三个数字之间的关系。

计算结果请见下表。

名称	V 顶点数量	E 棱的数量	F 面的数量	V+F	E+2
正四面体（金字塔）	4	6	4	8	8
正六面体（立方体）	8	12	6	14	14
正八面体	6	12	8	14	14
正二十面体	12	30	20	32	32
正十二面体	20	30	12	32	32
"畸形体"	21	45	26	47	47

表格中，前三列给出的数字（V、E和F）似乎没有任何关联性，但仔细研究后会发现，V和F列中的数字之和总是等于E列中的数字加上2。据此，我们可以写出它们间的数学关系：

$V+F=E+2$。

这种关系只存在于图13中所示的五个特定的多面体吗？还是适用于所有多面体呢？如果您尝试绘制与图13所示不同的其他类型多面体，并计算它们的顶点、棱和面，您会发现上述关系在任何多面体中都成立。显然，$V+F=E+2$是拓扑学中的通用数学定理，因为这个算式不必测量棱的长度或面的大小，只涉及几个不同几何单元（即顶点、棱、面）的数量。

刚才阐释的关于多面体中顶点、棱和面之间的数量关系，在17世纪就被著名法国数学家勒内·笛卡尔[①]发现，他也是最早关注这个问题的数学家。后来，这一定理被另一位数学天才莱昂哈德·欧拉[②]以严谨的方式进行了论证，所以它也被称为"多面体欧拉定理"。

R.柯朗和H.罗宾的著作《数学是什么？》[③]对欧拉定理进行了验证，让我们一起来看看，这种类型的证明是如何推论的：

"为了推导、证明欧拉的方程，请想象，一个由薄的橡胶皮

① 勒内·笛卡尔（1596—1650），法国哲学家、数学家、物理学家。他对现代数学的发展做出了重要的贡献，他于1637年发明了坐标系，将几何和代数相结合，创立了解析几何学。在物理学方面，笛卡尔将其坐标几何学应用到光学研究上，在《屈光学》中第一次对折射定律作出了理论上的推证；比较完整地表述了惯性定律，并明确地提出了动量守恒定律，这些都为后来牛顿等人的研究奠定了一定的基础。

② 莱昂哈德·欧拉（1707—1783），瑞士数学家，自然科学家。欧拉是18世纪数学界最杰出的人物之一。他是数学史上最多产的数学家，平均每年写出八百多页的论文，还写了大量的力学、分析学、几何学、变分法等的课本，《无穷小分析引论》《微分学原理》《积分学原理》等都成为数学界中的经典著作。此外，欧拉还涉及建筑学、弹道学、航海学等领域。

③ 感谢柯朗和罗宾博士，以及牛津大学出版社，对文章引用及转载的大力支持。如果读者们对这些例子和拓扑问题感兴趣的话，可以去亲自阅读《数学是什么？》（出版于1941年的数学普及著作）。理查·科朗特（1888—1972），德国裔美国籍数学家，主要研究分析和应用数学，对位势理论、复变函数论和变分法贡献尤多。其发展狄利克雷原理，对边值问题中的特征值和特征函数作了出色的研究。赫伯特·罗宾斯（1915—2001），美国著名数学家和统计学家。他的研究涉及拓扑学、测度论、统计学等诸多领域。

制作而成的空心简单多面体（图14a）放在这里。切下空心多面体的一个面，将剩余的部分拉伸并延展开（图14b）。在这个过程中，多面体的表面积和棱之间的角度会发生变化，但是延展开的'多面体'顶点和棱的数量没有变化。由于我们切掉了一个面，所以面的数量会比之前少一个。现在可以证明，在平面上，V−E+F=1。如果计算被切除的那个面，则计算多面体大小的式子应该列为：V−E+F=2。

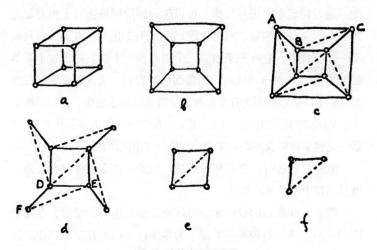

图14 欧拉定理证明图

图中展示的是"正六面体"，加上对角线后，

计算结果与其他形状的多面体相同，由此证明公式适用于任何形状的多面体

"首先，给'平面网格'图中不是三角形的网格加上对角线，构成新的三角形，完成这个步骤后，你会发现，每增加一条对角线，E和F的数值都会增加'1'，而V−E+F的值保持不变。然后继续画对角线，直到所有的图形都被分割为三角形（图14c）。在这个由三角形组成的图形中，V−E+F的值等同于最初的那个数值，增加的对角线丝毫没有改变它的结果。

"部分三角形处于网格图的边缘，诸如三角形ABC，只有一条边位于图形的边缘位置，而另一些三角形，会有两条边位于图形边缘，如果去除它不与其他三角形共用的部分（图14d），比如，从三角形ABC中，删除AC边和面，留下顶点A、B、C以及AB和BC两条边；从三角形DEF中，删除面、DF和FE两条边，以及顶点F。

"删除ABC类型的三角形，会使E和F的值减少1，而V不受影响，因此V−E+F的结果保持不变。删除DEF类型的三角形则会使V的值减少1，E的值减少2，F的值减少1。所以V−E+F结果依旧不变。通过特定顺序进行操作，可以逐一删除网格边界上所有靠边的三角形（每次删除，网格边缘都会发生变化），直到最后只剩下一个三角形，它有三条边、三个顶点和一个面。对于这个简单的网格，V−E+F=3−3+1=1。但前面已经看到，无论怎么删除三角形，V−E+F的数值都没有发生改变。因此可以推论出，在原始图形中，V−E+F的值也肯定等于1。那么，缺少一个面的多面体等于1的话，完整多面体就是V−E+F=2。欧拉公式由此得证。"

欧拉公式还有一个有趣的推论，就是：正多面体只有五种，就像图13中所呈现的那样。

然而，仔细阅读最后部分的讨论，你可能会注意到，在绘制图13中所示的"各种不同类型"的多面体，以及在证明欧拉定理的数学推理过程中，我们做出了一个隐藏的假设，直接导致可选范围受限。我们只局限于没有"孔"的多面体，这里所说的"孔"，并不是橡胶气球上的洞，而是接近于甜甜圈或橡胶轮胎中间的孔。

要想理解得更为透彻，请认真看一下图15。图中可以看到两个不同的几何体，与图13中所画的几何体一样，都是多面体。

现在来看看欧拉定理是否适用于这两个新立方体。

在第一个图形里，总共计算出16个顶点、32条边和16个面，因此V+F=32，而E+2=34。在第二个图形里，共有28个顶点、46条边和30个面，因此V+F=58，而E+2=48。这显然是不对的！

失败的原因是什么？上面给出的欧拉定理的证明在这两个例子中为何不再成立？

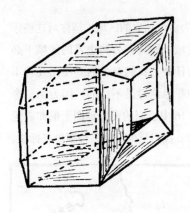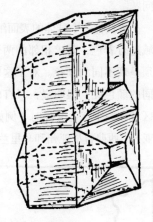

图15 这两个立方体中，分别有一个孔和两个孔。
它们的面是不规则矩形，但这在拓扑学中并不重要

诚然，上面我们考虑的所有多面体都是类似于足球的形状，但新型的空心多面体更像是轮胎或更复杂的橡胶制品。对于这样的新型多面体，上面给出的数学证明是不适用的，它无法完成"切除空心多面体的一个面，将剩余的表面拉伸，直到它在平面上平坦地延展开"这一个步骤和条件。

把一个足球放在你面前，用剪刀剪掉它的部分表面，再拉伸、平铺，似乎难度不大。但是要想对橡胶轮胎做相同的事，几乎就是不可能完成的任务。如果你认为图15可信度不大，可以自己找一条旧轮胎进行尝试。

要知道，我们不能以偏概全地认为这些更为复杂的多面体中V、E和F之间没有关系；它们显然有关系，但这是一种不同的关系。对于甜甜圈形状的多面体，或者更科学地说，是"环面形状的多面体"，$V+F=E$；而对于"椒盐卷饼"形的多面体，$V+F=E-2$。基本公式可以表述为"$V+F=E+2-2N$"，其中N代表孔

的数量。

与欧拉定理密切相关的另外一个典型拓扑问题被称为"四色问题"。

假设将一个球体的表面细分为多个独立的区域，请你对这些区域进行着色，要求相邻的两个区域（即具有公共边界的区域）必须呈现不同的颜色。对于这样的任务，我们至少需要使用几种不同的颜色呢？很明显，只有两种颜色绝对是不行的，因为当三个区域在一个点上交界时（例如图16中绘制的美国地图上的弗吉尼亚州、西弗吉尼亚州和马里兰州），我们至少需要三种颜色来标注。

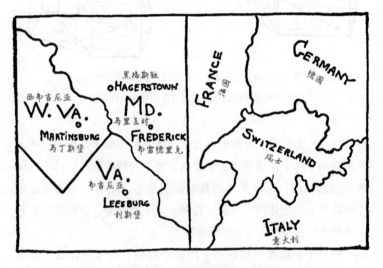

图16 马里兰州、弗吉尼亚州和西弗吉尼亚州的拓扑图（左），

瑞士、法国、德国和意大利的拓扑图（右）

同样地，要找到一个需要四种颜色的场景也非常容易（就像图16中所绘的德国吞并奥地利期间的瑞士的地图那样）。①

---

① 在德国吞并奥地利之前，使用三种颜色就足够了，即：瑞士用绿色标注，法国和奥地利用红色表示，德国和意大利则涂满黄色。

056

但即便你绞尽脑汁，也无法在地球仪或是一张平面地图①上找到需要四种以上颜色的地方。如此看来，无论地图多么复杂，四种颜色足够清晰地标识出边界，区分出不同区域。

如果上面一句话判断准确，理论上来说，是可以通过数学的方法进行验证的。然而，经过几代数学家不辞辛劳的努力，这一难题却至今没有突破。它又成了一个典型的"几乎没人怀疑，但也没人能够证明"的数学"悬案"。②目前，这项课题研究所取得的最好成绩是"五种颜色基本够用"。以欧拉公式为基础进行了推导，用国家和边界的数量以及多国交界处三重、四重等交点的数量验证了研究成果。

这个问题长期悬而未决，已经验证了其复杂性，如果依照这个线索讨论下去，不免偏离主题。但感兴趣的读者可以在各类拓扑学书籍中找到它，并以此作为打发时光的手段，如果有人在专注的学习中有所收获，没准会彻夜不眠地去钻研和佐证它。其中某位睿智的人若是能够证明"给任何地图上色最多只需要四种颜色"，从而推翻了"五种颜色论"，或者质疑四种颜色不足以满足现实需求，并能够绘制出一种超过四种颜色才能够区分不同区域的地图。无论是上述哪一种情况，他的名字都将在未来几个世纪被广为流传，成为理论数学史上里程碑式的人物。

具有讽刺意味的是，尽管上色问题在平面和球面上无法得到验证，但在诸如甜甜圈或椒盐卷饼这类更加复杂的面上，却可以用一些简单的方式去证明。当前，已经有人成功推导出，用七种不同的颜色足以给甜甜圈的任意相邻区域上色，并且给出了实际的例子。

---

① 从"着色问题"的角度来审视，平面图和地球仪的情况大致相同。在地球仪上着色之后，可以在其中某一个区域上打上小孔，并将其拉伸，延展开来，这就是典型的拓扑学问题。

② 四色问题于1976年6月在计算机上得到证明。

要是想再感受更深层次的难度，可以去找一个充气轮胎和一套七种色彩的油漆，用油漆去画轮胎的表面，要求是其中某一种颜色和剩余六种颜色都能有相邻的区域。完成之后，你可以自豪地说："我可是一个甜甜圈上色高手！"

3. 空间翻转

到目前为止，我们都在讨论各种曲面的拓扑学问题，都是只有两个维度的亚空间。可以预见的是，关于我们自己生活的三维空间，也能够提出类似的问题。比如，三维空间中地图的颜色问题可以概括如下：我们需要使用许多不同材料、不同形状的"块"来构建一个"空间马赛克"，任意两个材质相同的块不能有任何共同的接触面，这样的话，我们需要多少种材质的块才能实现这个目标？

对应球面或环面表面着色问题的三维空间是什么样的？人们能想到一些特别的三维空间吗？它们与普通空间是否就像球面或环面与普通平面的关系一样？初听起来，这个问题似乎毫无价值。但事实并非如此，尽管我们能够轻松地想出许多不同形状的面，但我们下意识地相信三维空间只有一种，即我们所生活的、极为熟悉的物理空间。这种观点有一些虚妄，如果稍微激发一下想象力，我们就能想出和欧拉定理的研究截然不同的三维空间。

想象这种"独特"的空间有一些困难，作为三维生物，我们只能从"内部"来观察和感受空间，而不能像研究各种奇怪的面那样从"外部"来分析。但办法总比困难多，通过思维体操，我们将毫不费力地征服这些"不一样"的空间。

首先，尝试建立一个类似于球体表面的三维空间模型。这里要厘清一个问题，就是球面作为一个封闭的面，其主要特性是"有限无边界"。你能否想象出一个同样封闭、体积有限，没有任何尖锐边界的三维空间吗？就像两个被自身球面所限制的球体，类似于被果皮包裹起来的苹果那样。

　　然后想象一下，这两个球体被重叠放置、穿过彼此，拥有一个共同的外表面。当然，在现实生活中，两个球体，比如两个苹果，被强行挤成一个，会让表皮粘连并重叠在一起，苹果会被压碎，但它们永远不会互相穿透。

　　你可能会想到一个被蛀虫啃咬过的苹果，内部变成了虫子的通道，形成各种错综复杂的形状。假设虫子分为黑白两种，它们彼此厌恶，在苹果内部啃咬时，哪怕起点相邻，也绝对不与对方前行的路径产生任何交汇。被它们"改造"之后的苹果类似于图17——一个有着双重通道的网格。两套通道互不交叉却紧密相邻，填满了苹果的内部，如果你要从其中一个虫子的通道去往另一个，必须返回苹果表面。如果两条虫子一直持续工作，这些通道将变得越来越细，数量不断增加，苹果内部最终会形成两个仅在其共同表面连接又各自独立的空间。

图17

如果虫子让你感觉不适，那么就来想象一个由封闭的走廊和楼梯组成的双重系统吧。回忆一下上次纽约世界博览会那个大球①，其内部修建了两套封闭、相邻的走廊和楼梯，它们分别贯穿、填满了球体的整个空间，如果想要通过其中某个系统去往另一个系统内与之相邻的点，必须回到球体表面，再沿路折返回去。大家都说，这两个系统彼此纠缠却各自独立，在里面和一位老友约会，虽然他可能就在你附近，但要想同他握手，却需要走得汗流浃背才行。值得注意的是，两个楼梯系统的连接点与球体内的任意点没有任何区别，我们可以随时改变它的结构，使原先的交点翻到里面去，让原本位于内部的点都翻到外面来。需要注意的第二个要点是，尽管走廊的总长度有限，但里面不存在任何"死胡同"，你可以在走廊和楼梯上一直走，绝对不会被任何墙壁或栅栏阻挡，如果你走得足够远，就会回到起点。如果从球体的外面观察整个建筑，你会发现，人们穿越迷宫，回到出发的地方，是因为走廊逐渐盘绕成球形。但是身处其中的人，根本不知道还有"外面"的空间存在，他们能够感知到空间的大小有限，却没有明显的边界。正如我们将在下一章中讨论的那样，没有明显边界却并非无限大的"自我封闭的三维空间"在讨论整个宇宙的性质时是非常有用的。现阶段，在望远镜功率极为有限的情况下进行观测，其结果表明，在那些极为遥远的地方，空间开始弯曲，表现出明显的回转和自我封闭的趋势，就像例子中被蛀虫吃掉的苹果通道一样。这个发现让人感到兴奋，不过在展开讨论之前，我们还得对宇宙的其他特性进行研究和学习。

　　对于苹果和蛀虫的内容还有待今后深入挖掘。我们即将讨论的下一个话题是，被虫子吃掉的苹果可以变成甜甜圈吗？嗯，不是让它的味道尝起来像甜甜圈，而是让它的形状变成甜甜圈的样

---

① 此处指的是1964年的纽约世博会，博览会的标志建筑是一个12层楼高的不锈钢巨型地球仪，象征"国际普遍参与"。

子。这里讨论的是几何数学，不是烹饪艺术哦。现在，假设之前的"重叠苹果"（就是两个彼此重叠，果皮粘连的新鲜苹果）被一条虫子在其中一个苹果中蛀出了一条宽阔的圆形通道，如图18所示。需要注意的是，这条通道只存在于其中一个苹果内部，而通道外面的每一个点，都是一个"双重点"，它同时属于两个苹果。通道内只剩下那个没被蛀过的苹果果肉。现在，"双苹果"有一个由通道内壁组成的自由面（图18a）。

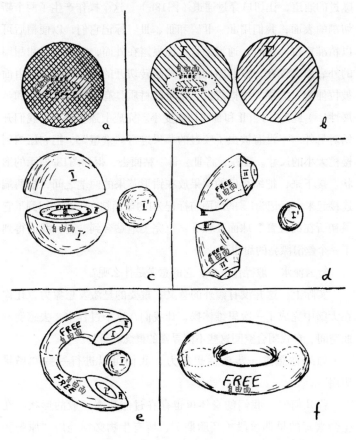

图18 如何把一个被虫子蛀过的双重苹果变成一个完美的甜甜圈。
与魔法无关，需要用拓扑学的方法来解答！

061

你能把这个被虫子蛀坏的苹果变成甜甜圈吗？当然，前提是它的材质必须是具有可塑性的，无论你用何种方式去改变它的形状，它都不会破裂。为了便于操作，我们或许可以把苹果切分开，造型完成后再将其重新粘回去。

首先，削去苹果皮，将"双重苹果"对半切开，使其变为独立的两部分（见图18b），将切开的这两个表面分别用数字I和I′表示，以便后续操作中辨识及复位方便。然后，横向切开被虫啃噬过的通道，让切口穿过通道（图18c）。这个操作产生了两个新切割的表面，我们用Ⅱ、Ⅱ′和Ⅲ、Ⅲ′标记它们，以便稍后可以精准定位。这时，通道的自由面显露在外面，它将构成甜甜圈的外表面。现在，按照图18的方式翻转切开的两个部分，自由面被拉伸为一大块（根据假设，苹果的材质具有极强的可塑性和延展性！）此外，I、Ⅱ和Ⅲ的切面变小。完成上述步骤后，我们开始对另外一半没有被虫子咬过的苹果进行"重塑"，把它压缩到樱桃大小的尺寸。现在，将Ⅲ、Ⅲ′粘回去，得到图18e所示的形状。接下来，把缩小后的苹果放在钳形苹果的两端之间，把两端连接起来。标记为I′的球面与标记为I的球面粘在一起，回到了它最初所在的位置。球面Ⅱ和Ⅱ′也完美地贴合到一起，我们得到了一个丝滑漂亮的甜甜圈。

行云流水一般操作下来，它的意义是什么呢？

实际上，这并没有额外的意义，重要的是激发想象力，让你在大脑中完成了一次思维体操，让我们在这个过程中，去感受弯曲空间、自我闭合空间这些不同寻常的概念和事物。

如果你想进一步激活想象力，我们可以进行一些"场景应用"。

曾几何时，我们的身体里也存在过甜甜圈一般的形状。在生命繁育的早期阶段（胚胎期），所有生物必须经历"原肠胚期"，此时，胚胎整体呈球形，有一条宽阔的通道穿过其中，一端摄入营养，一端排除废弃物。当生命体发育完整，体内通道变得更窄更复杂，但运作的方式和原理保持不变，它具有甜甜圈所有的几何特性。

作为一个甜甜圈，请尝试按照图18所示的方法进行反向改变吧——想象将你的身体转变成一个内部有虫洞通道的"双重苹果"。有意思的是，你会发现，尽管你身体的不同部位会发生局部重叠，形成"双重苹果"的状态，但整个宇宙，包括地球、月亮、太阳和星星在内，都会被挤压到内部的环形通道中！

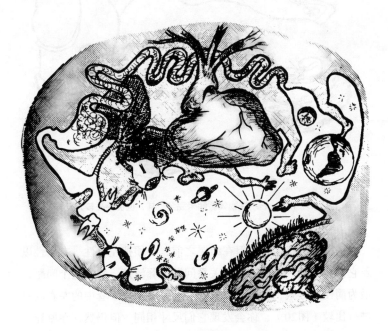

图19 翻转宇宙

这幅超现实主义画作描绘了一个人在地球表面行走，抬头仰望星空。

此画根据图18所示的方法进行了拓扑变换。

因此，地球、太阳和恒星被挤在一条相对狭窄的通道中，

穿过人的身体，周围包裹着人类的内脏器官

试着把这个场景画下来（如图19），如果画作品质卓越，也许萨尔瓦多·达利①也会感叹并承认你在超现实主义绘画艺术上极具天赋！

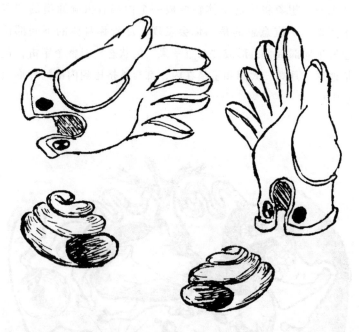

图20　左手性、右手性物体看起来完全一样，但仍存在较大差异

　　本章节内容丰富，但在结尾之前，必须把左手性、右手性以及它们与空间一般性之间的关系问题阐释清楚。解答这个问题，最为简便的方式，就是拿出一双手套。将一副手套中的左右两只进行比较（图20），你会发现它们尺寸相同，但仍然存在差异，

---

① 萨尔瓦多·达利（1904—1989），著名的西班牙加泰罗尼亚画家，因为其超现实主义作品而闻名。达利具有非凡才能和想象力，他的作品把怪异梦境般的形象与卓越的绘图技术和受文艺复兴大师影响的绘画技巧令人惊奇地混合在一起。

你无法把左手的手套戴在右手上，或者将右手手套戴在左手上。你可以随心所欲地转动和扭转它们，但右手套永远属于右手，左手套也只能属于左手。这个道理同样存在于鞋子、汽车操纵系统（美国是左舵，英国是右舵）、高尔夫球杆和许多其他事物上。

　　另一方面，男士的帽子、网球拍和其他许多物品并没有表现出这样的差异。没有人会愚蠢地从商店订购一打左手专用茶杯。如果有人让你从邻居那里借一把左手专用活动扳手，那肯定是他在恶作剧。那些需要区分惯常使用手的物体之间有什么区别呢？如果稍加思考，就会发现，帽子或茶杯这样的物体具有我们所说的"对称平面"，沿着对称平面它们可以被切成两个完全相同的部分。手套或鞋子则不存在这样的对称平面，无论怎么尝试，都无法将手套切割成两个完全相同的部分。如果物体不具有对称平面，即"不对称"，它就会被归为"左手性"和"右手性"两类。这种差异不仅出现在手套或高尔夫球杆这类人造物体上，大自然中更是大量存在。例如，有两种蜗牛，它们从外形和习性上看，几乎所有方面都是相同的，但建造房屋的方式却大相径庭，一种蜗牛的外壳是顺时针旋转的，而另一种蜗牛的外壳则是逆时针旋转的。就连看不见摸不着的分子，它的不对称性也能通过晶体的形状，以及物质的一些光学特性表现出来。例如，糖可以分为葡萄糖和果糖。令人意想不到的是，以糖为食物的细菌也分为两种，每种细菌只吃对应的糖。

　　通过上面列举的手套等例子可以看出，右手性的物体似乎不能转变为左手性的物体。真相果然如此吗？或者，是否可以想象一个巧妙的空间来解决这个问题呢？为了回答这个问题，让我们以平面上的二维居民为例，用更为高级的三维视角来观察它们。图21代表了平面世界的两个居民，手里拿着一串葡萄站着的人可以被称为"正面人"，因为他有"脸"但没有"侧面"。而另外一只动物是一只"侧面驴"，更准确地说是一只'右向侧面驴'。当然，我们也可以画一只"左向侧面驴"。两头驴子受限于平面，所以从二维的角度来看，它们就像左右手套一样外观不同，你不能把"左驴"叠加在"右驴"上，如果想要让它们的鼻子和尾巴对齐，需要把其中一只驴掀翻在地，让它四脚朝天，而不是踏踏实实地站在地面上。

图21 假想出来的生活在平面上的二维"影子生物"。

这种二维生物并不"实用"，

这个人只有正脸而无侧面脸，不能把手里拿着的葡萄放进嘴里。

驴子可以吃葡萄，却只能向右走，要想向左走的话，它只能倒退。

虽然驴子倒退着走并不稀罕，但毕竟不太方便

但是，如果你把一头驴从平面上拿出来，在空间中把它翻转过来，再放回去，这两只驴就会变得一模一样。通过类比，可以得出结论：如果在四维空间中将手套从三维空间中取出，以某种恰当的方式旋转之后，再放回三维空间中，那么这只手套将变为左手手套。但是，我们的物理空间没有第四个维度，上述方法不具备实施的条件，除此之外，你还有别的方法吗？

好吧，让我们再次回到二维世界。这次，不再研究图21所展

示的普通平面，而是要聚焦于"莫比乌斯环"。莫比乌斯①是一位著名的德国数学家，一个世纪之前首次研究并提出莫比乌斯环。制作莫比乌斯环方法非常简单：取一根普通纸条盘成一个环，将其一端扭转之后，与另外一端粘贴在一起。图22将向你展示制作的全过程。莫比乌斯环有许多奇特的地方，其中一个特性很容易被发现，拿一把剪刀，沿着平行于边缘的线（沿着图22中的箭头）完整地剪一圈。按照正常逻辑，你会觉得自己应该得到两个独立的圆环。但实际操作之后，这个念头会被瞬间颠覆，我们剪出来的并不是两个圆环，而是一个长度比之前的圆环大两倍，但宽度只有原来一半的单个的环。

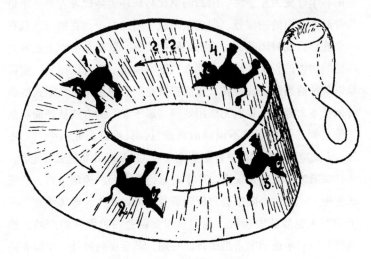

图22 莫比乌斯环和克莱因瓶

① 莫比乌斯（1790—1868），数学家、天文学家。他最著名的成就是发现了三维欧几里得空间中的一种奇特的二维单面环状结构——后人称为莫比乌斯环。其他重要的成就包括在射影几何中引进齐次坐标系、莫比乌斯变换，数论中的莫比乌斯变换、莫比乌斯函数等。

现在让我们看看当一头影子驴在莫比乌斯环上行走时会发生什么。假设它从位置1（图22）出发，此时它是一头"左侧驴"。马不停蹄的行走后，在图片中可以清晰地看到，驴子穿过了位置2和3，并最终回到起点。但令人惊讶的是，当驴子走到4号位的时候，它变得四脚朝天，十分尴尬。当然，它可以翻个面，让四脚落地，但与之相伴的，是它将变为一头"右侧驴"。

简而言之，驴子的莫比乌斯面之旅，让它从"左侧驴"变为了"右侧驴"，值得注意的是，这个过程中，驴子一直处在同一个面上，并没有离开莫比乌斯环进行翻转。因此我们发现，在旋转曲面上，物体只要通过扭曲处，就会由左手性变为右手性，或是由右手性变为左手性。图22的莫比乌斯环实际代表着另一个更具普遍性的面的一部分，即克莱因瓶（图22右）。克莱因瓶只有一个能够自我封闭的面，没有尖锐的边界。既然二维面上能够让不同的物体进行手性转换，那么三维空间也一定可以做到，前提是以某种恰当的方式旋转、扭曲三维空间。想象莫比乌斯式的旋转似乎不太容易，我们无法用观察"影子驴"的方式从外面观察三维空间，是所谓"不识庐山真面目，只缘身在此山中"。不过，天文空间自我封闭并进行莫比乌斯式的旋转并非绝无可能。

如果想象能变为现实，环宇宙旅行的人回归地球之后，会变成左撇子。他的心脏也会移位到胸腔右侧。制作、贩售手套和鞋子的商人也能从中获利，他们只需要制造一种手性的产品，然后将其中一半送到宇宙当中环绕一圈，就会得到另外一半需要的产品。

遐想到这里，关于特殊空间奇异特性的讨论也就先告一段落了。

| 第四章　四维世界

1.第四维度——时间

第四维度的概念惹人遐想，也备受质疑，是一个充满了神秘气息且经久不衰的话题。作为生来就只能用长度、高度、宽度来定义的生物，讨论四维空间的胆量和勇气从何而来？穷尽我们三维的智慧和眼光，是否能够推导出四维空间真实的样子？四维的立方体或球体又会是什么样子呢？每当人们描述自己的"想象"，诸如一条长着鳞片状尾巴、鼻孔里喷出火焰的巨龙，或者一架机翼上配置了游泳池和几个网球场的超级客机，其实是在脑海中描绘出一个场景，呈现出"它"突然出现在你面前时是什么样的。我们身处三维空间，以三维的思维方式和背景进行想象，连同我们自己在内所有的物体也都存在于这样的空间里。如果"想象"的实际含义是这样的，那么我们不太可能以三维空间为背景想象出四维的物体，正如我们不可能把三维物体挤压到平面上一样。但请稍等！从另外一个角度上来说，通过绘制图画的方式，将三维的物体压到平面上并非不可能。只不过，此时我们采取的并非液压机或其他物理力量，而是使用一种名为几何"投影"的方法。请看图23，上面清晰地呈现出将客观物体（比如马）压缩成平面所采用的两种方法之间的差别。

图23 将三维物体"挤压"成二维平面的错误方法（左边）
及正确方法（右边）

　　以此类推，我们现在可以说，尽管将一个四维物体"挤压"到一个三维空间中会有一些部分不受控制地凸出来，左右支棱，但已经足以支撑我们探讨各种四维图形在三维空间中的"投影"问题了。不过，需要注意的是，就像三维物体在二维平面上的投影呈现出的是两个维度的形态一样，四维物体在三维空间中的投影也必然呈现出三维的形态。

　　为了让这个事情更为通俗易懂，我们要进行一些假设，思考一下生活在二维平面的影子生物是如何理解三维立方体的概念的。作为一个高级的"三维空间生物"，我们其实能够轻松地构想出这一幕，因为从上方，也就是高于二维空间的第三个方向进行观察，是更具备优势条件的。要把一个立方体"挤压"到一个

图24 二维生物惊讶地看着三维立方体投影在其生活的二维面上的阴影

二维平面上，唯一的方法就是以图24所示的方式将其"投影"到该平面上。我们的二维朋友通过观察这样的投影，以及旋转原始立方体看到的其他各种投影，会对"三维立方体"这一神秘物体产生一些认知和理解。虽然他们无法像我们一样用超脱的眼光和视角"跳出"二维平面去观察立方体，但仅凭观察投影，他们就能够明白，立方体有八个顶点和十二条边。现在请看图25，你会发现，自己似乎和那些可怜的二维影子生物有着类似的境遇，画面上的一家子瞠目结舌审视着的那个复杂奇怪的结构，其实是四维超立方体在普通三维空间上的投影。①

图25 来自第四维度的访客！一个四维超立方体的直线投影

认真观察这张图，很容易就能找到一些令人十分困惑的点，与图24中影子生物发现的那些极为相似：普通立方体在平面上的投影是由两个正方形表示的，一个正方形位于另一个正方形的内部，它们之间顶点相连。超立方体在普通空间中的投影由两个立方体组成，也是一个立方体嵌套在另一个内部，顶点相连。仔细数一数，会发现一个超立方体总共有16个顶点、32条边和24个面。这难道不是一个十足的立方体吗？

现在让我们看看四维球体是什么样子的。要实现这一目标，我们最好再次回顾这个更为熟悉的例子：一个普通球体在平面上的投影。比如，想象一个上面标记着大陆和海洋的透明地球仪，它被投影到一面白墙上（图26）。投影中，两个半球必将相互重叠。若根据投影来推测，人们可能会认为从美国纽约到中国北京之间的距离很短。但这只是一种错觉。事实上，投影上的每个点代表了实际球体上的两个相对的点，从纽约飞往中国的客机在投

———————————

① 更确切地说，图25展示了四维超立方体在普通三维空间中投影到平面上的样子。

影中将一直飞到投影的边缘，然后再原路折返回来。尽管两架不同客机在投影图上的航迹可能重叠，但如果客机"实际上"位于地球的两侧，那它们绝不会迎面撞上。

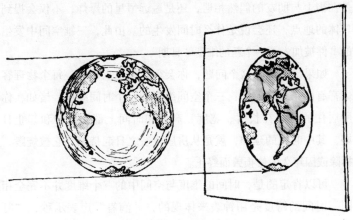

图26 地球仪的平面投影

　　这就是普通球体的二维投影的特性。如果充分释放出想象力，我们可以毫不费力地推导出四维超球体的空间投影是什么样的。

　　正如普通球体的二维投影是由两个点对点互相重叠，并且只通过外围表面相互连接的平面圆盘组成。超球体的三维投影必须被想象为两个相互重叠并沿其共同的外表面连接的球体。在前一章中我们就讨论过这个特殊的结构，辅助理解类似于闭合球面的闭合三维空间。因此，在这里只需要补充一句：四维球体的三维投影就是我们曾经讨论的像连体婴儿一般的双重苹果，由两个果皮完全重叠的苹果组成。

　　同理可证，通过类比可以解答许多其他关于四维图形性质的问题。只是无论我们怎样尝试，都无法在物理空间中"想象"出第四个独立的维度是何种样子。但如果仔细想想，你会发现根本没有必要将"第四个维度"过于神话。事实上，我们大多数人每天都在说的一个词完全可以被看作是物理世界中的第四个独立维度，那就是"时间"。通常情况下，它和空间一起被用来描述我们周围所发生的事情。当人们谈论宇宙中发生的任何事件，无论是在街上与朋友的偶然相遇，还是遥远恒星的爆炸，不仅会提到具体的地点，还会说是什么时间发生的。由此，三维空间中发生的事件被加入了一个新的维度"日期"。

如果深入思考这个问题，你会很容易地意识到，每个物理客体都有四个维度，即：三个空间维度和一个时间维度。诸如，你所居住的房子在长度、宽度、高度和时间上都有延伸和起止日期，其中时间的延伸，就是从房屋建造之日起持续到它被烧毁、拆除或因年久失修损毁而终止。

可以肯定的是，时间的维度与空间中的三个维度并不完全相同。时间的跨度是用钟表来体现的，"滴答"声表示秒，"叮当"声表示小时，而空间距离是用标尺来测量的。尽管你可以用同样的尺子来测量长度、宽度和高度，但你不能用它来测量时间。此外，你可以在空间中向前、向右或向上移动后再折返回来，但你不能在时间上"进退自如"，时间总是促使着你被动地从过去走向未来。虽然时间的维度和空间的维度存在诸多差异，但我们仍然可以用时间作为世界中的第四个维度来阐述物理事件。只是千万别忘了，时间、空间是存在很大差异的。

将时间作为第四个维度之后，本章开头所讨论的四维图形就变得极为简单了。比如，那个由四维立方体投影产生的奇怪图形，共有16个顶点、32条边和24个面。看到如此奇特的几何怪物，难怪图25中的人会表情惊讶，目不转睛地盯着看了。

然而，如果我们以全新的视角来观察，四维立方体只是一个存在于特定时间内的普通立方体。假设你在5月1日用12根线条构建出一个立方体，一个月后再将其拆开。现在，我们可以将这个立方体的每个顶点看作是时间维度中跨度为一个月的一条线。你可以在每个顶点上贴上一本小日历，每天翻动页面，表示出时间

的流逝。（见图27）

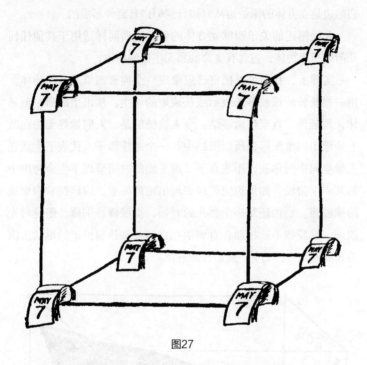

图27

　　现在，可以轻松地计算出四维图形有多少条边了。事实上，这个立方体从搭建时起就拥有空间上的12条边，还有8个代表了顶点存在时长的"时间边"。到它被拆开的那天，在空间中还有12条边[①]，共计32条边。以此类推，我们能够计算出的有16个顶点：5月7日、6月7日分别有8个空间顶点。在这里要留一个小作业给读者们，请大家以同样的方式计算四维图形上共有多少个面？给个小提示，计算过程中要注意，四维立方体的某些面是原始立方体

---

① 如果不能完全理解，就先想象出一个有四个顶点和四条边的正方形，再朝着与表面垂直的第三个方向上移动一段与其边长相等的距离，就能得到一个立方体了。

的普通正方形平面，还有一些面则是"半空间半时间"性质，它们的边是立方体的原始边从5月7日到6月7日延伸形成的。

此处阐述的关于四维立方体的各种性质同样适用于其他任何几何图形或物体，包含有生命的和无生命的物体。

实际上，我们可以把自己想象成一个拥有四维形态的物体，用一根长长的橡胶棒来表示或长或短的一生，从出生的那一刻延伸，再延伸，直至生命终结。令人遗憾的是，人们始终无法在纸上描绘出四维图形，所以图28中，一个二维影子人代表了生活在三维空间中的你我，用垂直于二维平面的时间呈现了生命跨度中的某一个阶段。如果想完整地表现出他的一生，应该换一根更长的橡胶棒。当他还是一个婴儿的时候，橡胶棒特别薄，随时时光流逝，橡胶棒不断扭动，直到他死亡的一刻达到恒定的形状（因为死者不会再移动），然后开始解体。

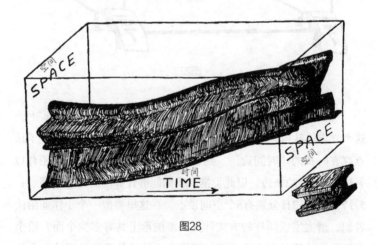

图28

更确切地说，这个四维橡胶棒实际上是由无数根彼此独立的纤维所组成，每根纤维内部又有许多互不相干的原子。在完整的生命周期中，这些纤维大部分会作为一个群体聚拢在一起，只有一小部分会脱落下来，比如被剪掉的头发或指甲。由于原子是坚不可摧的，生命消逝后，肉身腐烂分解其实是所有独立纤维沿着各自的轨迹分崩离析、各归各路的过程（构成骨骼的纤维除外）。

在四维时空几何术语中，代表每个独立的物质粒子历史的线被称为"世界线"。同样，由一组世界线组成的复合体被称为"世界带"。

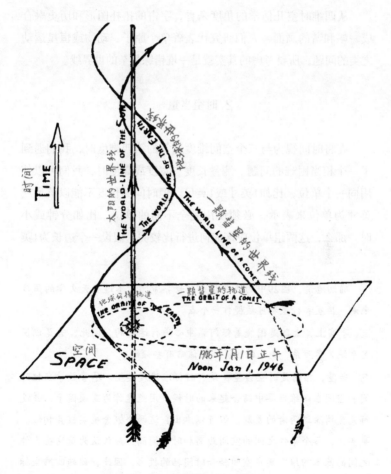

图29

图29展示了一组代表太阳、地球和彗星世界线的天文学案例。[①]与之前影子人的例子一样，我们选择了二维空间（地球的公转轨道平面），并将时间轴垂直于它。这幅图中，太阳的世界线是一条平行于时间轴的直线，因为我们认为太阳的位置是固定的。[②]地球在非常接近圆形的轨道上转动，它的世界线围绕太阳线螺旋上升，彗星的世界线开始的时候逐渐接近太阳线，然后又逐步远离。

从四维时空几何学的角度来看，宇宙的拓扑图形和历史融合成一幅和谐的画面，人们研究代表着单个原子、动物或恒星运动之类的问题，所要考虑的其实就是一堆错综复杂的世界线。

2. 时空当量[③]

在将时间视为与三个空间维度对等的第四维度时，我们遇到了一个相当困难的问题。测量长度、宽度或高度时，我们可以使用同一个单位，比如1英寸或1英尺。但时间的长度不能以英尺或英寸为单位来表示，必须使用完全不同的单位，比如分钟或小时。那么，这两组单位应该如何进行比较呢？假设一个边长为1英

[①] 确切地说，图29中的线应该是"世界带"，不过从天文学的角度来看，恒星和行星都可被视作一个点。

[②] 事实上，太阳是围绕着银河系中心进行运动的。因此，若是以恒星系为参照系，太阳的世界线应该略有些倾斜。

[③] 当量，指的是时空当量，是一种标准速度类型。尽管数学在把时间和空间在四维世界中结合起来的时候，用光速作为变换因子，并没有完全消除这两者的差别，但可以看出，这两个概念确实极其相似。事实上，各个事件之间的空间距离和时间间隔，应该认为是这些事件之间的基本四维距离在空间轴和时间轴的投影，因此，旋转四维坐标系，便可以使距离部分地转变为时间，或使时间转变为距离。

尺的四维立方体，其空间尺寸为1英尺乘1英尺乘1英尺，要想使它四维等长，在时间跨度上应该怎么表示呢？是1秒钟、1小时，抑或是之前的案例中所假设的1个月？1小时和1英尺相比，究竟是更长还是更短呢？

起初，这个问题听起来似乎毫无意义，但如果深入考量，就能找到一种合理的方式去对时间和空间进行比较。我们时常会听到有人说，有些人住在"离市中心20分钟车程的地方"，或者某个地方"坐火车只需要5个小时"。我们可以把某种交通工具跨越某段距离所需的时间设定为距离。

因此，如果能找到一种公认的标准速度，我们就能够以长度为单位来表示时间的跨度，反之亦然。当然，作为空间和时间的基本换算因子，我们选定的标准速度必须是一个基本的通用常数，不受人类的行动和客观物理环境的影响。在物理学领域中，只有一种速度具备这样的通用特性，那就是真空光速。虽然它通常被称为"光速"，但更为科学精准的描述应该是"物理相互作用的传播速度"，因为在真空中，物体之间所有的力（无论是电磁力还是重力）都以相同的速度传播。此外，正如我们稍后将看到的，光速代表了宇宙中所有物质的速度上限，任何物体在空间中前进的速度都不可能超过光速。

早在17世纪，意大利著名科学家伽利略就率先开始测量光速。在一个漆黑的夜晚，伽利略和他的助手带着两个配有机械遮光板的灯笼走到佛罗伦萨附近的旷野里。两人相隔几英里，在约定好的时间，伽利略打开遮光板，向着助手的方向发射出一道光束（图30A），助手看到光信号就会按照约定立刻打开自己的遮光板。光线从伽利略所处的位置照射到助手所在的位置，再传回到伽利略这个地方需要一定的时间，所以他们认为从伽利略打开遮光板到他看到助手的回应，会有一定的延迟。在实际操作过程中，延迟确实"如约而至"，但当伽利略让助手走到两倍远距离的位置进行重复实验时，却没有发现延迟的时间有任何的增加。

显然，光线传播的速度极快，几乎不需要花费什么时间就可以轻而易举地跨过几英里的距离。而第一次观测到的延迟，是由于伽利略的助手无法在看到光线的那一刻立即打开他的遮光板——现在称之为"反应延迟"。

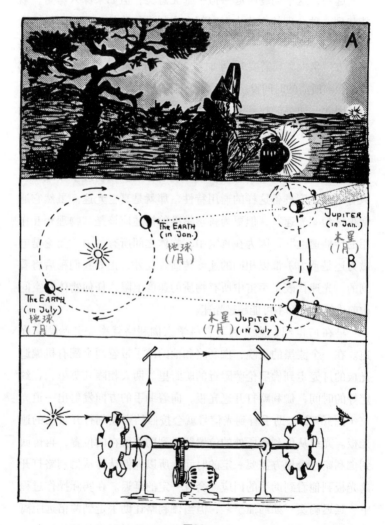

图30

尽管伽利略的这个实验并未取得实质性的成果，但他的另一项发现却为人类首次真正测量光速打下了坚实的基础——他发现了木星的卫星！1675年，丹麦天文学家罗默①在观测木星卫星的日食现象时注意到，卫星消失在木星影子当中的时间并不相同，根据木星和地球之间距离的远近，这个时间段也变得有长有短。罗默马上意识到（正如你在图30B中看到的一样），这种效应不是由木星卫星运动的不规则导致的，而是因为木星和地球之间距离的远近变化造成了日食现象的时间延迟。根据他的观测，我们发现，光传播的速度大约是每秒185 000英里。难怪伽利略用他的设备没法准确测量光速，因为从他的灯笼发出的光只需要几十万分之一秒就能够在他和助手之间往返一轮了！

　　再往后，科学家们用精密的物理设备替伽利略完成了心愿，成功实现了简易灯笼所不能企及的目标。图30C中，法国物理学家斐索②首次采用短距离测量光速的设备进行观测，这套装置的核心部分由安装在同一根轴线上的两个齿轮组成，如果从平行于轴线的方向进行观察，可以看到第一个齿轮的轮齿覆盖了第二个轮齿的轮齿。无论你让轴如何转动，沿着轴向传播的细微光束都无法

① 奥勒·罗默（1644—1710），丹麦天文学家。罗默的最大成就是发现光速。1675年，罗默通过观测木星卫星之相互掩食与理论值相比之差，算出光穿过地球所需要的时间。他认为光速绕行长达9000英里地球所花的时间还不到一秒。虽然此说受到巴黎天文台台长及许多科学家的质疑，但得到牛顿、惠更斯、莱布尼兹等人的支持，后来他更首度算出光速较准确数值。之后，该种光速测量方法一直沿用，直至转动齿轮法、转镜法、克尔盒法、变频闪光法等光速测量方法出现。

② 阿曼德·斐索（1819—1896），法国物理学家。他1848年发现了电磁波的多普勒效应；1849年发表了用他的方法测量得到的光速；1850年与E.Gounelle测量了电流的速度，并参与了一系列光和热的干涉现象研究。

穿透过去。现在，假设这两个齿轮系统开始飞速旋转，从第一个齿轮的缝隙中透出来的光需要一段时间才能到达第二个齿轮，如果在这段时间内齿轮系统转动的距离等于齿距的一半，那么光束就可以透过第二个齿轮的缝隙传播出去。这种情况有点类似于汽车在一条装配了同步信号灯系统的道路上行驶，假若速度合适，一路都将是绿灯，畅行无阻。如果齿轮的旋转速度提高至原来的两倍，那么当光线到达第二个齿轮时，齿轮就会将其挡住，只有转速再度提高，光才能够再次穿过，因为阻挡了光线的齿轮已经离开了光的传播路径，这束光进入了下一个齿缝当中。因此，根据光线从出现到消失所对应的齿轮转速，就可以估算出光在两个齿轮间传播的速度。为了让实验便于操作，降低齿轮转速，可以参照图30C所示，增加几面镜子，使光能够多传播一段距离。在这个实验中，斐索发现，当齿轮以每秒1000转的速度旋转时，他第一次在距离最近的齿轮缺口处看到了光线穿过缝隙。这就证明了，光从第一个齿轮传播到第二个齿轮的这段时间里，每个齿轮移动的距离等于两个齿轮间距的二分之一。由于每个齿轮都有50个大小相同的轮齿，因此这个距离等于齿轮周长的1/100，齿轮的转动时间也等于它转动一整圈所需时间的1/100。斐索集合了这些数据，分析了两个齿轮间光线传播的距离，最终计算出光的传播速度是每秒300 000公里或186 000英里，这与罗默观测木星卫星时得出的结果大致相同。

继先驱们开创先河之后，人们使用天文学和物理学的方法进行了大量独立测量。目前，对于真空光速（通常用字母"c"表示）的最精确估值是：

c=299 776千米/秒，或186 300英里/秒。[1]

---

[1] 截至2018年，我们采用的光速精确值为299 792 458米/秒，为了表述方便，本书仍采用作者那个年代的光速值，因此，相关计算结果仅是一个粗略值。

光的传播速度极快，非常适合用于远距离的天文测量。由于天文学上需要标注的距离数值太大，如果使用英里或公里来表示，可能要写几页纸才行。比如，天文学家会说某颗恒星距离我们5"光年"，就像我们说去某个地方需要乘坐5小时火车一样。由于一年中有31 558 000秒，所以一光年等于31 558 000×299 776=9 460 000 000 000公里或5 879 000 000 000英里。在使用"光年"一词来表示距离的测量时，我们实际上是将时间看作是一种维度，用时间单位来进行空间的测量。反过来，我们还可以用"光英里"来表示光线传播一英里所需要的时间。根据上面所说的光速值，我们发现1光英里等于0.0000054秒。同理，"1光英尺"是0.0000000011秒。这就呼应并回答了上一节中所讨论的四维立方体问题。如果这个立方体的空间边长是1英尺，那么它在时间维度上的跨度大约只有0.000000001秒。如果这个立方体存在的时间跨度有一个月，那么它看起来会像四维空间中的一根长棍，因为它在时间维度上的跨度比其他三个维度都要大许多。

3.四维距离

解决了关于空间轴和时间轴使用单位转换的问题后，我们可以思考一下，应该如何理解四维时空世界中两点之间的距离问题。必须记住，在这种情况下，每个点都对应一个"事件"，它由所在的位置和时间日期所组成。为了理解这一问题，我们以下面两个事件为例：

事件一：1945年7月28日上午9点21分，纽约市第五大道和第50街拐角处一楼的一家银行遭遇抢劫事件。[①]

事件二：同一天上午9点36分，一架在雾中迷失方向的军用飞机撞上了纽约市第五大道和第六大道之间的34街帝国大厦的79楼

---

① 如果这个角落真的有一家银行，这种相似性纯属巧合。

083

（图31）。

图31

　　这两个事件在空间上相隔了南北方向16个街区、东西方向半个街区和垂直方向78层楼，在时间上相差了15分钟。显然，要描述两个事件在空间维度上的距离，我们不需要罗列出每个街区和楼层的编号，因为根据著名的毕达哥拉斯定理，空间中两点之间的距离等于各个坐标距离的平方和的平方根（图31右下角方程式）。当然，要使用这个定理，首先得把方程中所涉及的所有距离用统一、可靠的单位来进行表示，比如英尺。如果南北街区的长度为200英尺，东西街区的长度为800英尺，帝国大厦一层楼的平均高度为12英尺，那么三个坐标距离分别为南北方向3200英尺、东西方向400英尺和垂直方向936英尺。使用毕达哥拉斯定理，得到两个位置之间的直接距离是：

$$\sqrt{3200^2 + 400^2 + 936^2} \approx \sqrt{11280000} \approx 3360\text{英尺}$$

如果把时间看作第四个维度的概念具有实际的意义和价值，我们现在就可以将3360英尺的空间间隔与15分钟的时间间隔有机结合，从而获得一个能够诠释清楚两起事件的四维距离数值。

根据爱因斯坦最初的设想，毕达哥拉斯定理可以解决四维距离的实际运算。要研究清楚事件之间的物理关系，四维距离比单独的空间间隔和时间间隔更具价值。

图32 爱因斯坦教授并不精通法术，但他做的事情却远比法术更加精彩

如果要把空间和时间数据结合起来，必须对它们的单位进行统一，让其具有可比性，就像人们用英尺来表示街区的长度、楼层之间的距离那样。刚才的例子中可以清楚地看到，要做到这一点，

只需要将光速作为转换因子，就能够算出 15 分钟的时间间隔等于
800 000 000 000 "光英尺"。简单概括毕达哥拉斯定理之后，我们
现在可以将四维距离定义成四个维度（三个空间维度和一个时间
维度）平方和的平方根。只不过，这个过程完全消除了空间和时
间之间的差异性，相当于承认了空间与时间可以相互转换的事实。

然而，就算是伟大的爱因斯坦，也无法用一块布盖住一把尺
子，挥舞着魔杖，念出神奇的咒语"时空流转、斗转星移、变变
变……"，把它变成一个崭新的、闪闪发光的闹钟！（见图32）

由此可见，要在毕达哥拉斯公式中有效地标识时间和空间，
必须采取特殊的手段，以保留它们的一些自然差异。

在爱因斯坦的学说中，广义的毕达哥拉斯定理可以通过在时
间坐标的平方前面使用"负号"来强调空间距离和时间间隔之间
的物理差异。这样一来，我们可以将两个事件之间的四维距离定
义为三个空间坐标的平方和减去时间坐标的平方的平方根。别忘
了，计算之前，时间坐标首先得换算为空间单位。

因此，银行抢劫和飞机失事之间的四维距离可以计算为：

$$\sqrt{3200^2 + 400^2 + 936^2 - 800000000000^2}$$

与其他三项相比，第四项的数值显然非常大，这是因为这个
例子比较"生活化"。以日常生活的视角来看，合理的时间单位
确实非常的小。如果希望得到一组更具说服力和普遍参考意义的
数字，就不要把目标锁定在纽约市发生的两起事件上，而是以宇
宙为单位来进行选择。例如：可以将1946年7月1日上午9点在比基
尼环礁发生的原子弹爆炸视为第一起事件，将同一天上午9点10分
一颗陨石在火星表面坠落作为第二起事件，这样的话，两起事件
的时间间隔为540 000 000 000光英尺，空间间隔为650 000 000 000
英尺。

这个案例中，两个事件之间的四维距离为：

$$\sqrt{(65 \times 10^{10})^2 - (54 \times 10^{10})^2} = 36 \times 10^{10} \text{英尺}$$

该数值与单纯的空间距离和单纯的时间距离都有很大的区别。

在这个式子中，某个坐标被"特殊对待"，与其他三个坐标形成了鲜明对比，这种看起来略显怪异的几何学可能"不招人待见"，甚至会有人提出反对意见。但我们不能忽略，任何旨在描述物理世界的数学系统都必须客观真实地反映现实，如果空间和时间在四维联合体中表现各异，四维几何定律就必须进行相应的调整和适应。此外，还有一种简单的数学"补救方法"，可以使爱因斯坦的时空几何看起来与学校传授的经典欧几里得几何[1]没有差别。这种修正的方法由德国数学家闵科夫斯基[2]提出，核心要义就是将第四坐标视为纯虚数。你可能还记得本书第二章曾经提到，通过乘以$\sqrt{-1}$，可以把一个普通的实数转变为虚数，虚数可以极为有效地解决许多几何问题。根据闵科夫斯基的说法，把时间看作第四坐标，不仅要把它转化成空间单位，而且还要乘以一个$\sqrt{-1}$。这样一来，纽约市范例中的四个坐标距离就能够表示成：

第一个维度上的距离：3200英尺

第二个维度上的距离：400英尺

第三个维度上的距离：936英尺

第四个维度上的距离：$8 \times 10^{11} \times i$光英尺

现在可以将四维距离定义为所有四个坐标距离平方和的平方根。事实上，由于虚数的平方永远是负数，在闵可夫斯基坐标系中普通毕达哥拉斯方程式在数学上就等同于爱因斯坦坐标系中看

① 欧几里得几何，简称"欧氏几何"，源于公元前3世纪，是几何学的一门分科。数学上，欧几里得几何是平面和三维空间中常见的几何，基于点线面假设。数学家也用这一术语表示具有相似性质的高维几何。

② 赫尔曼·闵可夫斯基（1864—1909），德国数学家，犹太人，其主要研究领域在数论、代数和数学物理方面，是四维时空理论的创立者。他曾经是著名物理学家爱因斯坦的老师。

似不合理的毕达哥拉斯方程式。

来看这么一个故事吧：一位患有风湿病的老人向他身强体健的朋友请教应该如何预防这种疾病。

朋友回答说："我这辈子，每天早上都会洗个冷水澡。"

"哦，"老人惊呼道，"原来你得的是冷水澡病。"

如果你不喜欢看起来像得了风湿病的毕达哥拉斯定理，可以用虚数时间坐标一样的冷水澡去取代它。

既然时空世界中的第四个坐标是虚数，决定了在实际应用中，我们必须考虑两种不同物理类型的四维距离。

事实上，在上述纽约事件的例子中，两个事件的三维距离在数值上小于时间距离（统一单位以后）。这时，毕达哥拉斯定理中根式下的表达式为负，因此我们得到的广义四维距离也是一个虚数。但是，在其他一些情况下，时间长度小于空间距离，根号下的数字为正数，计算出的四维距离也是实数。

综上所述，由于空间距离永远为实数，而时间距离永远为虚数，我们可以说，真实的四维距离与正常空间距离的关系更为密切，而虚数四维距离与时间间隔的联系更为紧密。用闵可夫斯基的术语来说，第一种四维距离被称为"类空距离"，第二种称为"类时距离"。

在下一节中我们将看到，类空距离可以转化为正常的空间距离，类时距离可以转化成普通的空间距离。不过，二者一个是实数，另一个是虚数。二者之间有一道不可逾越的鸿沟，让我们无法将标尺变成时钟或将时钟变成标尺。

I 第五章　空间和时间的相对性

1. 时空互换

用数学的方法让四维世界中的时间和空间具有统一性的验证和尝试并没有完全消除距离和时间间隔之间的差异，但在这个过程中，数学家们证实了这两个概念之间存在着极大的相似性，使物理学较爱因斯坦时代又向前迈进了一大步。实际上，不同事件的空间距离和时间间隔应当被看作这些事件的四维距离在空间和时间轴上的投影，只需旋转四维坐标轴，就可能实现部分空间距离和时间间隔的相互转化。那么问题来了，旋转四维坐标轴应该如何操作呢?

首先要关注的是图33中所呈现的两个空间坐标组成的坐标系，假设它们之间有两个固定的点，距离为L。将这段距离投影到坐标轴上，你会发现这两个点在第一条轴上相距a英尺，在第二条轴上相距b英尺。这时，如果将整个坐标轴旋转一定的角度（图33b），同样的距离在两个新坐标轴上的投影也会随之发生变化，得出新值a′ 和b′ 。根据毕达哥斯拉定理，两个投影平方和的平方根保持不变，因为它们的值都等于两个点之间的距离L，L不会因为坐标轴旋转而发生变化。因此，$\sqrt{a^2+b^2}=\sqrt{a'^2+b'^2}=L$。

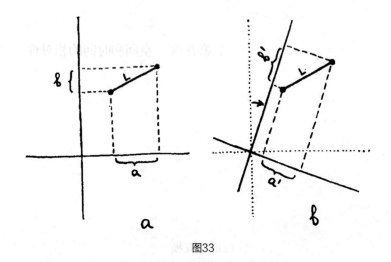

图33

从中我们发现，选取不同坐标系时，L在两条坐标轴上投影的数值就会发生变化，但它们平方和的平方根将始终保持不变。

现在假设一根轴线对应空间距离，另外一根对应时间间隔。在这种情况下，上面例子中的两个固定的点变成了两个固定事件，两个轴上的投影分别表示它们的空间距离和时间间隔。再来回顾一下银行抢劫和飞机失事这两起事件，我们可以绘制一幅新的坐标图（图34a），与刚才的空间坐标图（图33a）非常相似。现在，要转动这个新的坐标系，需要怎么操作呢？答案出人意料，甚至令人无比困惑：如果想让时空坐标系旋转，必须跳上一辆公共汽车。

假设我们在7月28日那个充斥着悲情色彩的清晨坐上了一辆开往第五大道的公交车顶层车厢，当灾难发生时，我们的第一反应一定是它们距离自己所处的位置有多远，这段距离决定了我们是否能够亲眼看见这两起灾难。

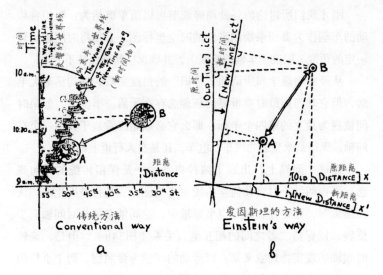

图34

图34a将银行抢劫案、坠机事件和公交车的世界线都清晰地呈现出来。仔细观察这幅图，你会发现公交车乘客作为目击者，与街角执勤的交警所观察到的距离并不相同。由于公交车沿着大道行驶，假定它每3分钟驶过一个街区（这对于纽约市繁忙异常的交通情况来说实属平常！），那么车上的乘客所看到的两起事件之间的空间距离要比站在街上的警察所目测到的更短一些。事实上，公交车在上午9点21分正穿过第52街，此时银行抢劫案就在距离此地两个街区之外的地方发生。上午9点36分，当飞机坠毁时，车子已经开到了第47街，那里距离坠机现场相隔14个街区。因此，以公交车为参照标准，可以认定抢劫案与坠机事件存在的空间距离是14-2=12个街区。但如果以整个城市的建筑作为参照标准，两起事件的空间距离就是50-34=16个街区。目光再次回到图34a，公交车乘客记录的距离并非根据前面的纵轴（静止警察的世界线）计算的，而是根据代表公交车世界线的斜线计算的，所以后者变为了一条新的时间轴。

刚才我们所讨论的各种琐碎细节可以简单概括为：要想将移动的车辆作为参照来绘制事件的时空坐标图，必须将时间轴旋转一定的角度（取决于车辆的速度），并确保空间轴保持不变。

从经典物理学和所谓的"常识"的角度来看，这句话毫无毛病，但它却与四维时空世界的新理念存在矛盾。事实上，如果时间被视为独立的第四个坐标，那么它必须始终垂直于其他三个空间轴，无论是乘坐公共汽车、电车，还是在人行道上都一样。

在这个问题上，出现了两种声音：一是保留传统的时间观念，不再纠结于时空几何学的统一与论证；二是打破固化的"认知藩篱"，设定在新的时空坐标轴中，空间轴必须与时间轴同步旋转，以保持二者之间的相互垂直关系（图34b）。但是，旋转时间轴的现实物理意义：以运动的车辆为参照物，两个事件的空间距离会产生变化（在前面的例子中，这个数值从16个街区变为了12个街区）。同理，转动空间轴则意味着以运动的车辆为参照物，两起事件发生的时间间隔与从地面静止点位观察到的也不一样。例如：市政厅的时钟记录下银行抢劫案和飞机失事的时间相隔15分钟，但公交车乘客腕表上记录的时间绝对不会是15分钟——这并非由于两个钟表计时的速度或零部件质量存在问题而造成差异，而是以不同速度移动的物体，时间流动的速度也不相同，记录时间的机械设备也会相应降低速度，这种延迟在行驶速度极慢的公交车上几乎无法察觉（本章将深入探讨这一现象）。

再举一个例子，一个男人在一列向前行驶的火车餐车里吃晚饭。对于餐车服务员来说，他看到的是客人坐在同一个位置上吃了开胃菜和甜点（靠近窗户的第三张桌子）。但是对于那两个在窗外铁轨旁伫立不动的扳道工人来说——一个正好看到他吃开胃菜，另一个正好赶上他在吃甜点——这两件事发生在相距数英里的地方。因此，我们可以说：在某位旁观者看来，两个不同的时间发生在相同地点的两起事件，对于另一位处于静止状态的旁观者来说，会认为两起事件发生的地点也不相同。

基于时空等效性原则，将上述事例中的"地点"一词替换为"时刻"，我们会得到另外一种新的说法：同一时间发生在不同地点的两个事件，如果被另外一个处于运动状态的观察者看到，他会认为这两件事发生在不同的时刻。

回到火车餐厅的例子，可以预想到，餐厅服务员笃定地发誓说他看到坐在车厢两端的两名乘客在同一时刻分别点燃了香烟，但是站在铁轨旁的扳道工会不屑地说当火车从他身边经过时，他看到其中一位先生先点燃的香烟。

因此，从一个观察者的角度来看，他认为两个事件同时发生，但在另一个处于静止状态的观察者眼中，二者之间存在一定的时间间隔。

四维几何学认为，空间和时间只是恒定不变的四维距离在对应轴上的投影，因此我们必然得出上述结论。

2. 以太风和天狼星之旅

现在来认真地思考一下：若为了广泛使用四维几何学语言，而对古老的时空观进行大刀阔斧的改革和颠覆是否具有价值？

如果答案是肯定的，我们挑战的是整个经典物理学体系。伟大的艾萨克·牛顿在两个半世纪之前提出了空间和时间的定义："从本质上来说，绝对的空间与任何外部事物无关，始终处于静止不变的状态。""从本质上来说，绝对的、真实的数学时间始终均匀流逝，与任何外部事物无关。"这是经典物理学的基础，牛顿用非常精确的语言，阐释了他觉得无可辩驳、毋庸置疑的真理。所有人也都认为时间和空间就是这个样子的。事实上，过去的人们从未怀疑过这些经典的时空理论，哲学家们认为这是先验的真理，科学家们将它奉若神明，从未有人质疑过它的真实性和准确性。那么，我们现在为什么要重新考虑这个问题呢？

答案呼之欲出，我们之所以抛弃经典的时空观，将其统一在一个四维坐标系内，既不是因为爱因斯坦纯粹的美学愿望，也不是为了体现他充满求知欲的数学才能，而是因为实验研究中反复取得的研究成果均不符合"空间和时间彼此孤立"这一经典理论。

第一次对这座地基坚实、传承久远的经典物理学堡垒发动"攻击"的，是来自美国的物理学家A.A.迈克尔逊[1]，他在1887年进行了一个朴实无华的实验，正是这次尝试，给了经典物理学"致命一击"，就像约书亚的号角吹响之后，耶利哥的城墙片刻倾倒一般威力无穷。[2]迈克尔逊的实验构想非常简单，基于当时人们所公认的理念，即：光是某种在"光介质以太"中传播的波。"以太"是一种假想出来的物质，均匀地填充在所有的空间之中，无论是星际空间还是其他物质材料内部的原子之间的间隙，都有它的身影。

把一块石头扔到池塘里，一阵阵的涟漪会向四面八方扩散开。同样，任何明亮物体的光线也会以波的形式传播开来，音叉振动之后发出声音亦是如此。水面的波纹代表了水分子的运动，声波则是依赖空气或其他介质的振动传播，但是我们却无法找到任何传播光波的物质媒介。实际上，相对于声波来说，光在空间中的传播极为轻松，仿佛没有任何阻碍一般。

然而，离开振动的介质，光波究竟是如何传播的呢？面对这个"不合逻辑"的事情，物理学家不得不引入一个新的概念——"光介质以太"，以便在尝试解释光线传播问题的时候能够给

---

[1] 阿尔伯特·亚伯拉罕·迈克尔逊（1852—1931），美国物理学家，主要从事光学和光谱学方面的研究。迈克尔逊因发明精密光学仪器和借助这些仪器在光谱学和度量学的研究工作中所做出的贡献，1907年被授予诺贝尔物理学奖。

[2] 该故事来自《圣经》，约书亚带领祭司和人民包围耶利哥城，当他吹起号角，人们应声呼喊，坚固的城墙就倒塌了。

"振动"这个词加上一个名词主语。从语法的角度来看，所有动词都必须要有主语，因此我们必须承认"光介质以太"的存在。可是——这个转折非常关键——名词主语是为了让句子结构完整才加进去的，语法规则却无法（也不能）规范其物理特性。

如果说，光在以太中传播，所以将"以太"定义为承载光波的介质，虽然听起来没有问题，但也毫无意义。但是，如果搞清楚"以太"究竟是什么，有何种物理特性，那么这个事情的价值就完全不同了。在这里，任何的语法都帮不上忙，唯有物理学能够为我们解开难题。

正如我们将在下面的讨论中看到的那样，19世纪的物理学犯过最大的错误就是假设以太的性质与我们所熟悉的普通物理物质类似。那时，人们常常谈论以太的流动性、硬度、弹性，甚至内部摩擦力。诸如，以太中传播光波的时候表现的就像某种振动的固体[①]，但它同时又表现出完美的流动性，对于天体运动来说没有任何阻力，因此人们常常把以太比作密封蜡。实际上，密封蜡和其他类似物质面对机械的冲击十分易碎；但如果静置足够长的时间，它们又会在自身重力的影响下像蜂蜜一样流动。经典物理学认为，充斥在空间中的以太就像密封蜡一般，对类似光的传播这样高速的扰动，它就像坚硬的固体，但面对运动速度比光速慢了几千倍的行星和恒星等天体时，以太表现得就像优秀的"液体"一般，任由它们自如地穿行。

面对这种只知道名字却对其性状不甚了解的事物，人们一开始就试图赋予它普通物质的特性，用已有的认知去描述和定义它，这样的做法其实非常荒谬。虽然进行了一系列尝试，但依旧无法对它的力学性质进行合理的解释。

---

① 光波振动的方向垂直于光的传播方向。在普通物质中，只有固体内部才会发生这样的横向振动；而在液体和气体中，振动的粒子只能顺着波传播的方向移动。

以目前所掌握的知识，很容易可以辨识出那些错误究竟出在哪里。事实上，我们知道普通物质的所有力学性质最终都能追溯到组成物质的原子之间的相互作用。例如，水具有很强的流动性，原因在于水分子之间的摩擦力较小，可以相对于彼此能自由滑动；橡胶极富弹性，是因为橡胶分子特别容易发生变形；钻石坚硬无比，是因为构成钻石晶体的碳原子紧密地结合为晶格。因此，各种物质的常见力学特性都反映出它们自身的原子结构，但这一规则对于以太这类绝对连续物质来说，完全失效，毫无意义。

以太是一种特殊物质，与我们过往所熟知的由原子构成的物质差异较大。我们可以称以太为"物质"（哪怕只是为了给"振动"找个主语），也可以说它是一种"空间"，就像我们前面所阐述的那样，后续将进一步了解。某些特定的形态或结构，让空间与欧氏几何对它的定义大相径庭，更为复杂晦涩。事实上，现代物理学认为，"以太"（抛开力学性质不谈）和"物理空间"其实是一个意思。

刚才，对"以太"的语义学或哲学意义，我们分析得较为细致了，下面还是回归到迈克尔逊的实验这一话题。前面说过，这个实验构想简单。如果光是在以太中传播的波，那么地球在太空中的运动必然影响地表设备所记录到的光速。地球围绕太阳进行公转，站在地球上，会体验到"以太风"拂过身体，就像站在快速移动的船只甲板上感受到扑面而来的狂风那般，尽管当时的天气可能非常平静。当然，我们感觉不到"以太风"，因为它能轻而易举地从组成身体的原子缝隙之间溜过。但是通过测量与地球前进方向形成不同角度的多个方向的光速，我们还是能够检测到它的存在。众所周知，声音在顺风方向的传播速度大于逆风方向，同样，光相对于以太风的传播速度也遵循同样的规则。

基于此种推断，迈克尔逊教授着手制造了一种装置，用于记录光在不同方向上传播的速度。要实现这一目标，最简单的方法是使用前面介绍的斐索装置（图30C），将其调整至合适的角度和方向，进行一系列测量并记录数据。只是这种操作并不容易，因为它对精度要求极高。确实，我们设想的速度差（等于地球的运动速度）大约只有光速的万分之一，所以必须确保每一次测量的精度。

　　如果你有两根长度大致相同的木棍，要想测量出两者长度的准确差值，最简单的方法就是将两根棍子的一端对齐，然后测量另外一端的差值，这就是所谓的"零点法"。

　　如图35所示，迈克尔逊的实验装置在比较两个垂直方向上的光速差值使用的就是"零点法"。

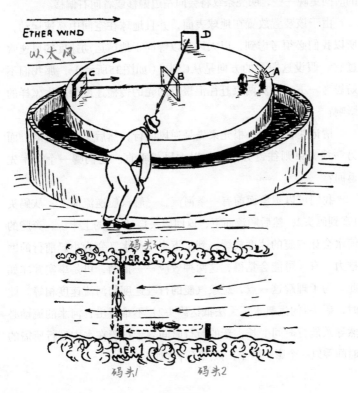

图35

该装置的核心部件是镀了一层金属银的半透明玻璃板B，它能够反射约50%的入射光，并让其他50%的光通过。如此一来，来自光源A的光束被分成彼此垂直的两束，并被放置于与中央镜面B距离相同的两面镜子C和D反射回镜面B。一部分从镜面D返回的光束将穿过镀银层，与来自镜面C的另一部分反射光重新汇成一束。因此，一开始被半透明玻璃板B分开的两道光束在进入观察者的眼睛时又合二为一变成了一束。根据著名的光学定律，两道光束会相互干扰，形成肉眼可见的黑白条纹。[①]如果BD和BC的距离相等，那么两条光束将同时返回到中心B镜的位置，则明亮的条纹将位于图片的中心。如果两条光速的距离稍微改变，其中一条返回的时间更晚一些，明亮条纹将会向左边偏移或者向右偏移。

　　由于该装置放置在地球表面，并且地球在空间中高速运动，所以我们必须考虑到，以太风将以等同于地球运动速度的风速吹过它。假设这股风的方向是从C到B（如图35所示），那我们不妨思考一下，它对两束赶往汇聚点的光的传播速度会产生怎样的影响？

　　请记住，其中一根光束先是逆风而行，然后又顺风折返，而另一根光束则往返方向都与以太风相垂直。它们哪一个会率先返回？

　　我们可以想象面前有一条河流，一艘汽艇逆流而上，从码头1来到码头2，然后顺流而下，返回码头1。航程的上半段，奔腾的河水会让汽艇的速度放缓，到了下半段河水又变为小艇前行的助推力。有人可能会觉得，这两种效应一一抵消，可是事实并非如此。为了理解这一点，想象汽艇的行驶速度与河流速度相等。此时，码头1的汽艇永远无法抵达码头2！不难看出，河水的流动必然导致航行时间变长，新的航行时间等于汽艇在水中航行所需的时间乘以一个影响因子，该因子计算如下：

---

① 另见第六章第二节。

$$\frac{1}{1-(\frac{V}{v})^2}$$

其中v代表船速，V代表水流速度①。假设船速是河流速度的10倍，那么往返时间就是：

$$\frac{1}{1-(\frac{1}{10})^2} = \frac{1}{1-0.01} - \frac{1}{0.99} = 1.01倍$$

在这样的情况下，汽艇在两个码头之间往返一趟所需时间比在静水中多出了1％。

以此类推，我们也能计算出汽艇往返河流所产生的延迟时间。从1号码头到达3号码头，汽艇行驶的方向必须倾斜向某一边，才能平衡河水流动造成的船只漂移，多花费的时间就来源于此。此类情况下的延迟时间会比刚才的情况略短一些，计算因子如下：

$$\sqrt{\frac{1}{1-(\frac{V}{v})^2}}$$

也就是说，就上述例子而言，延迟的时间只有1％的一半，大约需要多花0.5％的时间。这个公式的证明非常简单，就把它留给智慧的读者吧。现在，用以太代替湍急的河流，用传播的光波代替汽艇，将码头替换为位于两端的镜子，你就会得到迈克尔逊实验的方案。现在，从B到C并返回B的光束的延迟因子为：

① 实际上，如果把两个码头之间的距离标记为1，顺流船速等于v+V，逆流船速等于v−V，可以算出往返航程总花费时间为：

$$t = \frac{1}{v+V} - \frac{1}{v-V} = \frac{2vl}{(v+V)(v-V)} = \frac{2vl}{v^2-V^2} = \frac{2l}{v} \cdot \frac{1}{1-\frac{V^2}{v^2}}。$$

$$\frac{1}{1-(\frac{V}{c})^2}$$

其中c代表以太中的光速。从B到D再返回的光束的延迟因子为：

$$\sqrt{\frac{1}{1-(\frac{V}{c})^2}}$$

由于以太风的速度等于地球运动的速度，即每秒30公里，光速则为每秒3×10^5千米，所以这两束光应该分别延迟万分之一和十万分之五的时间。在迈克尔逊装置的帮助下，人们很容易就可以观察到这两束光分别以平行和垂直于以太风的方向产生的速度差。

可以想象，当迈克尔逊发现，他无论怎么进行实验，都无法观测到光斑产生偏移的时候，内心是多么的惊讶和震撼。

显然，不管光线顺着以太风，还是横穿以太风，对光速都没有任何影响。

事实是如此惊人，以至于迈克尔逊一开始也无法相信，但一次次的反复验证之后，结果都没有改变，他最初得到的结论是正确的。

想解释这个出人意表的结果，只能做出一个大胆的猜测：迈克尔逊安装实验装置的巨大石台沿着地球在太空中运动的方向产生了细微的收缩（即所谓的菲茨杰拉德收缩[1]）。实际上，如果BC之间的距离缩短因子是

$$\sqrt{1-\frac{v^2}{c^2}}$$

同时，距离BD保持不变，两道光束就会具有相等的延迟，光

① 这个名字是为了纪念首次提出这个概念的物理学家，他认为这种收缩是运动造成的纯机械效应。

100

斑便不会发生偏移。

但是，要想真正理解迈克尔逊石桌收缩这个事情，应当有一个更为浅显易懂的解释。物体在阻力较大的介质中移动时会产生一定的收缩。比如，在湖面上行驶的汽艇会同时受到马达推力和湖水阻力的挤压，但是这种机械收缩的程度取决于制造船体的材料的强度。同木船相比，铁船受到挤压后，变形程度要小得多。不过，导致迈克尔逊实验结果产生偏差的是运动的速度，无论他把装置放在石桌、木桌或汽艇任意材料的桌子上，得到的结果都无法达到预期，物质的收缩与材料强度无关。所以我们能够清晰地看到，这是一种普遍效应，能导致所有运动物体以完全相同的程度收缩。就像 1904 年爱因斯坦教授描述这一现象时所说的那样：这类收缩来自空间本身，以相同的速度进行运动，任何物体都会发生同样程度的收缩，因为它们都处于相同的收缩空间里。

前两章中，我们已经对空间的性质进行了详尽的讨论，以便让大家充分理解以上论据的合理性。为了让一切更加明了，我们可以将空间想象成富有弹性的果冻，各种物质内嵌其中，边界清晰可见。当空间受到挤压、拉伸和扭转而发生变形时，里面包裹的所有物体性状也会相应地发生改变。空间变形导致的物体变形，和其他由外力导致的物体内部变形是两种截然不同的情况，必须严格进行区分。图36中呈现的二维图像也会能够帮助大家理解这种差异。

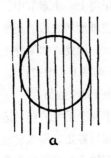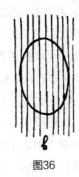

图36

然而，虽然空间收缩效应对于理解物理学的基本原则十分重要，但是在日常生活中却更像一个"小透明"，为人们所忽视。因为相对于光速，生活中能接触到的极限速度完全不值一提。比如，一辆以每小时50英里的速度行驶的汽车，其收缩因子为$\sqrt{(1-10^{-7})^2} = 0.99999999999999$。前后保险杠之间的距离仅仅缩短了相当于一个原子核的直径！时速超过600英里的喷气式飞机收缩长度只相当于一个原子的直径，而时速超过25000英里的100米长的太空火箭也只会收缩百分之一毫米。

　　不过，如果物体能以相当于光速的50％、90％和99％的速度移动，它的长度将分别缩小86％、45％和14％。

　　一位不知名的作者写了一首打油诗来调侃所有高速移动物体的相对收缩效应：

> 有位小伙菲斯克，
> 击剑敏捷似闪电，
> 菲茨杰拉德收缩，
> 长剑马上看不见。

　　这位菲斯克先生出剑的速度一定得像闪电般快速才行！

　　从四维几何的角度来看，所有运动物体产生的普遍缩短现象可以简单地解释为，时空坐标轴的旋转导致这些物体不变的四维长度在空间轴上的投影发生了变化。你是否记得上一个章节中，以运动系为参照系做出的观察必须采用时空轴旋转之后的新坐标来表示，旋转的角度取决于系统的运动速度。因此，如果静止系统的某个特定的四维距离百分之百投射到空间轴上（图37a），那么它在新的空间轴上的投影（图37b）必然小于这个数值。

　　需要记住的一点是，长度的缩短完全是由两个系统的相对运动决定的。如果某个物体相对于第二个系统保持静止，那么它应该由与新的空间轴平行的线段来表示，它在旧轴上的投影必然会缩短一个相应的因子。

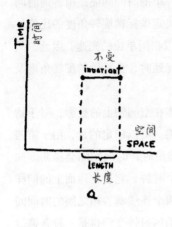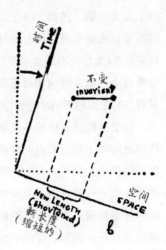

图37

因此，分辨出这两个系统中的哪一个在"真实的"运动没有任何物理意义。重要的是它们相对于彼此在运动。如果未来某个"星际运输有限公司"的两艘高速运行的火箭在地球和土星之间的某个空间相遇，两艘船上的乘客都可以通过侧窗看到另一艘船明显变小了，但他们不会感受到自己的船缩短了。讨论哪一艘船真正变小其实没有必要，因为船只的收缩，都源自对方乘客的观察，而非乘坐在本船上乘客的真实感受。[①]

四维推理解释了为什么只有当物体运动的速度接近光速时，收缩才会变得比较明显。事实上，时空坐标轴旋转的角度是由运动系统前进的距离与所耗费时间的比值决定的。如果我们以英尺

---

① 当然，这样的设想仅存在于理论层面。现实中，如果两艘火箭飞船真的以如此迅疾的高速擦肩而过，乘客们根本无法看到另一艘飞船。好比步枪子弹的运动速度还达不到这个数值的零头，但我们仍然看不到它在空中飞行一个道理。

和秒为单位来描述这个比值，它和我们平时谈论的速度（英尺/秒）并无差别。然而，由于四维世界中的时间间隔是由普通时间间隔乘以光速来表示的，要计算出决定坐标轴旋转角度的比值，以英尺/秒为单位的运动速度必须除以相同单位的光速。因此，只有当两个运动系统的相对速度接近光速时，坐标轴的旋转角度及其对空间距离的影响才会变得明显。

时空坐标轴的转动不仅影响物体在空间轴上的投影，对于物体在时间轴上的投影也同样产生影响。可以确定的是，由于第四坐标轴的虚数特性，①当空间距离缩短时，时间间隔会膨胀。如果你在快速行驶的汽车上安装了一个时钟，它会比地面上的同样的时钟走得慢一些，指针跳动时，两个连续滴答声之间的时间间隔就会延长。正如长度的缩短，运动的时钟变慢也是一种普遍效应，变慢的速度只和运动速度有关。无论是现代的手表、祖父家带钟摆的老式时钟，或者是装着流沙的沙漏，只要以相同的速度移动，变慢的速度就会完全一样。当然，此种效应并不局限于我们称之为"时钟"和"手表"的特殊机械设备，所有的物理、化学或生物过程都会以同样的程度被减缓。举个例子，如果在快速移动的宇宙飞船上烹饪早餐鸡蛋，不会因为手表运行变慢而把鸡蛋煮过头，因为鸡蛋内部反应的过程也会相应减缓，只要手表走完五分钟，我们就会得到一个和平时一样的"五分钟水煮蛋"。这里用宇宙飞船而非火车餐车作为案例，是因为与长度缩短类似，时间的膨胀也只有在接近光速的高速运动下才会比较明显。同理，时间膨胀和空间收缩的因子计算式也是一样的：

$$\sqrt{1-\frac{v^2}{c^2}}$$

---

① 只要你乐意，我们也可以说，由于四维空间中的毕达哥拉斯方程相对于时间产生了扭曲。

区别在于，这里不是除数因子，而是乘数因子。如果物体快速移动，将长度缩短了一半，那么它的时间就会膨胀至原先的两倍。

运动系统中，时间减缓对于星际旅行来说其实十分有趣。假设你决定访问天狼星的某颗卫星，它距离太阳系9光年，旅行所使用的是一艘以光速飞行的火箭飞船。你会很自然地会认为往返天狼星至少需要18年的时间，需要带上大量食物。然而，如果你的火箭飞船能以亚光速飞行，这种忧虑就铁定是多余的了。事实上，如果飞船以光速的99.99999999%移动，你的手表、心脏、肺部、消化和大脑过程将减缓70000倍。虽然以地球人的角度来看，往返一趟确实需要18年的时间，但于你而言，这段旅程感觉就像过了几个小时而已。事实上，吃过早餐后从地球出发，当飞船降落在天狼星的某颗行星上时，你会觉得刚好到吃午饭的时间。如果你很着急，午饭后就想返回家中，到地球后你或许还能赶上吃晚饭。不过，要是你忘记了相对论定律，回家后可能会十分诧异，你会发现你的亲朋好友认为迷失在星际空间中的你根本不会再回来，这些年他们已经吃了6570顿晚饭！这样神奇的现象是因为你以接近光速的速度飞行，18个地球年在你看来只是一天。那么，如果你运动的速度超越了光速会发生怎样的事情呢？来看看另一首以相对论为主题的打油诗吧：

> 有位小姐布莱特，
> 健步如飞比光快。
> 某天出门去旅行，
> 借助爱因斯坦的魔力，
> 日出离家昨晚回。

可以肯定的是，如果接近光速会使运动系统中的时间流动变得更慢，那么超光速则会导致时光倒流！并且，由于毕达哥拉斯定理中根下代数符号的变化，时间坐标将变为实数，从而转化为空间距离。同样地，超光速系统内所有长度也将越过零点变为虚数，变成时间间隔。

如果所有这些都能实现，那么图32中爱因斯坦将码尺变为闹钟的画面就会成真，必要条件就是他能设法超越光速！

尽管物理世界非常魔幻，但它并不是疯狂的，这样的黑魔法表演显然不可能存在，原因很简单，任何物体都不能以等于或超过光速的速度运动。

这条自然定律的物理基础源于大量的实验直接证明了的一个论点：随着物体运动速度趋于光速，它的惯性质量将无限增长。因此，如果左轮手枪子弹以光速的99.99999999％速度移动，对于它进一步加速的阻力就相当于一颗直径为12英寸的炮弹。要是它的速度达到光速的99.99999999999999％，这颗小子弹受到的内部阻力就相当于一辆重载货车。不管我们对子弹施加多少作用力，都无法征服最后的一位小数，使它的速度达到宇宙所有运动速度的上限。

3.弯曲的空间和引力之谜

我得向可怜的读者们说声"不好意思"，前面数十页的内容都在介绍四维坐标系，恐怕大家都有点抓耳挠腮、苦不堪言了吧。那么现在我们转换一下场景，移步到弯曲的空间里面来散散步吧。大家都知道曲线和曲面，那"弯曲的空间"又代表了什么呢？对于这个概念或者说是现象的理解之所以如此困难，并不是由于概念本身有多么的离奇和罕见，而是因为我们可以从外部去观察曲线及曲面，却因为身处三维空间之中，只能从内部去探索三维空间的弯曲。为了理解三维人类对于自身所处空间的弯曲是如何考量和构想的，就必须要提及前面列举的影子生物在二维平面上生活的情形了。通过图38a和38b，我们能够看到在平坦和弯曲（球面）的"表面世界"里，影子科学家们正在研究二维空间的几何学。三角形作为由三条直线连接三个几何点构成的最简单的几何图形，被认为是最合适的研究对象。大家是否还记得高中时，几何课上都会讲到"平面上任何一个三角形的内角之和总是等于180°"。不过很容易就能看到，这个定理并不适用于球面上的三角形。实际上，球面上由两条从极点出发的经线和一条纬线

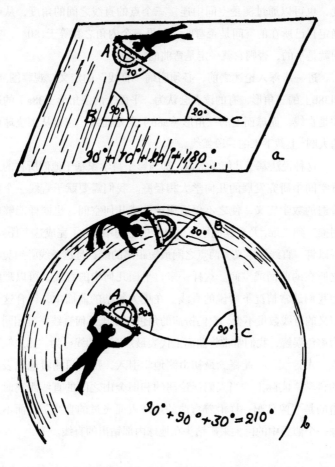

图38 在或平或弯的"表面世界"中，二维科学家正在验证三角形内角和的欧几里得定理

107

组成的三角形，它的两个底角都是直角，而顶角可能是0°到360°之间的任意角度。图38b那两位影子科学家研究的事例中，三个内角之和等于210°。据此可以理解为，影子科学家不用从外部进行观察，也能发现自己所处的世界是弯曲的。

将这种观察的理念和视角应用到一个多维度的世界里，自然会得出结论：生活在三维空间中的人类科学家，不用进入第四维度，也可以通过测量空间中连接三个点的直线之间的角度，从而确定自己所在的空间是否弯曲。如果三个内角之和等于180°，空间就是平的，否则它就一定是弯曲的。

进一步深入论述之前，必须明确"直线"的定义。观察图38a和38b上的三角形，有的读者会认为，平面上的三角形（38a）的边才是直线，而球面上的三角形（38b）则是曲线，它是从围绕球面的大圆①上截下来的一段弧线。

这种说法基于几何学常识，却与影子科学家基于他们所在的二维空间中研究发展的几何学大相径庭。我们需要赋予直线一个更普遍的数学定义，使之不仅适用于欧式几何空间，也同样能够应用推广到二维，乃至其他性质更复杂的空间中。为了完成这个任务，可以将"直线"定义为两点之间最短距离的线，且这条线必须契合它所在的曲面或空间。这样一来，平面几何中的直线就可以理解为我们通常情况下所说的直线。在更为复杂的曲面中，符合这个定义的直线数量不少，它们扮演的角色与欧氏几何直线完全相同。为避免误解，我们常常将曲面上代表最短距离的线称为"测地线"或"大地线"。此概念最初由测地学引入，是一门测量地球表面的科学。实际上，当人们谈论纽约和旧金山之间的直线距离时，指的是"像乌鸦一样沿着弯曲的地球表面飞过的直线"，而不是像一个假想中的巨大采矿钻头在地球内部钻出的直线。

---

① 大圆是指通过球心的平面在球面上截出的圆。经线和纬线都是这样的大圆。

"广义直线"或"测地线"代表了两点之间最短的距离，要构造出这样的线条有一个较为简单的物理方法，即：在两点之间拉一条绳子。如果在平面上，将得到一条普通的直线；要是换到了球面上，就会看到绳子沿着大圆的弧线绷直了，这就是球面上的测地线。

　　通过类似的方法，可以搞清楚我们所生活的三维空间是平坦的还是弯曲的。只要在空间中的三个点之间拉起绳子，由此得到一个三角形，观察它的内角和是否等于180°。但是进行这个实验时需要注意两点：首先，实验准备的用具必须具备相应的尺度，若是尺度过小，弯曲的面或空间可能看起来是完全平坦的。就像你在自家后院画个三角形，然后测量它的内角和那样，得到的结果肯定不能用来确定地球是弯曲的！此外，二维面和三维空间可以存在部分平坦、部分弯曲的现象，要得到精准的结果，必须尽可能全面地测量不同的区域。

图39A

　　爱因斯坦提出的弯曲空间广义理论中提出了一个伟大的构

109

想：大质量物体附近的空间会变得弯曲，且质量大小和曲率大小成正比——质量越大，空间曲率也越大。为了验证这一假设，我们可以在某座大山周围的地面上钉上三根木桩，在木桩之间拉上几根绳子（如图39A），然后测量这些绳子在这三个交点处所形成的角度。现在，请挑选一座你认为最大的山——哪怕是喜马拉雅山——你会发现，尽管考虑了测量误差等影响因素，这三个角的和还是180°。然而，这个结果并不意味着爱因斯坦的结论是错误的，巨大质量的存在并不一定会使周围的空间弯曲——或许就算是喜马拉雅山这样的庞然大物造成的空间弯曲也微乎其微，无法被最精密的仪器探测到。别忘了伽利略也曾试图用灯笼测量光速，同样遭遇了"滑铁卢"。

所以你不必气馁，相反，应该打起精神，寻找更大质量的物体进行更多的实验，这回你可以选择太阳。

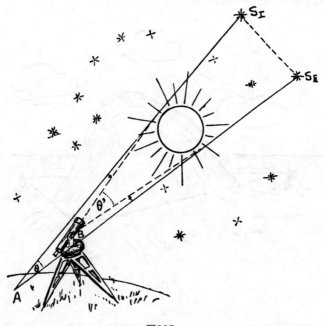

图39B

110

看呀，这回不就成功了吗！如果你从地球的某个点拉一条绳子到某颗恒星，再从这颗恒星拉一条绳子到另外一颗恒星，最后绕回到地球上的起点，用这三条绳子将太阳包围起来。这时你会观察到，这个三角形的内角和明显不等于180°。如果找不到那么长的绳子，可以尝试用光来代替它，最终效果也一样，因为光学理论指出"光线总是选择最短的路径进行传播"。[①]

图39B再现了这种用光束测量角度的实验方法。观测时，位于太阳两侧的恒星S_I和S_{II}发出的两束光在经纬仪的某处交汇，我们可以对这个角度进行测量。等到太阳离开这片区域，重复相同的实验，比较两次测量的角度数据。如果二者有所区别，就可以证明太阳的质量的确改变了周围空间的曲率，从而导致光线偏离了原来的路径。这个实验最初由爱因斯坦提出，用于佐证他的理论。通过与图40的二维示意图进行比较，读者或许能够更为清晰地理解它的原理。

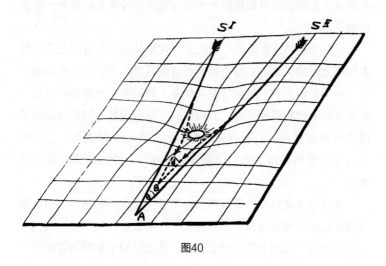

图40

---

① 光传播的路线为测地线。

正常情况下，实施爱因斯坦的提议有一个无法回避的障碍：太阳光太过明亮，我们无法看清它周围的星星。唯独在日全食的时候，哪怕是白天，周遭的恒星也清晰可见。根据这个判断，1919年，一支英国的天文学探险队在当年观测日全食的最佳地点——西非的普林西比群岛进行了测试。他们发现，两颗恒星在有太阳和没有太阳的情况下，出现的角度差为1.61″ ±0.30″，而爱因斯坦理论的预测角度差为1.75″。后来的多次观测也取得了类似的结果。

当然，1.5″并不是一个很大的角度，但它足以证明，太阳的质量确实能够影响周围的空间，致使其出现弯曲。

如果我们将太阳换成其他更大质量的恒星，三角形内角之和与180°之间的差值可能高达几分甚至几度。

对于身处于内部的观察者而言，适应弯曲三维空间这个概念需要花费大量的时间，很有想象力才能做到。但是只要理清了基本思路，它就会变得和你所熟知的其他所有经典几何概念一样清楚明了。

要完全理解爱因斯坦的弯曲空间理论及其与万有引力这个基本问题之间的关系，只需要迈出关键的最后一步。首先要明确一点，刚才所讨论的三维空间仅仅代表了四维时空世界的一部分，后者才是一切物理现象的"归宿"。三维空间的空间弯曲反映了四维时空中更为常见和普遍的弯曲，这表示，代表我们这个世界的光线和物体运动的四维世界线在超时空中看起来一定是弯曲的。

从这个角度出发，爱因斯坦得出了一个重要的结论：引力现象只不过是四维时空世界的弯曲所产生的效应。实际上，我们或许可以抛弃"太阳对行星产生引力，使之围绕太阳的轨道运行"这个不合时宜的旧提法，调整为"太阳的质量弯曲了周围的时空，行星的世界线之所以类似图29中的样子，仅仅是因为它们是在弯曲空间中的测地线"。

因此，"引力是一种独立的力"这一概念彻底从我们的推理中消失了，取而代之的是空间几何理念：在这个因大质量物体的存在而出现弯曲的空间中，所有物体沿着"直线"或者说测地线进行运动。

4. 封闭空间和开放空间

本章结束前，再来简单讨论一下爱因斯坦时空几何学的另外一个重要问题：宇宙究竟是有限的还是无限的。

截至目前，我们一直在讨论大质量物体附近空间出现的弯曲，就好像密布于宇宙这张巨大面孔上的粉刺一般。抛开这些局部差异，宇宙的"脸"到底是平坦还是弯曲的呢？如果是弯曲的，它的形状应该是什么样的呢？图41用二维示意图呈现了一个长满"粉刺"的平坦空间和两种可能的弯曲空间。所谓"正曲率"空间对应的是球面或其他任意封闭的几何面，无论沿着哪个方向前进，它都会以相同的方式，即总是朝着"同一个方向"弯曲。与之对应的"负曲率"空间在一个方向向上弯曲，在另一个方向则向下弯曲，看起来就像一副西式马鞍。通过一个小实验，你可以清晰地看出这两种弯曲空间的区别：如果分别从足球和马鞍上取下一块皮革，试着在桌子上将它们铺平，可以清晰地看到两种弯曲的异同。相同的是，它们都必须通过拉伸或者压皱才能"展平"。区别在于，足球皮革的边缘只能被拉伸，马鞍皮革的边缘则只会按压变皱。也就是说，足球那块皮的中心点周围没有足够多的材料支撑它变平展；而马鞍皮革中心点周围的材料太多，必须叠起来一部分才能展平。

下面再换个方式来验证。假设要统计两种曲面上中心点周围1英寸、2英寸和3英寸范围内分别有多少粉刺（沿着曲面计算）。在平坦无弯曲的平面上，粉刺的数量与距离的平方成正比，即1、4、9等。在球面上，粉刺数量增长的速度会慢许多。到了马鞍

113

上，这个速度则会快很多。因此，哪怕居住在二维面的影子科学家无法从外面观察它的形状，他们只需要统计不同半径内粉刺的数量就可以推测出空间的曲率。同时，正曲率和负曲率空间内三角形内角和也可以反映出二者的区别。正如我们在上一章节中看到的那样，球面上的三角形内角之和总是大于180°，但如果在马鞍面上画一个三角形，你会发现它的内角和将总是小于180°。

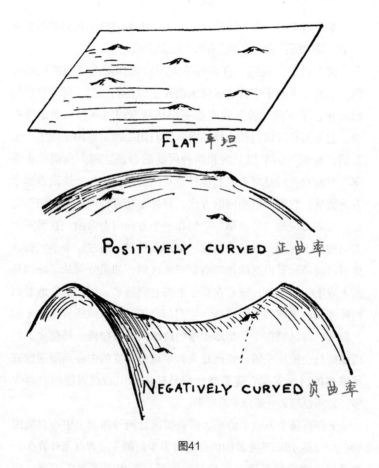

图41

关于二维曲面的观测结果应用于三维弯曲空间中，就可以得

114

到一张这样的表格：

空间类型	大尺度特征	三角形内角和	体积增长速度
正曲率（类球面）	自身闭合	>180°	慢于半径的立方
平坦（类平面）	无限延展	=180°	等于半径的立方
负曲率（类马鞍）	无限延展	<180°	快于半径的立方

　　根据这张表格，大家可以试着去解答"空间是有限还是无限"这一问题，具体的分析过程和结果，后续将在第十章研究宇宙大小的讨论中进行揭晓。

第三卷

微观世界

第六章　下降的阶梯

1. 希腊人的观点

分析物质的性质时，最好从一些众所周知的"正常大小"的物体开始，逐步深入其内部结构，去探索人类肉眼所不能及的那些被隐藏了的物质特性的终极起源。为了让这个计划更具备可行性，我们就从餐桌上的一碗蛤蜊浓汤入手吧。之所以选择蛤蜊浓汤，并不是因为它美味营养，而是因为它极具代表性，人们不用通过显微镜，就能够在汤中看到大量不同成分的混合物：小块的蛤蜊肉、洋葱、西红柿、芹菜、土豆、胡椒粉和小油珠，所有这些都混合在加了盐的汤汁中。

生活中的大部分常见物质，尤其是有机物，往往都是不均匀的，借助显微镜就能确认这个事实。比如，用一个倍数不是很大的显微镜，可以看到牛奶其实是一种悬浮在均匀白色液体中的小黄油滴形成的稀薄乳浊液。

普通的园艺土是一种精细混合物，包含了由石灰石、高岭土、石英、氧化铁、其他矿物和盐组成的微小颗粒，以及从腐烂的植物和动物尸体中提取的各种有机物质。将一块普通花岗岩进行外立面打磨，可以看到，这块石头是由三种不同物质（石英、长石和云母）的细小晶体形成的，它们牢固地结合在一起，形成了坚硬的固体。

在对物质内在结构的研究中，弄清混合物的成分只是我们走近真相的第一步，或者说，我们站在了下降的旋转楼梯的最上面一级。接下来，我们需要研究形成混合物的单个均质成分。对于真正的均匀物质而言（如一根铜线、一杯水或者充斥着房间的空气——当然，悬浮的灰尘除外），通过显微镜也很难看出它的差异，这些材料非常均匀地存在于其中。如果我们将铜线或者其他固体材料（除了玻璃之类的非晶体材料）放置于高倍数显微镜之下，可以看到所谓的微晶结构。但是，无论是铜线中的铜晶体还是铝制平底锅中的铝晶体，抑或其他类似的晶体，所有均匀材料中的每一个单独晶体性质是完全相同的。抓起一把食盐，可以在显微镜下看到氧化钠晶体，通过缓慢结晶技术，人们可以非常容易地制造出足够大的盐、铜、铝和其他均匀物质的晶体。这类"单晶"物质会始终保持均匀一致，就像水或者玻璃一样。

通过肉眼和最为精密的显微镜观察出来的结果都一致，是否意味着均匀物质无论放大到什么程度，都不会改变呢？或者说，我们是否可以认为，对于铜、盐或水，无论取出样本的大小和数量怎么改变，它们的性质将始终和大块的整体保持一致，而且可以实现进一步的切分？

最早提出这个问题并试图找出答案的人是希腊哲学家德谟克利特[①]，他生活在大约两千三百年前的雅典。德谟克利特认为，这

[①] 德谟克利特（前460—前370/356），古希腊自然派哲学家。德谟克利特是经验的自然科学家和第一个百科全书式的学者，古代唯物思想的重要代表。他在哲学、逻辑学、物理、数学、天文等方面都有所建树。他是"原子论"的创始者，由原子论入手，建立了认识论。

个问题的答案是否定的，他更倾向于认为：无论我们选择的物质看起来多么均匀，它一定是由大量（并不确定具体有多大）独立细小（并不确定具体有多小）的微粒组成。对于这类微粒，德谟克利特称之为"原子"或"不可分割之物"。不同物质所包含的原子（或者说不可分割之物）数量不同，但它们的区别只是一种假象。事实上，火原子和水原子是完全相同的，只是外观不同而已。事实上，所有的物质都是由永恒不变的相同原子组成。

与这种观点背道而驰的，是与其同时代的恩培多克勒^①，他认为原子分为几个不同的种类，它们以不同的比例组合在一起，形成了各式各样的物质。

根据当时形成的基本化学理论和知识，恩培多克勒识别出四种不同类型的原子，对应于四种不同的基本元素：土壤、水、空气和火。

根据他的观点，土壤是由土原子和水原子紧密结合在一起形成的，二者结合得越好，土壤就越肥沃。而生长在土壤中的植物，则由土原子、水原子和源于太阳光线的火原子组成，这几种原子共同构成了复合木分子。干燥的木头失去了水原子，木头燃烧的过程就是木分子重新分解为原始的火原子和土原子，前者在火焰中飘散开来，后者成为灰烬保留下来。

这种对于植物生长和木材燃烧的解释，在科学萌芽的早期阶段，看起来十分合乎逻辑，但现在我们知道，这套解释是完全错误的。我们知道，植物在生长过程中消耗的大部分物质不是来自土壤，而是来自空气。但古人却不知道这一点，其实如果没人进行解释，我们也会和古人犯类似的错误。土壤除了为生长中的植物提供支持和充当蓄水池之外，只贡献了植物生长所需的极少量的盐，我

---

① 恩培多克勒（约前495—约前435），古希腊哲学家。他发现空气是一种独立的实体，还持有进化的模糊概念。其抛弃了一元论，并把自然过程看作是被偶然与必然所规定的，而不是被目的所规定的。

们只需要顶针大小的土壤，就能够培育出一株很大的玉米。

此外，空气也不是古人想象中的那般纯净，它是氮和氧组成的混合物，也含有一定量的二氧化碳，其分子由氧原子和碳原子组成。在光合作用下，植物的绿叶吸收空气中的二氧化碳，与根系所吸收的水分发生反应，形成各种有机物，这些材料构成了植物的枝干。在此过程中，植物会释放出一部分氧气，让人产生"养绿色植物可以使房间里空气清新"的感觉。

当木材燃烧时，其分子再次与空气中的氧气结合，转化为二氧化碳和水蒸气，在炽热的火焰中四散开来。

古人认为植物结构中含有"火原子"，但事实并非如此。阳光为植物提供了分解二氧化碳分子所需的能量，将这种空气中的"食物"分解为可被吸收的营养成分。由于火原子并不存在，火的燃烧便不能解释为"火原子的散逸"，火焰实际上只是大量聚集的受热气体流，燃烧过程中释放的能量让这些气体变得清晰可见。

现在再举一个例子来帮助大家理解古人与现代人对于化学转化的理解有何不同。我们都知道，各种金属都是将相应的矿石送入鼓风炉中经高温冶炼出来的。乍看之下，大多数矿石似乎与普通岩石没有太大区别，因此古代科学家认为矿石与其他岩石完全一样。然而，他们把一块铁矿石放入火中之后，发现里面含有一种与普通岩石截然不同的东西——一种闪光的高强度物质，非常适合用来打造优质刀具和矛尖。要解释这一现象，最简单的方法，就是金属分子由土原子和火原子组成。

他们将这一理论发扬光大，进一步阐释了不同金属（如铁、铜和金）的性质之所以存在差异，是因为土原子和火原子在其中所占的比例不同。闪闪发光的金子一定比黑乎乎的铁块包含更多的火原子，不是吗？

但如果是这样的话，为什么不给铁或者铜加更多的火，把它们变成宝贵的黄金呢？基于这样的逻辑，中世纪那些务实的炼金术士才会将毕生的精力和时间花费在烟熏火燎的炉子旁，试图用廉价的金属炼造出"人造黄金"。

从古人的角度来看，他们的工作逻辑严密，论据可靠，和现代化学家们开发合成橡胶有异曲同工之妙。实际上，他们的理论和实践之所以走入误区，根本原因是他们相信金和其他金属都属于复合材料，而不是基本的单质材料。但是如果不尝试，又将如何得知哪些物质是单质材料，哪些物质是复合材料呢？要不是这些早期的化学家徒劳地试图将铁或铜炼制为金或银，我们可能永远不会知道，金属都是化学单质，炼制金属的矿石才是由金属原子和氧原子组合而成的复合物（现代化学家称之为"金属氧化物"）。

铁矿石在高炉的高温下转化为金属铁，并不像古代炼金术士所认为的那样是由于原子（土原子和火原子）的结合，恰恰相反，炼铁实际上是从氧化铁的复合分子中去除氧原子的过程。潮湿环境下，铁的表面会出现铁锈，这并不是因为分子中的火原子分解散逸了，唯独留下了土原子，而是因为铁原子与来自空气或水的氧原子结合，形成了氧化铁分子。①

① 如果让炼金术士来写一个炼铁的化学反应式，他大致会给出以下答案：

（土原子）+（火原子）→（铁分子）

矿石

生成铁锈的反应式为：（铁分子）→（土原子）+（火原子）

铁锈

但对于这两个过程，现代化学家写出来的反应式分别为：

（氧化铁分子）→（铁原子）+（氧原子）

铁矿

以及（铁原子）+（氧原子）→（氧化铁分子）

铁锈

122

从刚才的讨论中可以看出，古代科学家关于物质内部结构和化学变化过程的认知基本正确，他们的问题是对于基本元素的构成存在误解。事实上，恩培多克勒列出的四种基本元素都不是现代化学意义上真正的元素：空气其实是多种气体组成的混合物，水分子由氢原子和氧原子构成，石头和土壤是各种元素组成的复杂混合物，火原子则根本不存在。[①]

事实上，自然界中存在的化学元素远非4种，而有92种。[②]它们当中，某些元素在地球上大量存在，为众人所熟知，比如氧、碳、铁和硅（大多数岩石的主要成分）；但有些元素非常罕见，诸如错、镝或镧，许多人甚至都没有听说过。除了自然元素之外，现代科学还成功地合成了几种全新的化学元素，后续章节中将进行简要的介绍。其中一种名为"钚"的元素，在释放原子能用于战争与和平中发挥了重要作用。92种基本元素以不同的比例结合，形成了数量庞大的各种复杂的化合物，像水和黄油、石油和土壤、石头和骨头、茶和TNT炸药。还有许多其他物质，如氯化三苯基吡喃嗡、甲基异丙基环乙烷——优秀的化学家必须牢牢记住这些术语，但普通人多半没法一口气将它读完。原子的组合方式众多，为了总结它们的性质和制造方法等知识，人们编制出一本又一本化学手册。

---

① 我们很快将在本章中看到，光量子理论诞生后，火原子的概念有一部分重获新生。

② 此处作者指的是当时已经发现的自然界天然存在的元素。学界曾经认为最后发现的一种自然元素是87号元素钫，但1971年，人们又发现，最初由人工合成的94号元素钚在自然界可以少量地产生。92号元素铀之后的"超铀元素"都是以人工合成的方式发现。截至2018年，人们发现的元素已经扩展至118种。

2. 原子有多大?

当德谟克利特和恩培多克勒讨论原子时, 他们的论点基本上是基于模糊的哲学思想, 即: 物质可以被切割, 但绝不可能被无限地分割下去, 我们最终会得到一个不能再被切分开的最小单元。

而当某位现代的化学家谈论原子时, 其所指对象就非常明确, 不同的化学元素必须严格按照特定的质量比结合在一起才能形成分子, 这个质量比显然反映了单个原子的相对质量, 化学家必须准确了解基本的原子及其在化合物分子中的组合形式, 才能帮助我们理解这条基本的化学定律。例如, 根据经验, 化学家认为氧原子、铝原子和铁原子的质量必然分别是氢原子质量的16倍、27倍和56倍。尽管不同元素的相对原子质量[①]是化学研究中最重要的基本数据, 但在这门学科里, 以克为单位的原子实际质量其实并不重要, 不会对化学现象产生实质性的影响, 也不会成为我们应用化学定律和化学方法的障碍。

不过, 物理学家对原子进行研究, 关注的问题主要集中为: 原子的大小是多少厘米? 重量是多少克? 给定数量的材料中有多少原子或分子? 是否有办法逐一观察、计数和操控单个的原子和分子?

估算原子和分子大小的方法不胜枚举, 最简单的一种连现代的实验室设备都不需要。如果当初德谟克利特和恩培多克勒能够想到这个办法, 他们会毫不犹豫地使用它。如果构成某种物质的最小单位是原子, 显而易见, 它不能被制成厚度小于该原子直径的薄片。因此, 我们可以尝试拉伸铜线, 直到它成为一长串单个原子组成的原子链, 或者将其锤成一片只有原子直径厚度的薄铜片。对于铜线或其他任何固体材料而言, 这都属于不可能完全的

---

① 日常简称为原子量。

任务，因为在得到想要的最小厚度之前，材料会不可避免地断裂。但液体材料（如水面上那一层薄薄的油），可以很容易地延展出一层由单个分子组成的膜，分子之间平行分布，在垂直方向上没有任何重叠。如果有足够的细心和耐心，读者可以亲自感受一下这个实验，用最简单的方法来测量出油分子的大小。

取一个浅而长的容器（图42），将其放在桌子或地板上，使其保持水平状态。在容器中加满水，并在水面上放一根金属丝。现在，朝着金属丝的一侧滴下一小滴油，它会扩散开来，直至形成一层油膜铺满水体表面。如果沿着容器边缘朝着远离油膜的方向移动金属丝，油膜也会随之扩散，变得越来越薄，其厚度最终将等于单个油分子的直径。"薄化"过程完成后，任何移动金属丝的动作都将导致油膜表面破裂并形成水孔。现在你知道滴到水面的油的数量，也知道油膜在不破裂的情况下能够覆盖的最大面积，可以很容易地计算出单个油分子的直径是多少。

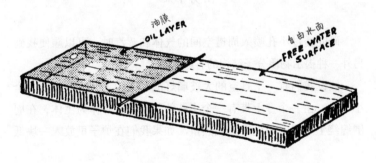

图42 水面上这层薄薄的油膜如果过度拉伸就会破裂

在进行这个实验时，可能会观察到另外一个有趣的现象。把油滴入水中时，马上就能看到油的表面出现了熟悉的彩虹色，就像我们在船只停靠的港口经常看到的那样。这种"油面彩虹"是由于射入水面的光分别在油膜的上边界和下边界产生反射，两组光之间产生的干涉现象。而不同区域出现的颜色差异则是因为油膜是从油滴落形成的点开始扩散，所以它的厚度并不均匀。如果我们稍微等一下，随着油膜在水中均匀分布，整个油面都会呈现出同一种色彩。随着油层不断变薄，反射光的光波长不断减小，颜色会逐渐从红色变为黄色，由黄色变为绿色，再由绿色变为蓝色，最后从蓝色变为紫色。如果油面区域继续扩大，颜色将完全消失。这并不意味着油膜"人间蒸发"了，只是它的厚度已经小于最短的可见波长，我们的眼睛无法感知到颜色的存在。但你仍然能够区分出有油的水面和无油的水面，因为薄油膜上下边界反射的两组光依旧会发生干涉，导致总亮度降低。因而，即便颜色消失，油性表面也会比纯粹的水面看起来更加"暗淡"一些。

在实际进行这项实验时，你会发现1立方毫米的油可以覆盖大约1平方米的水面，但任何想要进一步扩大油膜覆盖面积的尝试，都会导致油膜破裂。[①]

3.分子束

研究透过小孔喷入周遭空间的气体和蒸汽时，可以顺便找到另外一种揭示物质分子结构的有趣方法。

假设我们有一个真空的大玻璃灯泡（图43），里面放着一个小电炉，由一个壁上带有一个小孔的陶制圆柱体作为主体，在周围缠绕上一根电阻丝来提供热量。如果我们在炉子里放入一块低

---

① 油膜在即将破裂时究竟会有多薄？为了进行这个计算，我们可以把体积为1立方毫米的油想象成一个边长1毫米的正方体。如果将这个正方体压扁，使之覆盖1平方米的水面，那么它接触水的那一面必须扩大1000²倍（从1平方毫米到1平方米）。同时，它的垂直边长也将缩小到原来的1/1000²，才能维持体积不变。因此可以计算出油膜的最小厚度（油分子的最小直径）约等于0.1厘米×10^{-6}=10^{-7}厘米。油分子由多个原子组成，所以原子的尺寸也应该比这个数值更小。

熔点的金属，如钠或钾，圆柱体的内部就会充满金属蒸汽，蒸汽会通过圆柱体壁上的小孔释放到周围的空间里。与玻璃灯泡的冰冷侧壁接触时，蒸汽会马上黏附在上面，在侧壁的各个区域形成一层极薄的镜面，清楚地向我们展示金属蒸汽从电炉中"逃逸"后的行进轨迹。

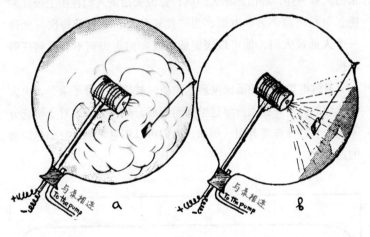

图43

此外，我们还将看到，不同温度下的电炉，玻璃壁上形成的蒸汽薄膜分布也是不同的。当电炉温度升高，圆筒内金属蒸汽密度便随之升高，蒸汽喷出的样子与茶壶或蒸汽机"吞云吐雾"的样子极为相似。进入玻璃灯泡内部相对较大的空间之后，金属蒸汽开始向各个方向膨胀（图43a），直至填满整个灯泡，并在侧壁上或多或少留下蒸汽薄膜的痕迹。

然而，如果温度较低，当电炉内蒸汽密度较低时，就会出现与之大相径庭的景象。从孔中逸出的金属蒸汽不是向着各个方向扩散，而是沿着一条直线移动，大部分薄膜都会集中出现在玻璃灯泡正对圆筒孔洞的那一面。我们可以在孔洞前放置一块板，来更好地观察这一现象（图43b）。物体后方的玻璃壁上不会形成蒸汽膜，而是出现了一块和遮挡物同样形状的透明斑。

如果读者们记得蒸汽是由大量独立的分子在空间中向各个方向运动并不断相互碰撞而形成的，对金属蒸汽在高低温下的表现有较大差异这一现象就能够轻松地理解和掌握。当蒸汽密度很高时，从孔洞喷射出来的气流就像剧院突然着火时从里面狂奔出来的人群一样，冲出剧场大门后，惊慌失措的人们在街上彼此冲撞，争相逃命。另一方面，当密度较低时，就好像每次只允许一个人通过大门，他可以淡定地一直向前走，而不会受到任何干扰。

通过电炉孔洞的低密度蒸汽物质流被称为"分子束"，由大量单独的分子并排飞行穿过空间而形成。这种分子束对于研究分子的个别特性非常有用。例如，人们可以用它来测量分子热运动的速度。

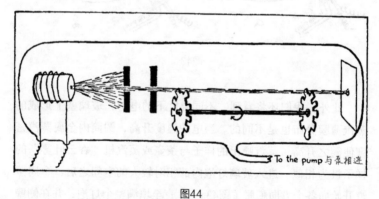

图44

奥托·施特恩[1]是发明研究分子束速度装置的先驱，该装置与

---

① 奥托·斯特恩（1888—1969），德裔美国核物理学家，著名实验物理学家。他发展了核物理研究中的分子束方法并发现了质子磁矩，获得了1943年的诺贝尔物理学奖。

斐索用来测量光速的装置完全相同（见图30）。它由两个安装在公共轴上的齿轮组成，两个齿轮安装角度特殊，使得分子束只有在旋转角度恰到好处时才能穿过齿轮（图44）。施特恩用一块隔膜来拦截透过齿轮的薄分子束。

通过这套设备，能够证明分子运动的速度极快（钠原子在200℃时运动速度为每秒1.5公里），随着气体温度的升高分子运动速度也会不断提升。这直接证明了热动力学理论，根据该理论，物体温度的升高是由于其分子不规律热运动的加剧造成的。

4. 原子摄影术

尽管上述例子能够证明原子假说的正确性，但眼见为实才是我们一贯奉行的原则。要佐证原子和分子存在的真实性，最好的办法就是让大家都能够用肉眼看到它们。最近，英国物理学家W.L.布拉格[①]在这个方面取得了突破性的进展，拍摄了几种晶体中原子和分子的照片。

看到这里，大家千万不要认为拍摄原子是一项轻松的工作，拍摄这种极小的物体，必须考虑一个先决条件——要使照射在物体上的光线波长小于被拍摄的物体尺寸，否则图像将异常模糊。研究微生物的生物学家们非常清楚这项工作的难度，因为细菌的大小（约0.0001厘米）正好与可见光的波长差不多尺寸。为了提高图像的清晰度，需要在紫外线下拍摄细菌的显微照片，从而获得

---

① W.L.布拉格（1890—1971），英国晶体学家。1912年他开始在剑桥大学用X射线分析晶体，拍摄了NaCl和KCl等晶体的劳埃图并进行分析，提出布拉格方程，定出NaCl和KCl等的晶体结构，开创晶体结构测定方法。他和父亲因用X射线分析晶体结构而共获1915年的诺贝尔物理学奖。他的主要著作有《矿物的晶体结构》《X射线分析的发展》等。

比在其他条件下拍摄效果更好的作品。但是晶体中分子的尺寸和分子之间的距离极其微小（0.00000001厘米），在实际拍摄中，可见光和紫外线都达不到相关要求。为了观察单个分子，必须使用波长比可见光短数千倍的射线。简而言之，就是我们不得不使用"X射线"。只是，此时又出现了一个新的问题，X射线能够轻松穿过任何物质，不会产生折射现象，所以透镜和显微镜无法利用它来开展工作。从医学角度来说，这一特性加上X射线强大的穿透力，显得十分有用，如果射线在穿过人体时发生折射，呈现出的图片会十分模糊，无法辨别。但同样的特性似乎彻底排除了通过X射线拍摄显微照片的所有可能性！

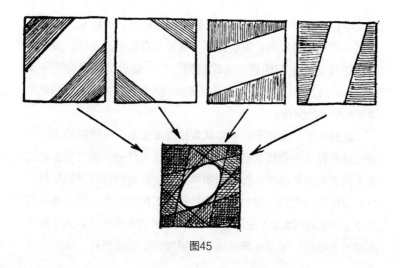

图45

　　乍一看，这个问题似乎进入了一个死胡同，但W.L.布拉格找到了一个非常巧妙的方法来摆脱困境。这是基于阿贝[1]的显微镜数学

――――――――――
[1] 恩斯特·卡尔·阿贝（1840—1905），德国物理学家，光学家，企业家。阿贝在研究如何提高显微镜的分辨率时，于1873年对相干光照明的物体提出的两步衍射成像原理，对显微镜理论有重要的贡献。

理论提出的一种思考方法，根据该理论，所有显微镜图像都可以被看作大量独立图像的重叠，每个图像都是以特定角度穿过的平行暗纹。请看图45所展示的例子，它显示了如何通过重叠四组单独的暗纹来获得位于中心的椭圆形状的亮斑区域。

根据阿贝理论，显微镜的功能包括：

（1）将原始图片分解成大量单独的暗纹图案；

（2）放大每一个单独的图像；

（3）将图像进行重叠以获得放大后的照片。

这个过程与用多块单色板打印彩色图片有异曲同工之妙，单独看任意一个彩色印刷品，可能无法分辨图片到底代表了什么，但只要以适当的方式将各种颜色进行叠加，就能得到清晰而完整的照片。

既然制造出一个能自动执行所有步骤的X射线是"不可能完成的任务"，我们只能按部就班地逐一进行：首先，从不同的角度大量拍摄晶体的X射线条纹图像，然后以适当的方式将它们叠加在一张照片上。通过这种方式，可以实现X射线放大镜的作用和效果。唯一的遗憾是，这种放大镜的使用流程，需要那些经验丰富的实验者们耗费很长时间才能完成。也正是因为这样，布拉格的方法一般用来拍摄晶体中的分子，却不能拍摄液体或气体中的分子，因为它们就像脱缰的野马，四处奔跑。

虽然布拉格的方法错综复杂，比按下快门就能出成果的相机烦琐多了，但拍摄效果却能媲美任何一张合成照片。如果基于某些技术原因，人们无法在一张照片上呈现整个教堂，我想没有人会反对用几张单独的照片合成一个教堂的全景。

在照片I（P336）中，我们看到了六甲基苯分子的X射线照片，化学家为其编写了以下公式：

在这张照片上，由六个碳原子组成的环与其他六个附着其上的碳原子清晰可见，但相对较轻的氢原子几乎看不见。

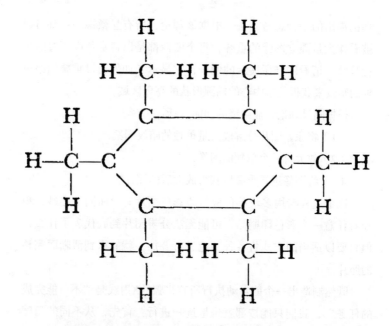

　　亲眼看到这样的照片后，恐怕连多疑的托马斯[①]也会坚定不移地相信分子和原子确实存在。

5.解剖原子

　　当德谟克利特将原子命名为"不可分割之物"（源自希腊语），他的内心笃定地认为这些微粒代表了物质能被分割开的最小单位，也就是说，原子是组成物质的最小和最简单的结构成分。数千年后，当"原子"作为古老的哲学思想被纳入科学研究的范畴，并在大量实验数据的支撑下被赋予了实际意义，"原子不可被分割"这一信念深入人心。人们认为，不同元素的原子性

[①] 典出圣经故事。托马斯是耶稣的门徒，他声称除非自己亲眼看到并触摸耶稣的身体，否则绝不相信人能死而复生。后来人们用"多疑的托马斯"来形容怀疑一切，只相信眼见为实的人。

质各不相同，主要是因为它们的几何形状不同造成的。例如，氢原子被认为近似球形，而钠和钾原子的形状则像细长的椭圆。

　　另一方面，很多人觉得氧原子看起来就像甜甜圈，中间有一个近乎封闭的孔洞，两个球状的氢原子被一上一下填入氧原子的孔洞中，从而得到了水分子H_2O（见图46）。钠原子和钾原子能够轻松取代水分子中的氢原子，是因为比起球状的氢原子，长椭圆形的原子更加适合进入氧原子"甜甜圈"中的孔洞。

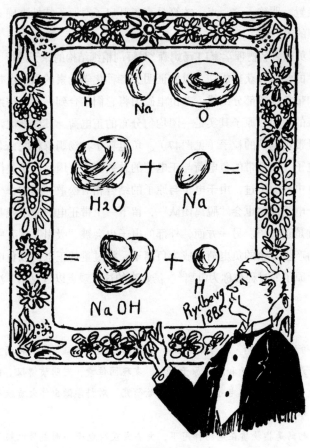

图46

根据这些观点，不同元素之所以会释放出不同的光谱，是因为不同形状的原子产生的振动频率有差异。因此，物理学家试图通过元素释放的光谱倒推出不同原子的形状只能屡屡失败，这就像用声乐知识去诠释小提琴、教堂钟声和萨克斯管弦乐音色的区别是一个道理。

然而，试图凭借各种原子的几何形状来解释其化学和物理性质的尝试都以失败告终，人们才认识到原子并不是拥有各种几何形状的基本粒子，恰恰相反，它是由大量独立运动部件组成的复杂装置。明确了这一点，才算是真正开启了对原子特性准确分析把握的第一步。

英国著名物理学家J.J.汤姆森①对解剖精细结构的原子进行了开创性的尝试并获得成功，以此证明了各种化学元素的原子由带正电和带负电的部分组成，并由电磁力将它们结合到一起。按照汤姆森的设想，原子其实是一团均匀分布的正电荷，其内部漂浮着大量带负电荷的粒子（见图47）。负电粒子（汤姆森将之命名为"电子"）携带的负电荷与正电荷的总数相等，因此原子整体上呈电中性。不过，由于电子与原子的结合相对松散，其中一个或几个电子偶尔也会"脱离团队"，留下一个带正电的原子残基，也就是正离子。另一方面，外部的电子也会被"吸引"到其中，从而产生多余的负电荷，成为负离子。将过量的正电荷或负电荷递给原子的过程被称为电离②。汤姆森的这一观点以迈克尔·法拉

---

① 约瑟夫·约翰·汤姆森（1856—1940），英国物理学家。他的主要贡献是：发现电子和建立原子模型，发现同位素，发明质谱仪。1906年由于他的"气体电导的理论和实验研究"对科学做出伟大贡献而获诺贝尔奖。

② 电离是指物质在电场作用下，失去或获得电子而形成带电粒子的过程。电离可分为两种方式：正电离和负电离。

第①的经典著作为理论基础，法拉第指出：当原子携带电荷时，它一定是某个基本电量的倍数，基本电量单位数值为5.77×10^{-10}静电单位。比起法拉第，汤姆森向前迈进了一大步，他认为原子电量能够成倍地变化，是因为这些电荷都是独立的微粒。除此之外，他还成功地摸索出从原子中分离电子的方法，甚至开始研究在空间中高速飞行的自由电子束。

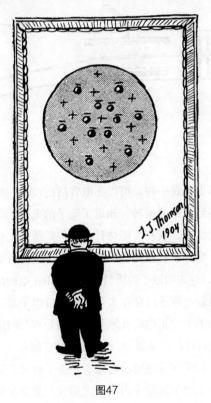

图47

① 迈克尔·法拉第（1791—1867），英国物理学家、化学家。他的主要贡献是：提出电磁感应学说，发现电场与磁场的联系，提出磁场力线的假说，发现了电解定律等。由于他在电磁学方面做出了伟大贡献，被称为"电学之父"和"交流电之父"。

汤姆森在自由电子束研究中取得的一个重要成果，是估测电子的质量。他利用强电场从灼热电线里分离出的电子束，让它穿过两片带电的电极板中间（见图48）。由于这束电子携带着负电荷（或者更准确地说，它就是负电荷本身），所以它会被电容的正电极吸引，并被负电极排斥。

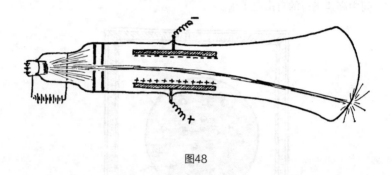

图48

　　要想看得更直观一些，可以在电容后面放置一块荧光屏，能够清晰地观察到光束的偏转。知道了电子的电荷，以及它在特定电场中的偏转情况，就有可能估计出它的质量，人们发现，电子其实非常轻。事实上，汤姆森发现单个电子的质量是单个氢原子质量的1/1840，这表明原子的质量主要来自带正电的部分。

　　虽然汤姆森对原子内存在大量运动的负电子群这一现象认知准确，但是他关于"正电荷在原子内均匀分布"的论断却与事实相距甚远。1911年，卢瑟福[1]实施了著名的"阿尔法（α）粒子"实验，检验α粒子在穿过物质时是否发生了散射，并以此证明了原子的正电荷（原子质量中占比最大部分）集中在位于原子中心的一个极小的原子核里。α粒子是由某些特定的不稳定元素（例

---

[1]　欧内斯特·卢瑟福（1871—1937），物理学家，纳尔逊男爵，英国皇家学会院士，诺贝尔化学奖获得者，生前是卡文迪许实验室主任，主要从事核科学和放射性方面的研究。

如铀或镭）的原子自发分裂释放出的高速微粒，其质量与原子的质量相当，并且携带正电荷，因此它们被视为原子中带正电的组件。当α粒子穿过目标材料的原子时，会受到原子内部电子的吸引，并被正电部分所排斥。然而，由于电子非常轻，所以它们无法影响入射α粒子的运动，就像一大群蚊子也不可能影响受惊飞奔的大象一样。另一方面，由于原子中携带正电的部分与入射α粒子质量相当，只要二者距离足够接近，前者必然会影响后者的运动轨迹，使之偏离原先的轨道，散射到各个方向。

图49 E.卢瑟福

在研究 α 粒子束穿过铝箔的过程中，卢瑟福得出了一个令人惊讶的结论，要想解释清楚实验结果，就必须假设入射的 α 粒子和原子正电组件之间的距离不到原子直径的千分之一。当然，要实现这个目标，入射的 α 粒子和原子正电组件的尺寸也都只能是原子的千分之一。卢瑟福的发现将汤姆森认定的"正电荷均匀分布"原子模型颠覆为"尺寸极小的原子核位于原子的中心，周围环绕了一大群带负电的电子"，这时，原子已不再像西瓜的形状（电子就是西瓜籽），反而更像一个微缩版的太阳系，电子类似于行星，将原子核像太阳一般包围在中间（见图49）。

这些论证进一步凸显了原子与太阳系之间的异同：原子核占原子总质量的99.97%，而太阳系99.87%的质量都集中在太阳里。围绕原子核运行的电子，相互之间的距离超过了电子直径的几千倍，与太阳系内行星之间的距离与行星直径的比值相当。

然而，更重要的一点是，原子核和电子之间的电磁力与距离的平方成反比，太阳和行星之间的引力也遵循了同样的数学法则。[1]这让电子绕着圆形和椭圆形的原子核进行的轨迹运动与太阳系里的行星和彗星移动的轨迹非常相似。

上述关于原子内部结构的研究表明，不同化学元素原子之间的差异可以理解为是围绕原子内部绕核运动的电子数量的不同造成的。由于原子整体呈电中性，围绕其原子核运动的电子数量一定等于原子核自身携带的正电荷数量，我们可以通过观察原子核的排斥作用下，α 粒子偏离轨道发生的散射现象，估算出原子核携带的正电荷数量。卢瑟福发现，将化学元素按重量大小进行排序，每一种元素的原子包含的电子数量都要比前一种元素多一个。因此，氢原子有1个电子，氦原子有2个电子，锂原子有3个电子，铍原子有4个电子，以此类推，最重的天然元素铀总共拥有92

---

[1] 也就是说，力与两个物体之间距离的平方成反比。

个电子。[1]

原子的序列排位通常被称为该元素的原子序数，化学家根据其化学性质编制了一张化学元素周期表，这张表格中的原子编号和位置与它的序数保持一致。

这样一来，任何一种元素的物理性质和化学性质都可以简单地用围绕中心核旋转的电子数量来表示。

19世纪末，俄罗斯化学家D.门捷列夫[2]注意到，自然序列排列的元素，其化学性质具有明显的周期性。这些元素的性质在一定步骤后开始重复。图50清晰地呈现了这样的周期性，其中所有已知元素的符号沿着圆柱体表面形成了螺旋带，具有相似性质的元素都在同一列中。第一组中包含了氢和氦2种元素；接下来的两组又分别包含了8种元素；最终，元素性质的重复周期扩大到了18种。你是否还记得，自然序列中每一种原子都比前一种多一个电子，在这种情况下，我们将得到一个毋庸置疑的结论：元素的化学性质之所以会呈现出明显的周期性，一定是由于原子内部的电子（或称"电子层"）出现了某种重复出现的稳定结构。第一个完整的电子层必然由2个电子组成，接下来的两个电子层分别有8个电子，再往外的电子层则有18个电子。通过图50我们还会发现，元素的自然序列在进入第六和第七周期以后，元素性质呈现出的周期性被打乱了，其中的两组元素（即所谓的稀土和锕系元素）必须取出并放置到一旁。之所以出现这种异常现象，是因为这些元素原子内部的电子层结构比较特殊，对相关原子的化学性质产生了严重影响。

---

① 现在，我们已经掌握了"炼金术"（详见第七章），能够人工合成更为复杂的原子，所以原子弹里使用的人造元素钚有94个电子。

② 德米特里·伊万诺维奇·门捷列夫（1834—1907），俄国科学家，发现并归纳元素周期律，依照原子量，制作出世界上第一张元素周期表，并据此预见了一些尚未发现的元素。

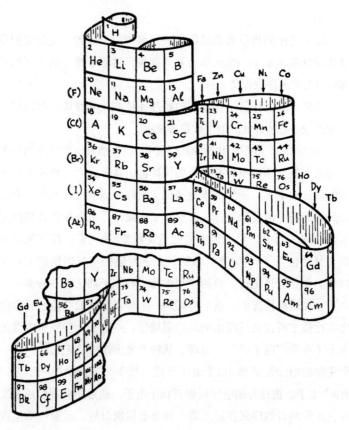

图50（正面）

既然我们已经知道原子的模样，现在可以尝试着回答：如何将不同元素的原子结合，形成各种各样复杂的化合物分子？例如，为什么钠和氯的原子会结合在一起形成食盐分子？图51中可以看出，氯原子的第三个电子层缺少了一个电子，而钠原子在填满第二个电子层后正好剩余了一个电子，这个电子必然会进入氯原子中，填满第三个电子层。失去了一个带负电荷的钠原子带有正电，而得到了一个电子的氯原子带负电，在电磁力的作用下，两个带电的原子结合为氯化钠分子，俗称食盐。同样，电子层中

140

缺少了两个电子的氧原子也会从两个氢原子中捕获出一个电子，从而形成一个水分子（H_2O）。通常来说，氧原子和氯原子、氢原子和钠原子彼此很难相互吸引，因为前面的两个都习惯索取，而后面的两个对此毫无兴趣。

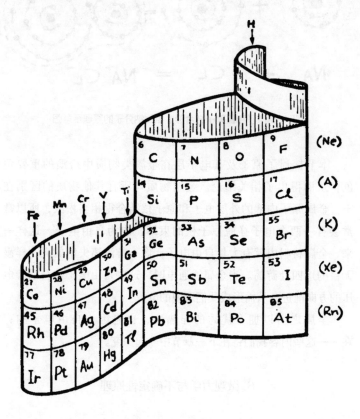

图50（背面）

电子层完整的原子，如氦、氖、氩和氙等则是完全自给自足，不需要给予或掠夺额外的电子，始终保持孤独和低调，使得相应的化学元素（所谓的"稀有气体"）也具有"惰性"，很不活泼。

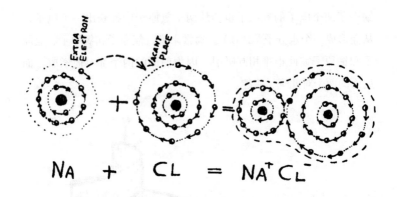

图51 钠原子和氯原子结合形成氯化钠分子的原理示意图

本节探讨了原子及其电子层在金属类物质中扮演的重要角色，从而得出了相关结论。金属物质与所有其他物质的区别在于：金属原子内部的外层电子和原子核结合得相当松散，所以常常会有一两个电子挣脱原子核的束缚，成为自由电子。这样一来，金属材料内就有大量自由电子，像一群流离失所的人一样漫无目的地四处游荡。当金属线通电时，这些自由电子就会沿着电压的方向前进，从而形成我们所说的电流。

金属之所以拥有优秀的导热性，也是因为自由电子的存在——这些内容我们将在下一章节中一起探究。

6. 微观力学与不确定性原理

如前所述，原子内部围绕原子核旋转的电子系统与行星系统非常相似，人们因此认为，电子的运动原理与行星围绕太阳运动的天文规律道理相通。再说得具体一点，因为电磁定律和引力定律极为相似——电磁力和引力都与距离的平方成反比——电子必须沿着椭圆轨道围绕着原子核移动（见图52a）。

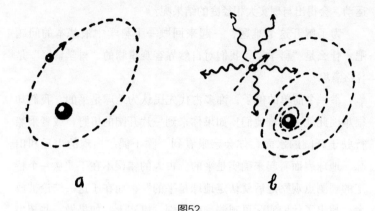

图52

　　然而，所有试图描绘原子内部电子运动的试验都以失败告终，成了物理学界的一场"意外灾难"，导致很长一段时间内，物理学家和物理学都备受质疑。究其原因，是因为与太阳系的行星不同，原子内部的电子携带电荷；与任何振动或旋转的带电粒子一样，它们围绕着原子核的运动必然会产生强烈的电磁辐射。这些辐射会带走能量，那么合理的推测是，原子内部的电子会沿着螺旋轨迹（图52b）不断接近原子核，并最终在动能消耗殆尽时坠落到原子核上。电子携带的电量和旋转频率都是已知的，根据这些数据，我们能够轻松计算出，电子失去所有能量坠向电子核，这个过程消耗的时间最多只有百分之一微秒。

　　因此，根据已有的物理学相关知识，如果原子内部的结构与行星系一样，它只能维持亿万分之一秒的时间，那么即便原子形成，也会在顷刻之间坍塌，根本无法长期存在。

　　然而，尽管物理理论做出了预测，但无数次的实验表明，原子的结构非常稳定，原子内部的电子始终愉快地围绕着中心原子核在旋转，没有任何能量损失，也没有任何崩溃的趋势！

　　读到这里，大家是否觉得有些烧脑，很想大喊一声"这怎么可能"！为什么将古老而成熟的力学定律应用于原子内部的电子运动，会得出与现实大相径庭的结果呢？

为了解开这个难题，一起来回顾一下科学中最基本的问题吧：什么是"科学"，我们对自然界客观事物的"科学解释"是什么意思？

举一个简单的例子，许多古代先民认为地球是平的，我们却很难因此就去责难他们！如果你来到一片开阔的田野，或者乘船行驶于开阔的水面，你会亲眼看到，除了偶尔出现的山丘和山脉，地球表面看起来确实是平的。古人的错误不在于"从一个特定的观测点观察之后就认定地球是平的"，而在于这一结论被放大，超出了他们实际可观测到的范围。事实上，如果做一些超出日常认知范围的观察，譬如说日食当中，对地球投射到月球上产生的阴影形状的研究，或者麦哲伦不同凡响的环球航行，就能够马上验证出这种推断是错误的。我们现在说地球是平的，只是因为我们所能看到的只是地球表面上极小的一部分。就像前面第五章中讨论的那样，宇宙的空间可能是弯曲的、大小也是有限的，尽管从我们有限的观察视角来看，宇宙十分平坦，而且广袤无垠。

回归正题，我们想要论证的是组成原子的电子在实际运动与理论预测中存在的矛盾，而刚刚列举的内容和这个问题有何关联呢？答案是，上述研究中，首先假设"电子运动遵循的规律与大型天体完全相同"，相当于与日常生活中司空见惯的"正常尺寸"完全一致，这样一来，就可以用同样的术语来描述它们。事实上，大家所熟知的力学定律和概念是根据前人或过往的经验建立起来的，适用于与人类尺寸相似的物体。同样的定律后来被广泛应用于解释那些更大体量的物体运动，如行星和恒星，也取得了非常显著的成效，这让我们能够以极高的精度去计算数百万年前后的各种天文现象。实践证明，力学定律在解释大型天体运动方面的经验值得大力推广和应用。

尽管经典力学定律确实能够解释巨型天体运动、炮弹、时钟摆和玩具陀螺的运动，但电子的大小和质量相当于最微小的力学装置的亿万分之一，我们凭什么相信，力学定律也同样适用于它呢？

诚然，大家没有理由预先假设经典力学定律一定不能解释原子内部细微组成部分的运动，但如果这种情况真的发生，其实也不必太过惊讶。

这么一来，既然天文学定律与电子的实际运动产生了矛盾，那么我们首先应该考虑，在研究尺寸极小的粒子运动时，经典力学的基本概念和定律是否应随之调整。

经典力学的基本概念包含粒子运动的轨迹和粒子沿轨迹运动的速度。在任意给定时刻，运动的物质粒子必然占据空间中一个确定的点，将物质粒子不同时刻占据的点串联起来，就形成了它的运动轨迹。这句话一直被认为是众所周知的"普遍真理"，它构成了描述所有物体运动的理论基础。我们用特定物体在不同时刻所处位置之间的距离，除以这两个时刻的时间间隔，就能计算出该物体的速度。位置和速度，这两个概念奠定了所有经典力学的基础。直到最近，恐怕还没有任何科学家设想过，描述运动现象时使用的那些最基本的概念竟然会存在瑕疵，要知道，从哲学的角度来看，这两个概念被习惯性地认为是"先验的"。

实际上，试图将经典力学定律应用于微小原子系统内部运动的努力彻底失败了，人们意识到，之前的许多结论都是错误的，并且这种怀疑愈演愈烈，逐渐延伸至经典力学最基本的层面。当定律被应用于原子内部的微小部分时，物体的连续运动轨道和任意给定时刻的速度作为最基本的动力学概念不免显得过于粗糙。简而言之，将熟悉的经典力学思想推广应用到极小质量物体的运动中是徒劳无功的，要想获得成功，就必须对固有的传统概念做出极大的调整。如果经典力学中旧的理念不适用于原子世界，那么在描述更大物体的运动时，它们也不可能绝对正确。经典力学理论并非无所不能，在相似质量的物体上它可以被"完美复制"，一旦我们试图将其用来描述更为精密细微的系统，就会被打击到溃不成军。

通过研究原子系统的力学特性、构建所谓的量子物理学，我们为物质科学引入了全新的元素。量子物理学基于科学家发现的一个事实，就是：两种不同物质之间的任何相互作用下存在一个确定的下限。这一发现彻底颠覆了"物体运动轨迹"的经典定义。事实上，如果运动的物体拥有一条数学范畴中所界定的精确轨迹，那么就意味着我们能利用某种专门的物理设备来记录这一运动轨迹。这样的话，有个问题就无法回避，那就是：记录任何运动中物体的轨迹，必然会干扰到物体的原始运动。事实上，根据牛顿的作用和反作用力相等定律，如果运动物体对记录其在空间中连续位置的测量装置产生了某种影响，那么这些装置就必然会对物体产生反作用力。如果按照经典物理学中的假设，两个物体（此处是指运动物体和记录其运动的设备）的尺寸不受限制，可以根据需要任意缩小尺寸，那么我们或许可以设想一种非常灵敏的设备，既可以记录运动物体的连续位置，又不会对其运动产生干扰。

但是，物体之间存在的物理相互作用下限以一种"不可逆"的势头改变了这种状况，导致我们再也无法随心所欲地削弱测量设备带来的干扰。这样一来，观察对运动的干扰成了运动中不可或缺的一部分，而且物体运动的轨道也不再是数学概念中所阐述的"无限细的一条线"，我们不得不将其视为空间中具有一定厚度的弥散的条带。自此，经典物理中数学意义上的清晰轨道变成了新力学里弥散的宽带。

不过，物理相互作用的最小量（它还有另外一个名字叫"作用量子"）是一个非常小的数值，只有在研究极微小物体的运动时才有意义。例如，尽管左轮手枪子弹的运动轨迹并不是数学概念上清晰的标准线条，但轨迹的"厚度"比子弹材料中单个原子的尺寸小很多倍,可以将其看作"零"。把目光转向更容易受到运动测量干扰的质量较轻的物体,你会发现它们运动轨迹的"厚度"变得越来越重要。围绕中心核旋转的电子,运动轨道的厚度变得与其直径的尺寸相当,所以我们不能像图52一样用线条来表示电子的运动,而只能把它画成图53所示的样子。在这种情况下,我们不能再简单地用经典力学中人们所熟知的术语来描述粒子的运动,它的位置和速度必然都具有不确定性(海森堡的不确定性原理和玻尔的互补性原理)。[1]

球状"轨道"
Spherical "Orbit"

甜甜圈"轨道"
Doughnut "Orbit"

图53 原子内部电子运动的微观力学示意图

新物理学在这一领域的创新发展,将运动轨迹、运动粒子的位置和速度等大家所熟知的概念全都扔进了废纸篓,让许多人感到束手无策、无所适从。如果研究原子内部的电子不能再使用这些曾被广泛应用的基本原理,又该用什么来理解电子的运动呢?为了解决量子物理学中位置、速度、能量等参数的不确定性,我们需要一套代替经典力学方法的数学体系。

---

[1] 关于不确定性原理的详细讨论可以在作者的另外一部著作《物理世界奇遇记》。

要回答这些问题，可以通过参考经典光学理论的经验。我们知道，在日常生活中观察到的大多数光学现象都可以使用"光线的直线传播假设"来解释。基于光线的反射和折射基本定律（见图54a、b、c），可以很容易地解释不透明物体投射的影子、平面镜和曲面镜中图像的形成，以及各种更复杂的光学系统的运作原理。

图54

但我们也知道，如果光学系统中孔洞与光的波长尺寸相当，那些试图把光当作线来研究其传播方式的几何光学方法就会彻底失败；在这种情况下所产生的现象被称为"衍射"，已经超出了几何光学的研究范畴。因此，当一束光穿过一个非常小的孔洞（尺寸约为0.0001厘米），它就不再是沿着直线传播，而是以散射的方式形成一种特殊的扇状图样（图54d）。受到细线之间的距离和入射光的波长所影响（图54e），当一束光落在表面布满大量平行细线（"衍射光栅"）的反射镜上，它不再遵循反射定律，而是投向了不同的方向。我们知道，水面上一层薄薄的油反射出来的光线会形成特殊的明暗相间的条纹（图54f）。

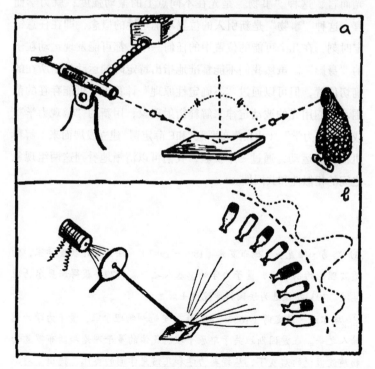

图55 （a）可通过轨迹概念解释的现象（金属板反射弹珠）

（b）轨迹概念无法解释的现象（晶体反射钠原子）

149

在这些例子中，以往惯用的"光线"概念无法解释清楚试验中所发生的状况，我们必须用一种新的认知来取代它：光能均匀地分布在光学系统占据的整个空间中。

显而易见，光线的概念不能成功地用于解释光学衍射现象，这与经典力学中精确的轨道概念无法解释量子力学现象道理如出一辙。正如我们不能将光看作是绝对的线条，量子力学的原理也无法支撑我们将运动粒子的轨迹看成无限细的。在这两种情况下，我们都不能再说某种事物（无论是光或粒子）沿着数学意义上的线（无论是光线还是运动轨迹）传播，只能用其他表达方式去阐释观察到的现象："某种事物"连续散布在整个空间中。于光而言，这种"事物"是光在不同点上的振动强度；就力学而言，这种"事物"是新引入的位置不确定性的概念，即在任意给定时刻，在几个可能的位置中的任何一个，都可能发现运动粒子的"身影"。虽然我们不能精准地指出特定时刻运动粒子所在的确切位置，但可以通过"不确定性原理"计算出它可能存在的范围。我们用光的波动定律来解释衍射现象，用新的"微观力学"或"波动力学"（由L.德布罗意[1]和E.薛定谔[2]建立发展而来）解释机械粒子运动，通过一个实验，我们可以清晰地看到这两组现象之间的相似性和共同性。

---

[1] 路易·维克多·德布罗意（1892—1987），法国理论物理学家，物质波理论的创立者，量子力学的奠基人之一。1929年获得诺贝尔物理学奖。1933年被选为法国科学院院士。

[2] 埃尔温·薛定谔（1887—1961），奥地利物理学家、量子力学的创始人之一。在爱因斯坦关于单原子理想气体的量子理论和德布罗意的物质波假说的启发下，从经典力学和几何光学间的类比，提出了对应于波动光学的波动力学方程，后称薛定谔方程，奠定了波动力学的基础。1933年获得诺贝尔物理学奖。

图55向我们展示了O.施特恩[1]在研究原子衍射时所使用的装置。一束根据本章前面描述的方法制造出的钠原子束从晶体表面反射，形成晶格的普通原子层充当了衍射光栅的角色。实验者利用一系列以不同角度放置的小瓶子来收集从晶体表面反射的钠原子，然后仔细测量每个瓶子收集到的原子数量。最后的结果如图55所示，瓶中的阴影部分代表了收集到的原子。我们看到，经过反射的钠原子不再是朝着一个确定的方向（就像从一把小玩具枪向金属板上发射的弹珠一样）前进，而是不均匀地分布在一定的角度内，其规律和普通X射线的衍射图案非常相似。

经典力学认为单个原子沿着特定轨迹运动，所以它无法用来解释这类实验。但从新微观力学的角度来看，它以现代光学解释光波传播的方式来考虑粒子的运动，我们刚才观察到的现象就很好理解了。

----

① 奥托·施特恩（1888—1969），德裔美国核物理学家、著名实验物理学家。他发展了核物理研究中的分子束方法并发现了质子磁矩，做了磁场对磁矩的作用力使原子发生偏转的斯特恩–盖拉赫实验。1943年获得诺贝尔物理学奖。

| 第七章　现代炼金术

1. 基本粒子

当我们意识到，各种化学元素的原子拥有相当复杂的力学系统，原子内部有大量电子在围绕中心原子核旋转，你会更加迫切地想知道：原子核是否就是物质结构最基本的单位？它是否能够被切分为更小、更简单的部分？92种不同的原子是否有可能被进一步拆分为几种非常简单的粒子呢？

早在19世纪中叶，英国化学家威廉·普劳特[①]秉持着对大道至简的追求，大胆地提出了一个假设：不同化学元素的原子本质上完全相同，它们都是氢原子以不同程度集结起来的。该假设的理论依据是：在大多数情况下，化学测定出来的各种元素，原子的质量几乎都是氢元素原子量的整倍数。那么，根据普劳特的说

——————————

[①] 威廉·普劳特（1785—1850），英国化学家，提出氢原子是元粒子，所有化学元素都由数量不同的氢原子组成的假说，又称氢母质假说。

法，氧原子比氢原子重16倍，它一定是由16个氢原子"抱团"组合而成的。同理，原子量为127的碘原子必定是由127个氢原子聚集形成。

然而，这一假设与当时的化学发现"格格不入"，无法清楚地解释当时所做的某些化学实验。在对原子质量进行精确测量的实验中，人们发现，大多数情况下元素的原子质量只是接近氢原子的整倍数，部分元素的原子量则与之相距甚远（例如，氯的原子量为35.5）。这样的事实让人们对普劳特的假设持否定态度，甚至直到他去世，他也没有意识到自己原来已经如此接近真相。

直到1919年，英国物理学家F.W.阿斯顿[①]让这个假设重新焕发出生命力。阿斯顿发现，普通的氯其实是一种混合物，它由两种具有相同的化学性质但原子量存在差异的氯元素组成，它们分别为35和37。而化学家们测定出的35.5代表的只是混合氯的平均值。[②]对各种化学元素的进一步研究揭示出一个令人震惊的事实：大部分化学元素都是由化学性质完全相同但原子量有所差异的不同原子组成的混合物。这些相似的原子在元素周期表中占据的位置也完全相同，所以被人们命名为同位素。[③]事实上，所有同位素的质量都是氢原子质量的整倍数，与普劳特的假说一脉相承。正如我们在前一章节中所看到的，原子的质量主要集中于原子核上，因此，如果用现代语言重新阐述普劳特的假说，就应该表述为：

---

① 弗朗西斯·威廉·阿斯顿（1877—1945），英国物理学家，化学家。由于"借助自己发明的质谱仪发现了大量非放射性元素的同位素，以及阐明了整数法则"，他被授予1922年诺贝尔化学奖。

② 由于较重的氯原子占比为25%，较轻的氯原子占比为75%，所以氯的平均原子量一定是：0.25×37+0.75×35=35.5，这正是早期化学家们所发现的数值。

③ 同位素（isotope）源自希腊语，在希腊语中，"ισος"的意思是"相同"，而"τοπος"表示"位置"。

不同种类的原子核由不同数量的基本氢原子核组成，由于氢原子核在物质结构中的特殊作用，所以我们将之命名为"质子"。

然而，上述说明仍然存在漏洞，需要进行修正。以氧原子核为例，由于氧是自然序列中的第八种元素，它的原子必然包含8个电子，而它的原子核也必须携带8个基本正电荷。但是氧原子的重量是氢原子的16倍。如果我们假设一个氧原子核由8个质子组成，那么它的电荷数值就是正确的，但质量就对不上了（两者都是8）；如果假设氧原子核由16个质子组成，得到的质量就是正确的，但电荷数则又错误了（它们都是16个）。

显然，摆脱这一窘境的唯一途径，就是假设组成复杂原子核的部分质子已经失去了原有的正电荷，变成了中性粒子。

早在1920年，卢瑟福就提出了这种无电荷质子（现在我们称之为"中子"）的存在。但是直到12年后，它们才在实验中被发现，得到力证。这里需要强调的是，不能把质子和中子视为两种截然不同的粒子，它们实际上更像是电性有所差异的同一种，目前我们称之为"核子"。众所周知，质子可以通过失去正电荷而转化为中子，中子可以通过获得正电荷而转变为质子。

引入中子作为构造原子核的基本结构单元，前面所讨论的困难就迎刃而解了。为了理解原子量16的氧原子核为何只携带了8个单位的电荷，我们必须接受它是由8个质子和8个中子所组成的事实。碘原子核的重量为127，原子序数为53，所以它是由53个质子和74个中子组成。而铀原子核（原子量238，原子序数92）由92个质子和146个中子组成。[①]

如此一来，普劳特的假说在诞生了近一个世纪之后，终于被世

---

① 对照原子量表，你会发现，周期表最前面的那些元素原子量通常是原子序数的两倍，这意味着这些原子核包含相同数量的质子和中子。对于较重的元素而言，原子量增加的速度更快，这表明它们所包含的中子比质子的数量要多。

界所认可，得到了它应有的殊荣。我们现在可以说，尽管已知的物质具有多样性，甚至是无穷无尽的，但它们都是两类基本物质的不同结合形式，即：1. 核子，物质的基本粒子，它可能是电中性的，也可能携带一个正电荷；2. 电子，带负电的自由电荷（见图56）。

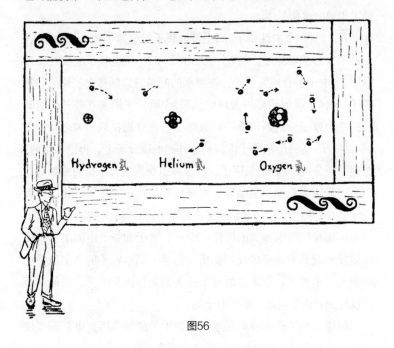

图56

接下来，我们从《物质烹饪全书》中筛选了一些食谱，一起来看看宇宙厨房中是如何从装满核子和电子的食品柜中取出原料，烹制出各种菜肴的：

水。准备大量的氧原子，用8个电中性核子和8个带电核子组成一个原子核，再将它装进由8个电子组成的外壳，就得到一个氧原子。然后，只需要将1个电子贴在1个带电核子上，就能形成氢原子。以氧原子的数量为基础，制作出两倍数的氢原子，再给每个氧原子搭配上两个氢原子，将它们放到一个大杯子里冷藏，就能够得到一杯冰水。

食盐。将12个电中性核子和11个带电核子组合为钠原子核，用11个电子包裹住它们，形成钠原子。制备等量的氯原子，它的原子核由18或20个电中性核子和17个带电核子组成，每个原子核配套了17个电子。将钠原子和氯原子排列到三维棋盘格中，就得到了规则的食盐晶体。

TNT。将6个中性核子和6个带电核子组成原子核，外面加入6个电子，形成碳原子。将7个中性核子和7个带电核子组成核，外面用7个电子组合成氮原子。按照水的制备方式制作出氧原子和氢原子。将6个碳原子排列为环状，第7个碳原子附着在环外。给碳环的三个原子分别匹配上一对氧原子，再分别在氧和碳之间加入1个氮原子。将3个氢原子连接到环外侧的碳原子上，再给环中的2个碳原子分别添加1个氢原子。将这样组合成的分子排列成规则的图案，形成大量细小的晶体，并将所有晶体压紧压实。这个步骤一定要小心操作，因为其结构极不稳定，存在爆炸的可能性。

正如我们刚刚看到的那样，中子、质子和带负电的电子可以构建任何我们所需要的任何物质，但这一基本粒子的名单似乎仍有缺失。事实上，如果普通电子代表的是自由负电荷，我们是否可以找到自由正电荷，即正电子呢？

同样，如果作为物质基本单位的中子能够获得正电荷而变成质子，难道它就不能通过获得负电荷而变为负质子吗？

答案是：自然界中确实存在正电子，除了与带负电的电子电性相反之外，它们与普通的负电子非常相似。尽管当前的物理实验尚未成功探测到负质子，但它也可能是存在的。

在我们的物理世界中，正电子和负质子（如果有的话）之所以不像负电子和正质子那样数量众多，究其根本，是因为这两组粒子是对立的。众所周知，如果两个电荷电性相反（正电荷和负电荷），那它们一旦发生接触就会相互抵消。因此，想让它们共存于同一空间就是"不可能完成的任务"。事实上，一旦一个正电子遇到一个负电子，它们的电荷就会立即相互抵消，两个电子都不再是独立的粒子了。两个电子一起灭亡，在物理学上被称为"湮灭"，这样的湮灭会在二者相遇的位置产生强烈的电磁辐射（γ射线），辐射的能量与原子电子的能量相等。按照物理学的基本定律，能量既不能凭空产生也不能消灭，这里所看到的只是自由电荷的静电势能转化成了辐射波的电动能。玻恩教授将正负电子相遇产生的湮灭现象描述为"狂热的婚姻"[1]，而布朗教授[2]则较为悲观地将其描述为两个电子的"双双自杀"。图57a将这次相遇描述得极为清楚。

电性相反的两个电子"湮灭"释放电磁波的过程示意图，以及一道波经过原子核附近"创造"出一对电子的示意图。

两个电性相反的电子"湮灭"过程与强伽马辐射看似凭空"创造"出一对正负电子的过程互为"镜像"。之所以说看似凭空"创造"，说因为每一对新生电子都是消耗γ射线的能量产生的。要形成这样的电子对，γ射线需要释放的能量与湮灭过程中释放的能量完全相同。如图57b所示，γ射线经过某个原子核附近时会"创造"电子对。[3]想进一步理解"为何两种电性相反的电荷可以从根本没有电荷的空间中被凭空创造出来"，只要想想硬橡胶棒摩擦羊毛产生正负电荷的实验就可以了。其实不用过度惊讶，只要拥有足够的能量，我们就可以随意制造出任意数量的电子对。但还是得注意一点，因为存在湮灭现象，这些电子对很快就会消失，将它们所消耗的能量全数"偿还"。

---

[1] 出自M.玻恩，《原子物理学》（G.E.施特歇尔公司，纽约，1935年）。马克思·玻恩（1882—1970），德国理论物理学家,量子力学的奠基人之一。1954年，与瓦尔特·博特共同获得诺贝尔物理学奖。

[2] 出自T.B布朗，《现代物理学》（约翰·威利父子公司，纽约，1940年出版）。

[3] 尽管从理论上来说，电子对的形成可以在完全空旷的空间中进行，但原子核周围存在的电场对电子对的形成有很大帮助。

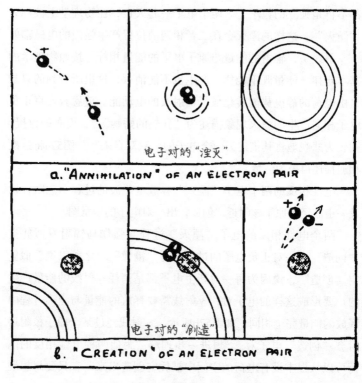

a. "ANNIHILATION" OF AN ELECTRON PAIR

电子对的"湮灭"

b. "CREATION" OF AN ELECTRON PAIR

电子对的"创造"

图57

　　"宇宙射线簇射"就是这样一个"大规模生产电子对"的有趣案例，由来自星际空间的高能粒子流穿过地球大气层所引发。浩瀚的宇宙中为何会有那么多纵横交错的粒子流至今仍然是科学界尚未解开的谜题之一。①不过我们已经弄清了当电子以极其惊人

———————————

① 对于这些移动速度可达光速99.9999999999999%的高能粒子的起源问题，最不可思议但也可能是最合理的解释应该是：漂浮在宇宙空间中的巨型气团和尘埃云（星云）蕴含的极高电势帮助这些粒子进行了加速。事实上，星际云团加速带电粒子的原理可能类似于地球上雷暴雨期间云层中的雷击现象，只不过前者制造的电势差比后者大得多。

的速度撞击大气层上层时会发生什么。初始高速电子在穿过大气层原子核附近时，其携带的能量会以 γ 辐射的形式沿其轨道向外释放（见图58）。这种辐射产生了大量电子对，这些新形成的正负电子继续沿着初始粒子的轨迹高速运动。次级电子的能量仍然很高，依旧会辐射出 γ 射线，进而创造出更多新的电子对。在穿过大气层的过程中，这种连续倍增的过程被重复了很多次，所以

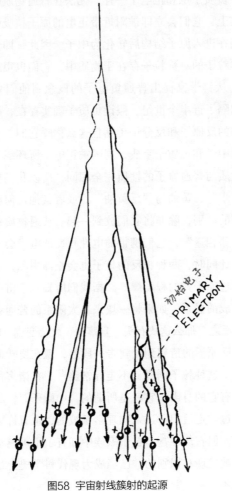

图58 宇宙射线簇射的起源

当初始电子最终到达海平面时，它的周围簇拥了大量次级电子，其中一半带正电，另一半带负电。不用说，当高速电子穿过大质量物质时，同样会产生这样的宇宙射线簇射，由于密度较高，电子分岔的频率也随之增加（见图片ⅡA，P337）。

现在来聊聊负质子是否存在的问题。可以设想，这种粒子可能是由一个获得负电荷或失去正电荷的中子形成的。很容易理解，这种负质子也和正电子一样，无法在普通物质中存在很长时间。事实上，它们会立即被附近带正电的原子核吸引和吸收，并极有可能在进入原子结构后转化为中子。因此，即便这种负质子作为基本粒子的对称粒子存在于物质中，它们也很难被检测到。要知道，从科学家提出普通负电子的概念到他们真正发现正电子，中间隔了近半个世纪。假设负质子确实存在，那么或许也存在着所谓的反原子和反分子（姑且这么称呼它们）。它们的原子核由普通中子和负质子组成，周围被正电子所环绕。这些"反"原子的性质与普通原子的性质完全相同，所以我们根本无法分辨水与"反水"、黄油与"反黄油"，或者其他任何反物质与普通物质之间的区别，除非将它们放到一起。普通物质和"反"物质一旦"狭路相逢"，它们携带的电性相反的电子会在顷刻间相互湮灭，与此同时，两种相反的核子也会立即中和，这两种物质会以威力超过原子弹的程度爆炸。据我们所知，宇宙中可能存在由反物质构成的星系，如果将一块来自太阳系的普通石头扔进反星系，或者反之，那么这块石头一旦落地，就会变成一颗原子弹。

关于反原子的猜想到此就告一段落，现在要转而探究另一种基本粒子。这种粒子同样"不走寻常路"，在诸多可观测的物理过程中都有它的身影。它就是所谓的"中微子"，尽管有人说中微子是通过"走后门"进入物理学领域的，也有许多人摇旗呐喊地反对它，但它却在基本粒子家族中拥有了不可撼动的地位。它们是如何被发现和识别的，已经成为现代科学史上最令人兴奋的侦探故事之一。

中微子的存在是通过一种被数学家称为"反证法"的方法发现的。这一令人兴奋的成果，并非始于人们发现多了什么新的东西，而是由于人们在实验中发现缺少了某些东西。那么到底是什么不见了呢？答案是"能量"。根据一条最古老、最为人们所笃定的物理定律，就是：能量既不能被创造也不能被消灭。如此一来，如果本应存在的能量有一部分不翼而飞了，那肯定就是有一个（或一群）小偷把它偷走了。因此，一群固守秩序又有探索精神，还喜欢给事物命名的科学侦探们赋予了这些窃贼一个新的称号"中微子"，尽管他们连这些家伙的影子都没见过。

这个话题进展的速度略快，下面把进度条拉回到这桩伟大的"能量大劫案"上。正如我们之前所看到的，每个原子的原子核都由核子组成，其中大约一半是电中性的（中子），其余的则携带正电荷。如果原子核中添加一个或几个额外的中子或质子，中子和质子相对数量之间的平衡就会被破坏，[①]这时原子核携带的电荷就必须进行相应的调整。如果原子核内的中子太多，其中一些会通过释放出负电子从而变成质子；如果质子太多，那么其中部分会释放一个正电子，变成中子。图59展示的就是这两种过程。这种原子核内部电荷的调整变化通常被称为β衰变，释放出的电子被称为β粒子。由于原子核的内部转变是一个程序严谨、步骤清晰的过程，它向外释放的电子必然携带一定量的能量，因此人们顺理成章地认为：同一物质释放出的β粒子，其运动速度必定是相同的。然而，β衰变过程的观测结论与这一预判"相距千里"。事实上，大家发现，同一物质释放出的电子携带的能量各不相同，可以是从零到某个确定上限之间的任何值。由于实验中并未发现其他粒子，也没有辐射能够平衡这种能量差异，所以β衰变过程中的"能量盗窃案"就成了一个严重的问题。

---

① 这种情况可以通过本章后面介绍的轰击原子核的方法来实现。

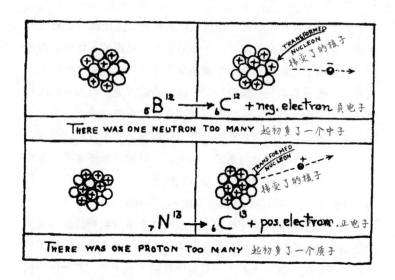

图59 正负 β 衰变示意图

（为了便于演示，我们把所有核子都画在一个平面上）

　　甚至人们开始传言，认为这是著名的能量守恒定律失败的第一个实验证据，如果真是这样，那么据此精心构建起来的物理大厦必将迎来一场浩劫。但还有另一种可能性：也许缺失的那部分能量是被某种以现有观测手段无法觉察出来的新的粒子带走了。泡利①提出，这种窃取核能的"巴格达窃贼"②可能是一种被称为中微子的假想粒子，它不携带电荷，其质量不超过普通电子的质量。事实上，人们可以从关于快速移动的粒子和物质相互作用的已知事实得出结论，这种不带电的轻粒子不会被任何现有的物理设备探测出来，并且可以毫无困难地穿透任何厚度的材料。对于

---

① 沃尔夫冈·泡利（1900—1958），出生于奥地利维也纳，物理学家。1925年提出泡利不相容原理，1945年获诺贝尔物理学奖。

② 《巴格达窃贼》，由密契尔·鲍威尔等三位导演联合执导的一部历久弥新的神话片，1940年上映。

可见光来说，一层薄薄的金属膜就能够将它完全阻隔；而穿透性
极强的X射线和γ射线在穿过几英寸厚度的铅块之后，其强度也
会大大降低；但中微子束却能不费吹灰之力地穿过几光年厚度的
铅块！难怪它们可以轻松地溜之大吉，而人们之所以能注意到它
们，恰恰是因为它们逃跑之后造成的能量"赤字"。

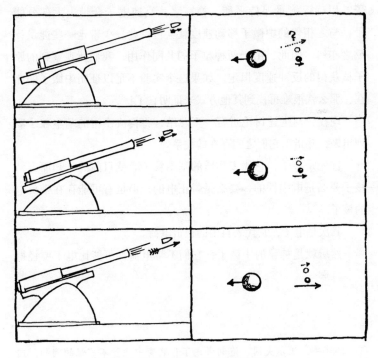

图60 弹道学与核物理学的后坐问题

　　中微子一旦离开原子核，就无法再被探测出来。但是，科学
家们想出了一种方法可以间接地研究中微子逃逸所带来的次级影
响。当你扣动步枪的扳机，枪托会对你的肩膀产生后坐力；一枚
沉重的炮弹被射出炮膛后，炮身也会向后滑动；以此类推，力学
上这种反冲效应在高速粒子离开原子核时也会发生。事实上，人

们观察到，发生β衰变的原子核总会获得一个与其释放的电子运动的反方向的速度。除此以外，科学家还发现，无论衰变产生的电子速度是快还是慢，原子核获得的反冲速度总是大致相同的（见图60）。这看起来似乎很奇怪，因为我们很自然地会以为，速度快的子弹产生的反冲力肯定比速度慢的要大得多。这个谜题的答案就是：原子核在射出电子的时候，还向外释放了一个中微子，以确保能量保持平衡。换言之，高速电子会带走大部分能量，与之相伴的中微子移动速度就会慢一些，少带走一些能量；反之亦然。因此，由于两种粒子的共同作用，我们所观察到的原子核获得的反冲速度恒定。如果这个实验不足以证明中微子的存在，那么就很难再找到其他方式来证明它了！[①]

现在，对上述讨论进行一下总结，将构成宇宙的基本粒子罗列出来，并指出它们之间存在的关系。

首先是核子，它代表物质的基本粒子。就目前的认知而言，核子要么是电中性的，要么是带正电的，但也有可能存在带负电的核子。

其次是电子，它代表自由的正负电荷。

然后就是神秘的中微子，它们不带电荷，可能比电子要轻得

---

① 1930年，沃尔夫冈·泡利考虑了β衰变中能量不守恒的问题。12月4日在一封给莉泽·迈特纳的信中，他向迈特纳等人提出了一个当时尚未观测到过的、电中性的、质量不大于质子质量1%的假想粒子来解释β衰变的连续光谱。1934年，恩里科·费米将这个粒子加入他的衰变理论并称之为中微子。首次证实中微子存在性的是1956年弗雷德里克·莱因斯和克莱德·考恩的实验。1956年，弗雷德里克·莱因斯在《科学》杂志社发表了他对中微子的观测结果。1995年，他因这一发现荣获诺贝尔物理学奖。

多。①

最后是电磁波，空间中的电磁力借助电磁波进行传播。

物理世界的这些基础成分是相互依存的，组合方式各种各样。因此，中子可以通过释放一个负电子和一个中微子，从而变成一个质子（中子→质子+负电子+中微子）；质子也可以通过释放一个正电子和一个中微子，再次变为一个中子（质子→中子+正电子+中微子）。两个电性相反的电子可以转化为电磁辐射（正电子+负电子→辐射），或者也可以反其道而行，由辐射创造出一对电子（辐射→正电子+负电子）。最后，中微子能与电子结合，形成我们在宇宙射线中观察到的不稳定单元——介子，或者叫"重电子"（中微子+正电子→正介子；中微子+负电子→负介子；中微子+正电子+负电子→中性介子）。

中微子和电子这对搭档形成的结合体，内部携带了大量过载的能量，这使得它们的质量比其他粒子组合的质量重了大约一百倍。

图61展示的就是组成宇宙结构的基本粒子示意图。

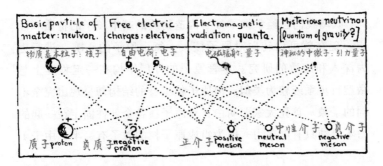

图61 现代物理学的基本粒子名录以及这些基本粒子形成的不同组合

---

① 关于这个问题的最新实验证据表明，中微子的重量还不及电子的十分之一。

"但这就是最终答案吗？"你可能会质疑，"我们有什么权利宣称核子、电子和中微子就是真正的是基本粒子，它们真的不能再被细分为更小的部分了吗？半个世纪之前，大家不是坚称原子是不可分割的吗？瞧瞧，今天的原子结构有多复杂！"我们当然无法预测物理学未来的发展，不过现在，我们有充分的理由相信，核子、电子和中微子就是真正的基本粒子，就是物质最基本的单元，无法再进一步细分和切割。因为从化学、光学和其他角度来看，曾经被人们认定为"不可分割"的原子性质相当复杂，而且各不相同，但现代物理学中基本粒子的性质极其简单；事实上，它们与几何当中的"点"一样简单。此外，我们现在只剩下三种基本粒子：核子、电子和中微子。它们不像经典物理学中"不可分割的原子"那样还有不断分化的可能性，无论科学家们如何努力，都无法将它们简化为零。探寻物质形成的基本元素这条道路似乎已经走到尽头了。[①]

2. 原子之心

既然我们已经掌握了参与构造物质的基本粒子的特质和性质，现在就可以转向对原子核——每个原子的心脏，进行更为深入和细致的研究。尽管原子的外层结构在一定程度上与微型行星系统较为类似，但原子核本身的结构却呈现出完全不同的景象。首先大家要明白，将原子核各个部件固定在一起的力不单纯只有电磁力，因为组成原子核的粒子有一半（中子）

[①] 20世纪下半叶，随着各种实验和量子论场的进展，科学家进一步发现，质子、中子和介子由更基本的夸克和胶子组成。除此以外，他们还陆续发现了性质与电子类似的一系列轻子，还有性质类似光子、胶子的一系列规范玻色子。截至2018年，这些才是现代物理所理解的基本粒子。

不携带任何电荷，而另一半（质子）携带正电，它们必然相互排斥。如果粒子之间只有排斥力，那它们肯定没法组成稳定的结构！

因此，想要理解为什么原子核的组成部分能够稳固地坚守在一起，我们必须假设它们之间存在某种其他性质的、有"凝聚力"的力，这些力能够同时作用于不带电和带电的核子。这种无视粒子自身特性的引力通常被称为"内聚力"，譬如在普通液体中，这种力可以阻止液体分子向各个方向扩散，而把它们团结在一起。

在原子核中，内聚力会作用于单独的核子之中，以防止原子核因为质子之间的相互排斥而破裂开来，这许多的核子就像罐头盒里的沙丁鱼一样紧紧簇拥在一起。相比之下，处于原子核外各原子外层上的电子却有足够的活动空间。本书作者最先提出了这样一种观点：原子核内物质的组合方式与普通液体分子极为相似。和普通液体一样，我们在原子核里也看到了重要的表面张力现象。想必大家还记得，液体中之所以会产生表面张力，是因为液体内部的粒子同时受到各个方向的相邻粒子的拉力，而位于表面的粒子只受到指向液体内部的拉力造成的（见图62）。

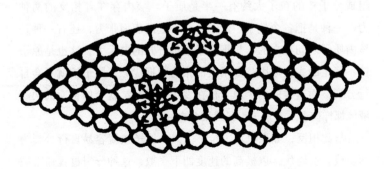

图62 对液体表面张力的说明

这样一来，这种不受外力作用的液滴始终倾向于变为球形，因为在体积相同的几何形体当中，球体的表面积最小。因此，可以得出结论：不同元素的原子核可以被简单地看作尺寸不同但性质相似的"核液体"液滴。但是请记住，虽然从性质上来说，核液体与普通液体极为相似，但从定量的角度来理解，两者却大相径庭，核液体的密度比水的密度大240 000 000 000 000倍，表面张力也是水的1 000 000 000 000 000 000倍。为了便于理解，一起来看看下面的例子。有一个用金属丝弯成的倒U字形框架，面积约2平方英寸，如图63所示，然后在下边横搭一根直的金属丝将底边封起来，向框内注入一层肥皂液膜。此时，皂液膜的表面张力会把横丝向上拉。为了保持平衡，在金属丝下悬挂一个小的砝码。如果这层膜是普通的肥皂水制成的，它的厚度为0.01毫米，那么这层膜的自重为0.25克，能承受约0.75克的重物。

现在，假设我们有办法用核液体制造出一层薄膜，并把它涂抹在框架上，这层膜的重量就会有五千万吨（相当于一千艘远洋客轮），金属丝能够悬挂一万亿吨的砝码，几乎等于火星的第二颗卫星"得摩斯"的重量！要想用核液体吹出这样一个泡来，你的肺活量一定超越凡人！

把原子核看作小液滴时，一定不要忽略它们是带电的，因为组成原子核的粒子大约有一半是质子。核内存在着相反的两种力，一种是把各个核子"团结"在一起的表面张力，还有一种是核内质子之间存在的、想把原子核拆分开的电斥力，这也是原子核不稳定的主要原因。如果表面张力占据优势，原子核就不会自行分裂，而这样的两个原子核在发生接触时，就会像普通的两滴液体那样向着对方前进，最终聚合在一起。

与此相反，如果电斥力抢了上风，原子核就容易自行分裂为两块或多块碎块，以极高的速度四下飞散，这种分裂过程通常被称为"裂变"。

图63

1939年，玻尔和惠勒[1]对不同原子核表面张力和电斥力的平衡

---

① 约翰·阿奇博尔德·惠勒（1911—2008），美国物理学家。作为
为数不多的同时对量子论和（广义）相对论有深入研究的物理学家之
一，惠勒同时进行着几个层面的思考，既考虑物理学本性的二阶问
题，也构想未来物理学可能的基本因素。他提出了关于未来物理学的
"三个问题"：存在如何，量子如何，观察如何创造？并提出了解决
问题的"四个没有"原则和"五条线索"。

问题进行了精密计算，得出了一个极重要的结论：元素周期表中前半部分元素（到银为止）是表面张力占优势，而重元素则是电斥力更显上风。因此，所有比银重的元素，其原子核都是不稳定的，当受到足够强的外部作用下，这些原子核就会分裂为两个或多个部件，同时释放出巨大的核能（图64b）。反过来说，当总重量不超过银原子的两个原子核相互接近时，就有自行发生聚变的可能（见图64a）。

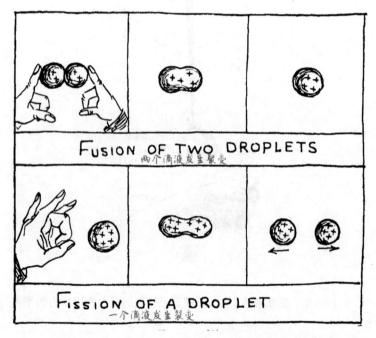

FUSION OF TWO DROPLETS
两个滴液发生聚变

FISSION OF A DROPLET
一个滴液发生裂变

图64

　　但是请记住，无论是两个轻原子核的聚变还是一个重原子核的裂变，都不会轻易发生，除非受到外力干扰。事实上，要使两个轻原子核发生聚变，我们就得克服两个原子核之间的电斥力，使它们能够抱团；而要强行使一个重原子核发生裂变，就必须施加足够强的外力，促使它产生大幅度的振动。

这一类必须有起始激励才会导致其发生的物理过程在科学上叫作亚稳态。在悬崖顶上摇摇欲坠的岩石、我们兜里的一盒火柴、炸弹里的TNT火药都是处于亚稳态的物质。这些事例中，都有大量的能量在等待得到释放。但如果你不去主动踢岩石，它就不会滚落下来；不划或不加热火柴，它也不会燃烧；不用雷管给TNT引爆，炸药不会爆炸。在这个世界上，除了银币之外，其他物质都有可能发生爆炸。[①]我们之所以没有被炸得粉身碎骨，是因为核反应发生的条件极为苛刻，说得更科学一点，是因为原子核发生变化需要极大的能量去激活它。

因为核能的存在，人类的处境（更确切地说，是不久前的处境）就像因纽特人一般。因纽特人生活在零摄氏度以下的环境中，能接触到的唯一固体是冰，唯一液体是酒精。他们从不知道火为何物，因为用两块冰进行摩擦无法生出火来；他们也只把酒精当作令人愉悦的饮料，因为他们无法把酒精加热到燃点温度以上。

现在，当人类发现原子内部蕴藏着丰富的可供释放的能量时，其惊讶程度与这些从不知道火为何物的因纽特人第一次看到酒精灯时的心情是多么相似啊！

一旦解决了启动核反应的障碍，一切麻烦都烟消云散，我们也得到了相应的补偿。例如，把数量相等的氧原子和碳原子按照"O+C→CO+能量"的公式进行化学合成，每一克混合好的氧碳混合物会释放出920卡的热量。[②]

如果把这种化学结合（见图65a）换成炼金术（聚变）使这两个原子核合二为一（见图65b）：

$$_6C^{12} + _8O^{16} = _{14}Si^{28} + 能量,$$

---

① 要记住，银原子核不会发生聚变也会不产生裂变。

② 热量单位"卡"定义是1克水升温1摄氏度所需要的能量。

此时，每克混合物放将释放140 000 000 000卡的能量，相当于前者的15 000 000倍。

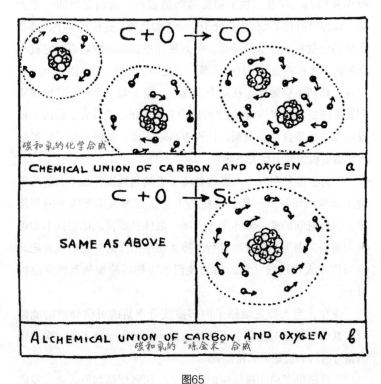

图65

同样地，把一个复杂的 TNT 分子分解成水、一氧化碳、二氧化碳和氮气（分子裂变）时，每克物质大约会释放 1000 卡能量；而同样重量的物质，如水银在核裂变时会释放 10 000 000 000 卡热量。

不过千万别忘了，大部分化学反应要求的条件最多不过几百度，而核反应的起始温度可能高达几百万度！正是因为引发核反应的条件极为严苛，宇宙也不可能随便就在一声惊天动地的爆炸中变成一大块银子，大家尽管放宽心生活就好。

3. 轰击原子

虽然原子量的整数特性为原子核构造的复杂性提供了有力的论据，但要想彻底证明原子核拥有如此复杂的构造，我们必须设法将原子核分解为两个或更多的独立部件，才能获得最直接的证据。

1896年，法国科学家贝克勒耳[①]发现了放射性的存在，这时我们第一次看到原子分裂具有可能性。事实上，人们发现，位于元素周期表尽头的元素，如铀和钍所释放出的高穿透性射线（类似于一般的X射线）来自原子缓慢进行的自发衰变。人们对这个发现进行了深入的研究，很快得出了这样的结论：重原子会自发衰变，自行分裂成两个相差悬殊的部件：（1）其中一个部件非常非常小，人们称之为α粒子，其实就是氦原子核；（2）剩余部分则成为新形成的子元素的原子核。初始铀原子核碎裂时，释放出α粒子，产生的子元素原子核被称为铀X，其内部经历了电荷的重新调整之后，释放出两个自由负电荷（普通电子），变为比原来的铀轻四个单位的铀同位素原子核。接下来，α粒子裂变和电荷释放过程一次次循环往复，直到最终变成了稳定的铅原子，衰变才得以终止。

这种交替释放α粒子和电子的连续释放反应在另外两组放射性物质上同样存在，它们是以重元素钍为首的钍系元素和以锕-铀为首的锕系元素。[②]这三组元素都会自发衰变，最后只剩下铅的三种同位素。

前文中提到，位于元素周期表后半部分元素的原子核是不稳

[①] 安东尼·亨利·贝克勒尔（1852—1908），法国物理学家。因发现天然放射性，与皮埃尔·居里和玛丽·居里夫妇共同获得了1903年度诺贝尔物理学奖。

[②] 目前化学界将钍、锕、铀等15种放射性元素都归为锕系元素。

定的，因为原子核内部的电斥力超过了凝聚原子核的表面张力。细心的读者将这个现象与自发衰变的情况进行对比，就会感到无比诧异，既然比银重的所有元素都是不稳定的，为什么只在最重的几种元素（如铀、镭、钍）上才出现了自发衰变呢？答案是：虽然所有比银重的元素在理论上都被看作是放射性元素，并且它们也确实都在逐步衰变为更轻的元素，只是在大多数情况下，自发衰变的过程极为缓慢，以至我们根本不会注意到其存在。我们所熟悉的碘、金、水银、铅等元素，往往可能要过几百年才有一两个原子发生衰变，如此缓慢的速度，就算是用最灵敏的物理仪器都无法记录下来。唯有那些最重的元素，才会因为自发衰变趋势过强，并且表现出明显的放射性而被观测出来。[①]这种相对的转化率还决定了不稳定原子核的分裂方式。例如，铀的原子核就存在多种分裂的方式：要不就是分裂成两个完全相同的部分，或者分裂成三个相等的部分，还有可能分裂为许多个大小不等的部分。最容易出现的情况是，分裂成一个 α 粒子和一个子元素原子核。通过细致地观察，铀原子核自行裂成两半的概率要比释放出一个 α 粒子的概率低一百万倍。在一克铀中，每一秒都有上万个原子核分裂释放 α 粒子，而要观测到一个原子核分裂成两半的自发衰变，就得耐心等待好几分钟了！

放射现象的发现，有效佐证了原子核结构的复杂性，为人工制作（或激发）核反应打开了一扇新世界的大门。这不禁让人思考，如果重元素，尤其是那些不稳定的重元素能够产生自发衰变，我们能否利用高速运动的粒子去轰击那些不稳定的原子核，促使它们发生分裂呢？

1919 年，卢瑟福就产生了这样的念头，决定用不稳定放射性元素自发衰变时所产生的核碎片（α 粒子）轰击各种稳定的元

---

① 以铀元素为例，每一秒时间内，每克铀都会有几千个原子发生衰变。

素，并在首次核反应实验中采用了图66所展示的仪器。和现在物理实验室中轰击原子所使用的巨大仪器相比，卢瑟福的工具可谓是简单到了极点。它的主体是一个圆筒形的真空容器，其中一端有一个小孔，上面涂抹了一层薄薄的荧光物质当作屏幕（c）。放置于金属片上的一层放射性物质释放出轰击源的α粒子。待轰击的靶子（实验中使用的是铝）被制成了金属箔状（b），放置在一段距离之外。铝箔靶被安放得恰到好处，所有入射的α粒子都会嵌在上面，如果轰击没有导致靶子释放出次级核碎片的话，荧光屏便不会发亮。

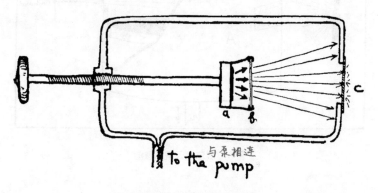

图66 原子是如何进行首次分裂的

所有准备工作就绪，卢瑟福就借助显微镜开始观察屏幕。令人意想不到的是，一个让人惊艳的场景出现了，屏上并不是想象中的一片黑暗，而是闪烁着犹如星空一般跳动的亮点！每个亮点都是质子撞击在屏上所产生的，而所有质子都是入射α粒子从靶子上的铝原子里轰出来的"碎片"。就这样，元素的人工转化从理想国走进了现实，成为不容置疑的科学事实。[①]

卢瑟福的经典实验完成后的几十年间，元素的人工转化逐渐

---

① 上述过程可以用以下反应式来表示：$_{13}Al^{27} + _2He^4 \rightarrow _{14}Si^{30} + _1H^1$。

发展成为物理学领域中最大和最重要的一个分支，无论是制造轰击所使用的高速粒子，还是观察实验结果的方式，都取得了巨大的进展。

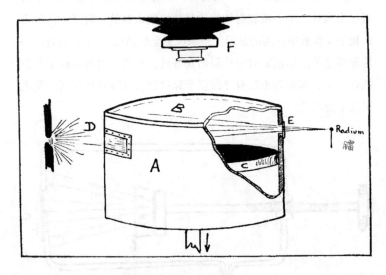

图67 威尔逊云室示意图

云室（仪器由威尔逊发明，所以又称"威尔逊云室"）是我们用肉眼观测粒子撞击原子核的最理想的设备，图67呈现的就是云室示意图。它的工作原理基于这样一个事实：快速运动的带电粒子（如 α 粒子），在穿过空气或其他气体时，会导致沿路的原子发生一定程度的变形。这些粒子携带的强电场，会剥夺行经路上气体原子的一个或数个电子，留下大量离子化的原子。这种状态不会长期持续，高速粒子离开后，离子化的原子很快又会重新俘获电子而恢复原状。但是，如果离子化的气体中充斥着饱和水蒸气，它们会以离子为核心形成微小的水滴——这也是水蒸气的特性，可以轻易附着在离子、灰尘上面——沿着高速粒子的运动轨迹产生一串细密的珠子。换句话说，我们可以通过这种方式看

176

到带电粒子在气体中的运动轨迹，就好似飞机在空中拖出的尾烟一般。

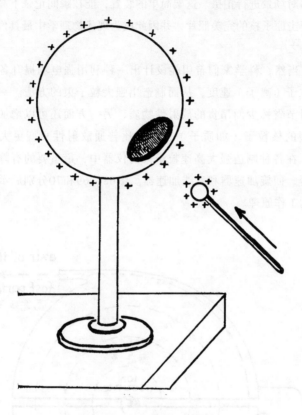

图68 静电发生器原理示意图

　　从制作工艺上看，云室极为简单，其主要部件包括：一个金属圆筒（A），盖在筒上的玻璃盖（B），一个可上下移动的活塞（C），移动的部件图中并未画出。玻璃盖和活塞表面之间充斥着含有大量水蒸气的普通空气（也可以换成其他气体）。当一些高速粒子从窗口（E）进入云室后，立即向下拉动活塞，活塞上部的气体就会冷却，水蒸气则会沿着粒子的轨迹形成细微的水珠，逐渐凝结成一缕薄雾。透过筒壁窗口（D）射入的强光以及黑色活塞表面，雾迹清晰可见。这时，相机快门被活塞带动，照相机（F）随即对场景进行拍摄。这架简单的装置，能在瞬间记录下高速粒子轰击原子核的完美照片，并因此成为现代物理学中最具价值的设备之一。

当然，科学家们希望能设计出一种利用强电场提升各种带电粒子（离子）速度，从而制造出强大粒子束的方法。一方面可以节省稀少而昂贵的放射性物质，另一方面还可以增加其他类型的核粒子（如质子），获得比普通放射性衰变更大的能量。在各种制造强大高速粒子束的仪器中，最重要的有静电发生器、回旋加速器和直线加速器。图68、69和70分别展示了它们的工作原理。

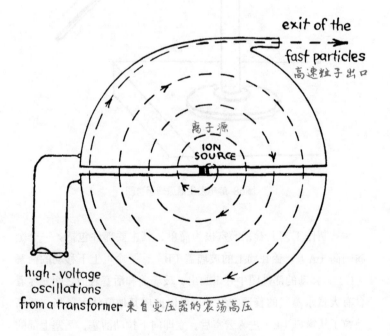

图69 回旋加速器原理示意图

根据众所周知的物理学知识，球状金属导体携带的电荷分布于球体表面。因此，可以通过将带电的导体穿过球体上的孔并从内部接触其表面，将电荷一个接一个地送进去，从而使金属球的电值可以达到任意数值。在实践中，人们使用了一根连续的导电带，通过小孔穿进球形导体，并携带由小型变压器产生的电荷。

回旋加速器主要由两个放在强磁场中的半圆形金属盒（磁场方向和纸面垂直）组成。两个盒子与变压器的两端分别相连，交替带有正电和负电。从中央的离子源射出的离子在磁场中沿半圆形路径前行，每次从一个盒体进入另一个盒体时，都会提升速度。离子移动地越来越迅速，划出了一条向外扩展的螺旋形运动轨迹，并最终以极高的速度离开加速器。

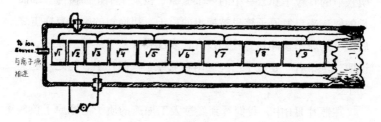

图70 直线加速器原理示意图

这套装置由一套长度逐渐增加的圆筒构成，它们由变压器交替输入正电和负电。离子从一个圆筒进入另一个圆筒的途中，由于相邻两个圆筒之间存在的电势差而导致其不断加速，并由此引发其能量逐渐增大。由于速度同能量的平方根成正比，所以，只要每个圆通的长度与其序号的平方根成正比，离子就会保持与交变电场同相位。这套装置只要设计得足够长，就能把离子加速到任意大的速度。

使用上述加速器可以制造出各种强大的核粒子束，引导它们去轰击各种材料做成的靶子，可以制造出大量核反应，并通过云室拍摄下来，为后续研究创造条件。在照片Ⅲ、Ⅳ（P338、339）

中，我们列出了一部分体现各种核反应过程的云室照片。

剑桥大学的P.M.S.布莱克特[1]拍摄了第一张这样的照片——一束衰变中产生的α粒子通过充满氮气的云室。[2]在照片中，所有的运动轨迹长度都有限，因为粒子在穿过气体的过程中会逐渐失去动能，直至归于静止。代表粒子运动轨迹的长度分别有两种，它们是两种不同能量的α粒子，来自两种放射源，即：钍的两种同位素ThC和ThC'的混合物。不知道你是否注意到，α粒子的运动轨迹基本上是笔直的，只是在粒子快要失去全部初始能量时才略有些偏移，这时遭遇氮原子核的非正面碰撞而造成的明显偏折。不过这张照片中，最值得注意的是，一条α粒子的运动轨迹出现了特殊的分岔，其中一条分岔线细而长，另一条则粗而短。这表明入射的α粒子和云室中的一个氮原子核发生了正面碰撞。细而长的轨迹来自氮原子核里被撞出的质子，粗而短的则来自撞击之后留下的原子核碎片。我们没有代表反弹α粒子的第三条线，这说明"肇事者"α粒子已经黏附在氮原子核碎片上，与之一起运动了。

在照片ⅢB中，我们看到经过人工加速的质子与棚原子核碰撞所产生的景象。高速质子束从加速器出口（照片中央的黑影）射到外面的硼片上，原子核碎片沿各个方向穿过空气四散开来。照片上还可以看到一个有趣的地方，核碎片的轨迹似乎总是三个

---

[1] 帕特里克·梅纳德·斯图尔特·布莱克特（1897—1974），英国著名物理学。他利用自己改造的"威尔逊云雾室"，成功地进行了α粒子的嬗变实验，并一举成名。1932年前后，与一位意大利科学家合作，从事宇宙射线的研究。两人先后发现了宇宙射线簇流，簇流中有正电子存在。这一发现证明了反粒子理论的正确性。1948年荣获诺贝尔物理学奖。

[2] 布莱克特的照片（未收入本书）记录了炼金术的反应过程，可以用以下反应式来表示：$_7N^{14}+_2He^4 \rightarrow _8O^{17}+_1H^1$。

180

一组（照片中能够看到这样的两组碎片，其中一组以箭头标注出来），这是因为硼原子核被质子击中时，会分裂成三块相等的部分。[1]

另一张照片ⅢA呈现的是高速氘核（由一个质子和一个中子组成的重氢原子核）与靶上的另一个氘核相碰撞的场景。[2]照片中轨迹较长的是质子（$_1H^1$原子核，即氕核），较短的则是原子量为3的氢原子核（也称氚核）。

中子和质子都是构成各种原子核的基本结构元素，如果没有中子参与反应的云室照片，一定是不完整的。

但是，不要奢望在云室中能够看到中子的运行轨迹，由于中子不携带电荷，这匹"核物理学中的黑马"穿过物质时不会造成电离。不过，当你看到猎人枪口冒出一股轻烟，又看到从天上掉下一只野鸭，你就知道曾经有一颗子弹射出过，哪怕你没有亲眼看到它。同样，在欣赏ⅢC的云室照片时，会看到一个氮原子核分裂成氦核（向下的轨迹）和硼核（向上的轨迹），这时你会意识到这个氮核一定是被某个看不见的粒子狠狠撞击了一下。实际上，我们在云室的左侧壁上放置了一小撮镭和铍的混合物，它们就会释放出高速中子。[3]

将中子源所处的位置和氮原子分裂的地点进行连接，你立刻就会看到中子在云室中运动的直线轨迹了。

照片Ⅳ拍摄的是铀核裂变的过程，拍摄者是包基尔德、布罗斯特伦和劳里森。画面中，一张覆盖了铀层的铝箔上产生了两块朝着相反方向飞行的裂变碎片。当然，引发这次裂变的中子和裂

---

[1] 该反应式如下：$_5B^{11} + _1H^1 \rightarrow _2He^4 + _2He^4 + _2He^4$。

[2] 该反应式如下：$_1H^2 + _1H^2 \rightarrow _1H^3 + _1H^1$。

[3] 这个过程的炼金术反应式可表示为：（a）产生中子：$_4Be^9 + _2He^4$（来自镭的 α 粒子）$\rightarrow _6C^{12} + _0n^1$；（b）中子撞击氮原子核：$_7N^{14} + _0n^1 \rightarrow _5B^{11} + _2He^4$。

变所产生的中子都没有出现在照片中。采用电加速粒子轰击原子核的方法，可以得到各种各样的核反应，只是现在我们应该关注另外一个更加重要的问题：这种轰击的效率究竟怎么样呢？要知道，照片Ⅲ和Ⅳ拍摄的只是单个原子发生分裂的情况。如果将1克硼完全转化为氦，就要把里面所包含的55 000 000 000 000 000 000 000个硼原子都击碎。目前最强大的电加速器每秒钟可以制造出1 000 000 000 000 000个粒子。就算每个粒子都能击碎一个硼原子，那么要完成这项任务，这台加速器也必须运转5500万秒，也就是差不多两年才行。

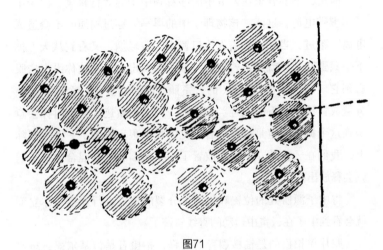

图71

然而，各种加速器的实际效率可比这低得多。在几千个高速粒子当中，通常只会有一个粒子能命中靶上的原子核从而引发裂变。效率之所以如此低下，是因为原子核周围包裹的电子层会减慢入射带电粒子的通过速度。由于原子占据的空间比目标原子核要大许多，我们不能做到准确定位和瞄准原子核，所以每个粒子都必须穿透众多原子的外层电子后，才有机会直接命中某一个原子核。图71生动地展示了这一场景，黑色小圆点表示原子核，阴影线表示核外电子层。原子与原子核的直径之比约为10000:1，因此它们受轰击面积的比值为100000000:1。此外，带电粒子每穿越一次电子层就会损失大约万分之一的能量。如此一来，它在穿过10000个原子后就会彻底停下脚步。从这些数据可以判断，10000个粒子中，只有一个有可能在能量消耗完之前击中某个原子核。考虑到带电粒子引发原子核裂变的效率如此低下，要使1克硼完全转化为氮，恐怕得把一台现代原子对撞机至少运转两万年！

4. 核物理学

"核物理学"是一个很有意思的词汇，作为术语来讲，它的定义不是特别精确；但从使用的角度来说，它却颇具实用性，我们也只能尝试接纳它。正如"电子学"描述了自由电子束的广泛实际应用一样，"核物理学"也应该理解为对核能量的大规模释放进行实际应用的科学。在前面的章节中我们看到，各种化学元素（除去银以外）的原子核内部携带着巨大的内能，可以通过聚变（对轻元素而言）或裂变（对重元素而言）的形式释放出来。同时，采用人工加速带电粒子轰击原子核的方法，为各种核反应的理论研究带来了极大的便利，但因为其效率极低，我们也不能寄希望于大规模实际应用这种方法。

不过，这种低效率主要是由于α粒子和质子是带电粒子，它们在穿过原子时会损失能量，无法有效靠近标靶材料的带电原子核。这时，你可能会想，如果用不带电的中子来轰击，效果应该会好很多。然而，这同样不好办！因为中子能够轻而易举地穿透原子核，所以自然界中并不存在自由中子；即使凭借外力，用一个入射粒子人为地从某个原子核里轰出一个自由中子来（如铍原子在α粒子轰击下产生中子），它也不会存在很长时间，很快就被周围其他原子核重新俘获。

因此，要想制造出轰击原子核的强大中子束，就必须设法释放某种元素的原子核内的所有中子。可是这样做，岂不是又折回到低效率的带电粒子这条老路上了吗！

其实，要跳出这个思维怪圈还有一个方法：如果能用中子轰击标靶原子核释放出新的中子，并且每次裂变都能释放出比之前更多的中子，那么这些中子就会像兔子繁衍（参见图96，P247），或者像细菌繁殖一样迅速增加。不久之后，一个中子所产生的后代就会多到足以轰击一大块标靶材料中的每一个原子核的程度。

自从人们发现了这样一种能够促使中子以几何倍数增长的特殊核反应过程，原子核物理学就空前繁荣起来，从研究物质最本质特性的象牙塔中走了出来，脱离了科学的肃静，卷入了报纸头条、狂热的政治讨论、规模化工业生产和军事工程的喧嚣和旋涡之中。看报的人，都知道铀核裂变可以释放出核能（通常称为"原子能"）。而铀的裂变则是哈恩[1]和斯特拉斯曼[2]于1938年末发现的。但是不要认为由裂变生成的两个大致相同的重原子核本身就能促进核反应的发生。事实上，这两个核块都携带了大量电荷（每块碎片携带的电荷约等于初始铀原子核的一半），因此它们无法接近其他原子核；它们将在邻近原子的电子层作用下迅速失去自己的能量进入静止状态，无法引发下一步裂变。

铀的裂变过程以不可抵挡的态势成为核物理界的"明日之

---

[1] 奥托·哈恩（1879—1968），德国放射化学家和物理学家。哈恩的重大发现是"重核裂变反应"，而且是在没有任何理论指导的情况下用纯化学的方法取得的，而不是一种新的物理现象。1944年，哈恩获得诺贝尔化学奖。

[2] 弗里德里希·威廉·施特拉斯曼（1902—1980），德国物理学家，化学家。1938年，他和奥托·哈恩认证了中子轰击铀核产生的钡，发现了核裂变现象。

星”，是因为人们发现铀核碎片在停止运动前会释放出中子，从而使核反应能自行维系下去（见图72）。

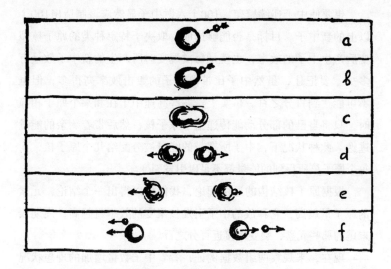

图72 裂变过程的各个阶段

　　裂变过程之所以会产生这种特殊的余波，是因为重原子核在裂成两半时伴随着剧烈的振动，就像断裂成两截的弹簧一样。这样的振动不足以导致二次裂变（即碎片再次一分为二），却完全有可能导致其内部的某些结构发生变化，释放出一些基本粒子。这里所说的每个碎片释放出一个中子，只是统计学上的平均数字；实际上，有的碎片可以释放出两个或三个中子，有的则一个也没有。当然，裂变时碎片所释放的中子数量取决于振动的强度，而这个强度又取决于初始裂变过程中释放的总能量。正如我们之前所看到的，能量的大小是随原子核重量的增大而增加的，越重的原子核裂变产生的能量越多，元素周期表中位置越靠后的原子核裂变碎片产生的中子量肯定也越多。比如，金原子核裂变（由于所需的初始能量太高，实验至今尚未成功）所产生的中子数肯定比1小，铀核裂变碎片释放的中子数约等于1（每次裂变大约释放2个中子），更重的元素（如钚）平均每块碎片释放的中子数应该大于1。

想要使中子连续繁殖，100个入射中子显然应该制造出100个以上的新中子。目标是否能够达成，取决于特定种类的原子核裂变后产生中子的效率，也就是每次裂变时所产生的新中子数量有多少。要记住，虽然中子比带电粒子的轰击效率高得多，但也不可能达到百分之百。事实上，一些高速中子在和某个原子相撞时，只将自己的部分动能传递给了原子核，然后带着剩余的能量逃逸。此种状况下，中子所携带的能量被分配给几个原子核，而每个原子核所得到的能量都不足以引发裂变。

根据原子核结构的通用理论，我们可以得出一个结论：元素的原子量越高，它释放的中子引发核聚变的效率就越高；周期表末尾的那些元素，裂变率接近百分之百。

现在，来观察两组数据例证，看看中子数量增加的理想状况和不理想状况。（a）假设某种元素高速中子的裂变率为35%，每次裂变平均制造出1.6个中子。[①]此时如果有100个中子，就能引发35次裂变，产生35×1.6=56个子代中子。在这个案例中，中子数量会逐代下降，每一代大约为上一代的一半。（b）假设另一种较重元素的裂变率为65%，每次裂变平均制造出2.2个中子。此时如果有100个初始中子将会导致65次裂变，制造出65×2.2=143个中子。每次产生的新一代中子数都会比之前增加约50%，用不了多久，就能制造出足以轰击核样品中每一个原子核的中子数。这种反应被称为分支链式反应，能产生这种反应的物质被命名为可裂变物质。（见图73）

---

① 罗列出的数字只是为了举例说明，并不代表任何一种实际存在的元素。

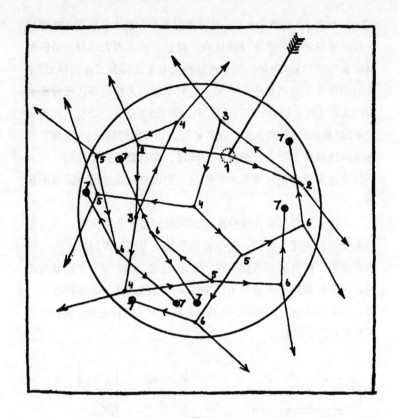

图73

这是一个流浪的中子在球状可裂变物质中引发的原子核链式反应。虽然很多中子在穿过球体表面时被吸收，但是每一代中子都比上一代要多，最终引发了爆炸。

对分支链式反应的必要条件进行细致的实验观测和深入研究以后，科学家们得出结论：在天然元素中，只有一种原子核可能发生这种反应，它就是著名的轻同位素铀，铀235，它是唯一的一种天然可裂变物质。

但是，自然界中并没有纯净的铀235，它总是以极低的密度与大量较重的非裂变同位素铀238混在一起（天然铀中，铀235占比

0.7%，铀238占比99.3%），这就像湿木柴中的水分妨碍木柴燃烧一样，天然铀很难产生链式反应。但是，也正因为这种不活跃的同位素与铀235掺杂在一起，才使得具有如此高裂变性的铀235至今仍然存在于自然界中，否则，它们早就因为快速链式反应而消失得无影无踪。因此，如果想要利用铀235所蕴含的能量，就得先把铀235和铀238分离开来，或者研究出让较重的铀238"沉睡"的办法。这两种方法人们都曾经尝试过，并且都获得了成功。本书不打算过多地探讨这类技术性问题，所以只在这里进行简单的阐释。[①]

从技术上看，要直接分离铀的两种同位素非常困难，因为它们的化学性质完全相同，所以普通的化工方法显得如此乏力。这两种原子只在质量上稍有不同，铀235比铀238轻1.3%，这就为我们提供了依靠原子质量的不同来解决问题的方法，诸如扩散法、离心法和电磁场偏转法等。图74a和74b展示了两种主要分离方法的示意图和简短说明。

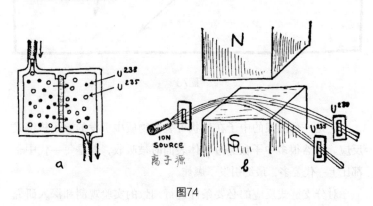

图74

---

① 关于这个话题更为详尽的讨论，读者可以参考塞利格·赫克特的《解释原子》（*Explaining the Atom*）一书，此书由维京出版社于1947年首次出版。尤金·拉宾诺维奇博士将修订和扩充后的新版收入了"探索者平装本系列"。

（a）利用扩散法分离同位素。包含两种同位素的气体被泵入舱室的左侧，通过中间的隔层扩散到另外一侧。由于较轻的分子向右扩散的速度更快，所以铀235最终会富集到右侧舱室之中。

（b）利用电磁场偏转法分离同位素。离子束穿过强磁场的时候，包含有较轻铀同位素的分子偏转角度更大。为保证离子束的强度，只能采用较宽的缝隙，两道粒子束（分别携带铀235和铀238）会部分重叠，两种同位素无法完全分离。

所有这些方法都有一个共同的缺点：由于两种铀同位素的质量差距甚小，分离过程无法一步到位，需要多次重复进行，不断提高轻同位素的纯度。不过，只要重复的次数足够多，最终就能得到纯度极高的铀235。

还有一个更为巧妙的方法可以让天然铀直接产生链式反应，就是借助所谓的慢化剂（又称"中子减速剂"），人为地削弱重同位素的不利影响。在了解这个方法之前，要明确一点，铀的重同位素之所以会阻碍链式反应，是因为它吸收了铀235裂变时所产生的大部分中子，从而大大降低了链式反应发生的概率。因此，如果我们能设法使中子在碰到铀235的原子核之前不被铀238原子核所吸引，就可以保证轰击和裂变的正常发生。但是，铀238比铀235的原子核数量多了140倍，阻止铀238的原子核俘获中子，其难度堪比登月。然而，铀的两种同位素"俘获中子的能力"随中子运动速度而变化。对于裂变时所产生的快中子而言，两种同位素俘获它们的能力相同，每当1个中子轰击到铀235的原子核，就会有140个中子被铀238所俘获。对于中等速度的中子来说，铀238的俘获能力甚至比铀235还要强。但重要的是：对于那些运动速度很低的中子来说，铀235的俘获能力比铀238要强许多。因此，如果我们能使裂变产生的高速中子在与首个铀原子核（无论是238还是235）相遇之前迅速降低速度，那么铀235虽然数量不多，却会比铀238更有机会去俘获到这些中子。

将大量天然铀碎片分散于某种能使中子速度减缓而本身又不

会俘获大量中子的物质（慢化剂）当中，就能制作出减速器。重水、碳、铍盐都是理想的慢化剂。图75所展示的就是这样一个分布在慢化剂当中的铀颗粒堆是如何工作的。[1]

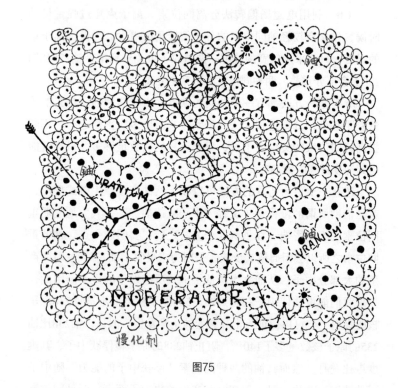

图75

这幅示意图看起来很像生物细胞团，但实际上描绘的是嵌入慢化剂（小原子）当中的铀块（大原子）。左侧铀块中，1个铀原子裂变产生的2个中子进入了慢化剂当中，与后者的原子核发生了碰撞，速度逐渐减缓。等到中子靠近另外一块铀的时候，它们的速度已经降低了很多，而铀235的原子核俘获慢中子的能力比铀238要强许多。

---

[1] 关于铀颗粒堆的详尽讨论可以参考专门介绍原子能的书籍。

190

如上所述，轻同位素铀235（在天然铀中只占0.7%）是自然界中唯一能够持续产生链式反应，并释放出巨大核能的天然裂变物质。但这并不意味着我们无法人工制造出性质与铀235类似的其他原子核，尽管其在自然界中并不存在。事实上，利用裂变物质在链式反应中所产生的大量中子，可以把原来不能发生裂变的原子核转化为可以发生裂变的原子核。

这类过程的首个例子就是上面由天然铀和慢化剂混合成的"核反应堆"。在使用减速剂之后，铀238俘获中子的能力会降低到足以让铀235进行链式反应的程度。尽管如此，仍然有部分中子会被铀238俘获。那么，此时将会发生什么呢？

铀238的原子核在俘获中子之后，马上会生成更重的同位素铀239。但是，这种新形成的原子核并不稳定，它会相继释放出两个电子，变成原子量为94的新元素原子核。这种人造新元素被称作钚（Pu-239），它比铀235更容易发生裂变。如果用另外一种天然放射性元素钍（Th-232）取代铀238，那么它在俘获一个中子再释放两个电子后，会变成另外一种人工可裂变元素——铀233。

因此，从天然可裂变元素铀235开始，不断循环上述反应，从理论上说，我们有可能将天然铀和钍组成的所有原材料转化为可裂变元素，并由此得到浓度更高、更为富集的核能原料。

在本章结束之前，我们可以大致计算一下，未来能用于和平发展或自我毁灭的总能量会有多少。人们预估，目前已发现的天然铀矿中铀235所蕴藏的核能如果全部释放出来，可以供全世界的工业发展使用数年（假如大家都改用核能）；如果考虑到铀238转化为钚加以利用的情况，核能供养人类的时间就可以延长至几个世纪。再考虑到蕴藏量四倍于铀的钍（转变为铀233之后），地球上的核能至少够我们用一两千年，这足以化解任何"未来核能短缺"的论调。

而且，即便所有核能源都被用光，并且也没有发现新的铀矿和钍矿，我们的后代依旧能从普通岩石里获取核能。事实上，铀和钍也跟其他化学元素一样，都少量地存在于所有普通物质材料中。例如，每吨花岗岩中蕴含铀4克、钍12克。乍一看，这未免也太少了。但不妨仔细计算一下：1公斤裂变物质所蕴藏的核能相当于20000吨TNT炸药爆炸时（相当于1颗原子弹），或者约20000吨汽油燃烧所释放出的热量。因此，1吨花岗岩中包含的这16克铀和钍，如果将它们完全转化为可裂变材料，就相当于320吨普通燃料。这样的回报足以弥补复杂的分离步骤所带来的一切麻烦，特别是在富矿资源趋于枯竭之时。

物理学家们在征服了铀、钍之类的重元素裂变时释放能量的难题之后，又盯上了与此相反的过程——核聚变，即两个轻元素的原子核聚合形成一个更重的原子核，同时释放出大量能量的过程。正如我们将在第十一章中看到的，太阳的能量就来自这样的聚变过程，普通的氢原子核在太阳内部发生剧烈的热撞击，融合生成更重的氦原子核。为了实现这种所谓的热核反应，以供人类使用，最理想的聚变原材料是重氢（即氘）。氘在水里少量存在，其原子核由一个质子和一个中子组成。当两个氘核相撞时，会发生下面两种反应当中的一个：

2氘核→氦-3+1个中子；2氘核→氢-3+1个质子

为了实现这种转化，氘必须处于几亿度的高温之下。

氢弹是人类首个成功实现核聚变的装置，氢弹内氘的聚变反应由一颗裂变的原子弹引发。不过，更复杂的问题是如何制造出可控的热核反应，这可比发明氢弹复杂得多，它将为人类的和平发展提供大量能量。制造出可控热核反应的主要困难在于如何约束极热气体，要克服这一难题，可利用强磁场将氘核约束在中央热区内，避免其与容器壁接触，否则会导致容器熔化蒸发！

| 第八章　无序法则

1. 热无序

倒一杯水，仔细观察它，这时可以看到一杯清澈而均匀的液体，看不出有任何内部运动的迹象（只要你不去晃动玻璃杯）。但我们知道，水的这种均匀性只是一种表面现象。如果将其放大几百万倍，可以清晰地看到大量水分子紧紧挨在一起，颗粒结构明显。

在同样的放大倍数下，我们还可以清楚地看到，水的内部并不平静，水分子处于猛烈的运动中，来来回回、互相推搡，恰似演唱会上狂热的人群。水分子或其他一切物质分子的这种不规则运动被称为"热运动"，而热现象就是这类运动的结果。尽管我们的眼睛无法察觉到分子及分子的运动，但此类运动会对人体器官的神经纤维产生一定刺激，从而使人感觉到"热"。对于那些比人小得多的生物，如悬浮在水滴中的细菌，热运动带来的影响就要显得多了。这些可怜的细菌会被热运动的分子从四面八方无休止地推来搡去而得到无法安宁（见图76）。这种有趣的现象在大约一百年前被英国生物学家罗伯特·布朗[①]在研究植物花粉时首次发现，"布朗运动"也因此得名。这是一种普遍存在的运动，可以在悬浮于任何一种液体中的足够小的任意物质微粒上观察到，空气中悬浮的烟雾和尘埃微粒上也会表现出同样的性质。

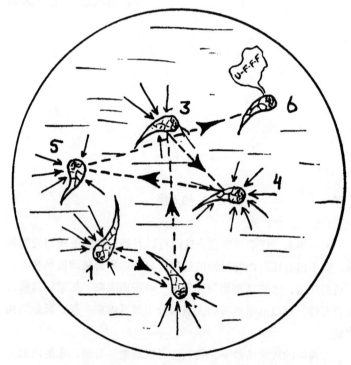

图76 细菌在分子的撞击下连换了六个位置

（该示意图的物理原理肯定是对的，但从细菌学的角度来看就不一定了）

---

① 罗伯特·布朗（1773—1858），英国植物学家，主要贡献是对澳洲植物的考察和发现布朗运动。1827，布朗年在研究花粉和孢子在水中悬浮状态的微观行为时，发现花粉有不规则的运动，后来证实其他微细颗粒如灰尘也有同样的现象，虽然他并没有能用理论解释这种现象，但后来的科学家用他的名字将这种现象命名为布朗运动。

如果把液体加热，这些悬浮微小颗粒的狂热舞蹈将变得更加奔放；如果让液体冷却下来，它们的舞步就会明显变慢。毫无疑问，这种现象正是物质内部热运动所产生的效应。我们通常所说的温度正是分子运动激烈程度的一种量度标准。通过对布朗运动与温度的关系进行研究，人们发现当温度达到-273℃（即-459℉）时，物质分子的热运动便会完全停止，一切归于静止。显然，这就是宇宙中的最低温度，我们称之为"绝对零度"。如果有人说，还存在更低的温度，那就太过荒唐了。世上哪里会有比绝对静止更慢的运动呢？

温度接近绝对零度时，一切物质的分子蕴含的能量都是很小的，分子之间的内聚力会将它们凝聚成固态的硬块。这些分子只能在这种近乎凝结的状态下产生轻微的颤动。而随着温度升高，这种颤动就会变得越来越强烈，到了某个特定的阶段，这些分子就会获得一定程度的自由度，从而能够进行运动。此时，原先凝固的状态消失了，固体又变回了液体。物质的熔解温度取决于分子内聚力的强度。某些物质的分子间内聚力很微弱，如氢或组成空气的氮氧混合物，在很低的温度下就会被热运动打破分子的冻结状态。因此，固态氢只存在于 14K（即 -259℃）以下的低温环境中，固态氧和固态氮的融化温度（即熔点）分别是 55K（-218℃）和 64K（-209℃）。另一些物质的分子则有更强的内聚力，能在较高温度下保持固态。比如，酒精的熔点是 -130℃，固态水（冰）在 0℃时才会融化。还有一些物质能在更高的温度下保持固态，比如：铅的熔点是 327℃，铁是 1535℃，而稀有金属铱的熔点高达 2700℃。物质处于固态时，分子被紧紧束缚在一定的位置上，但这并不意味着它们不受热运动的影响。事实上，根据热运动的基本定律，特定温度下的所有物质，无论固体、液体还是气体，其单个分子所携带的能量完全相同。只是对于某些物质来说，这样大的能量已足以使它们的分子摆脱束缚，而对于另外一些物质来说，它们的分子只能在原地振动，就像一群被短链子拴住的疯犬一样。

固体分子的这种热颤动或者说热振动，在上一章介绍的X光照片中可以很容易地观察到。拍摄晶格内的分子照片需要一段相当长的时间，因此在曝光过程中，分子绝对不能离开原来的位置。但是分子在固定的位置上不断颤动，这必然会干扰曝光，不利于拍照，而且会使照片非常模糊，就像照片 I（P336）呈现的分子照片一样。为了得到清晰的图像，必须尽可能地让晶体冷却，因此，分子摄影师有时候会将晶体浸泡到液态空气中以实现这一目的。相反，如果将晶体加热，拍出的照片就会变得越来越模糊。当温度达到熔点时，分子就会离开原来的位置，开始在融化的物质中作不规则运动，因此规律的晶体图像就彻底消失了。

固体融化后分子依旧抱成一团，因为热运动的强度虽然能让分子摆脱晶格的束缚，却还不足以将它们彻底分开。而随着温度进一步升高，分子间的内聚力就再也无法束缚住分子，让分子聚拢在一起，如果没有容器壁的阻挡，它们将像脱缰的野马四处跑散。当然，到了这一步，物质就变成了气态。既然固体的熔点各不相同，不同的液体自然也有不同的蒸发温度（即沸点），内聚力较弱的物质沸点相对较低，反之亦然。同时，压力也会影响液体的蒸发过程，因为来自外界的压力会帮助内聚力束缚分子。我们都知道，密封水壶里的水沸点要比敞开壶里的高；另一方面，高山顶上的气压明显比山脚低，那里的水不到100℃就会沸腾。顺便提一下，我们可以通过测量水在某个位置上的沸点来推算当地的大气压强，从而得到它的海拔高度。

不过，你们可千万不要模仿马克·吐温所说的那个例子啊！他在一则故事中讲到，他曾把一支无液气压计直接放进沸腾的豌豆汤锅里。那样非但没有判断出海拔高度，这锅汤的滋味还被气压计上的铜氧化物破坏了。

图77

物质的熔点越高，它的沸点也就越高。液态氢在-253℃沸腾，液态氧和液态氮则分别是-183℃和-196℃，而酒精在78℃沸腾，铅需要1620℃，铁需要3000℃，锇则必须达到5300℃以上的高温才会沸腾。[1]

美妙的固体晶体结构被破坏以后，分子先是像虫子一样挤成一团，继而又像一群受惊的鸟飞散开来，但这并不意味着热运动的破坏力已到达极限。如果温度持续升高，分子本身也岌岌可危，因为此时分子间的相互碰撞变得极为猛烈，有可能把分子撕裂为原子。这种被称为热离解的过程取决于分子自身的强度，某些有机分子在几百度的"低温"时就会分解成独立的原子或原子群，另一些分子则稳定得多（例如水分子），要到一千度以上的高温才会分崩离析。但任何分子都无法在几千度的高温下存活，在这样的高温环境中，物质将变成纯化学元素组成的气态混合物。

在温度高达6000℃的太阳表面，情况就是如此。从另一个角度来看，红巨星[2]的大气层温度相对较低，所以有一部分分子能够幸存下来，人们通过专门的光谱分析方法验证了这一事实。

高温下，剧烈的热碰撞不仅会把分子分解成原子，还会剥夺原子本身的外层电子（这个过程就是热电离）。如果达到几万度、几十万度、几百万度这样的极高温度，热电离过程就会变得愈发明显。这样的极端高温超过了实验室中所能达到的上限，然而在恒星中尤其是太阳内部，这种情况却极为常见。最后，原子也无法在这样酷热的环境中"存活"，所有的电子层都会被剥离，物质最终会变成赤裸的原子核和自由电子组成的混合物，电子在空间中高速狂奔，以极强的力量相互碰撞。不过，尽管原子个体遭到彻底破坏，但只要原子核完好无缺，物质的基本化学特

---

① 上述数值都是相应物质在一个大气压下的沸点。

② 详见第十一章。

性就不会改变。一旦温度下降，原子核就会重新俘获电子，再次形成完整的原子。

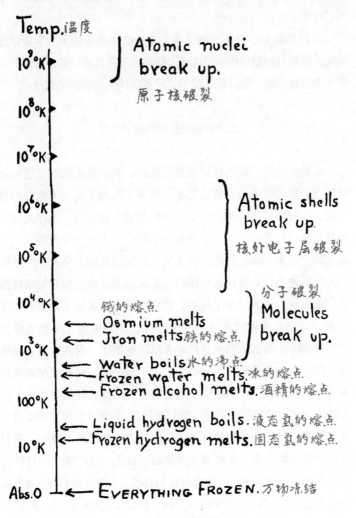

图78 温度的破坏力

要利用热彻底分解物质，使原子核分解为单独的核子（质子和中子），至少需要几十亿度的高温。如此高的温度即便在最热的恒星内部也未曾被发现，也许在几十亿年前宇宙正值青春期的时候曾经出现过。这个充满趣味的问题，我们将在本书最后一章进行讨论。

我们看到（图78），热运动会逐步破坏基于量子力学定律建构起来的精巧物质结构，把这座宏伟的大厦拆解成一群乱糟糟的、像无头苍蝇一般四处乱撞的粒子，看不出任何明显运动规律。

2.如何描述无序运动？

如果你认为，既然热运动没有规律，我们就无法对它进行物理描述，那可就真的大错特错了。事实上，对于完全不规则的热运动，正好可以用一种新的定律来定义它，这就是：无序定律，或者是统计行为定律。为了理解这个问题，不妨一起来回顾一下著名的"醉鬼走路"问题。假设某个广场的灯柱上靠着一个醉鬼（天晓得他是什么时候悄悄跑到这儿来的），然后他开始瞎转悠了。他先朝一个方向走了几步，然后换个方向又迈了几步，如此这般，每走几步就随意换个方向，谁也不知道他究竟想去哪儿（见图79）。那么，当他这样毫无章法地走了一百次以后，他离灯柱的距离有多远呢？乍一看来，由于每一次转向的情况都不能事先加以预测，这个问题似乎无法解答。然而，仔细考虑一下，你就会发现，尽管我们不能准确判断转向100次以后醉鬼的准确位置，但我们还是能大致推算出他与灯柱之间的距离。现在，我们就用严谨的数学方法来解答这道题目。首先，以广场上的灯柱为原点画出两条坐标轴，X轴指向我们自己，Y轴指向右方。R表示醉鬼走过N个转折后（图79中N为14）与灯柱之间的距离。若Xn和Yn分别代表醉鬼所走路径的第N段路程在相应坐标轴上的投影，根据毕达哥拉斯定理，可得出：

$$R^2 = (X_1 + X_2 + X_3 + \cdots + X_N)^2 + (Y_1 + Y_2 + Y_3 + \cdots + Y_N)^2$$

这里的X和Y既有正数又有负数，要根据这位醉鬼在各段具体路程中是远离还是接近灯柱来决定。要注意，既然他的运动是完全无序的，那么在X和Y的取值中，正数和负数的数量基本相同。现在按照现代数学基本规则展开括号中的式子，将括号中的每一项都与所有项（包括它自己在内）相乘。也就是说：

$$(X_1+X_2+X_3+\cdots+X_N)^2$$
$$= (X_1+X_2+X_3+\cdots+X_N) \quad (X_1+X_2+X_3+\cdots+X_N)$$
$$=X_1^2+X_1X_2+X_1X_3+\cdots+X_2^2+X_1X_2+\cdots\cdots+X_N^2$$

这些数字包括了X的所有平方项（X_1^2，X_2^2，…，X_N^2）和所谓"混合积"，如X_1X_2、X_2X_3等。

图79 醉鬼走路

截至目前，我们所用到的只是些简单的代数学，下面就要用到统计学观点了。由于醉鬼走路的轨迹完全是随机的，他朝灯柱走和远离灯柱的概率相同，因此X的各个取值中，正负各占一半。在那些"混合积"里，总是可以找出数值相等但符号相反的一对可以互相抵消的数；N的数值越大（即醉鬼转向次数越多），这种抵消就越彻底。最后式子里只剩下X的平方项，因为平方向始终为正。因此，圆括号中的平方数就可以表达为：$X_1^2+X_2^2+\cdots+X_N^2=NX^2$，X在这里表示各段路程在X轴上投影长度的平均值[①]。

同理，第二个圆括号内也能简化为NY^2。Y是每段路程在Y轴上投影长度的平均值。

这里必须再次重申，我们所进行的并不是严格的数学运算，而是基于统计学原理中无序运动的规律来进行分析，即考虑到由于运动的任意性所产生的可抵消的"混合积"。现在可以算出醉汉与灯柱之间最可能的距离为：

$$R^2=N(X^2+Y^2) \text{ 或 } R=\sqrt{N}\cdot\sqrt{X^2+Y^2}$$

由于所有路程的平均值投影在两根轴上都是45度，所以$\sqrt{X^2+Y^2}$实际上就每段路程的平均长度（还是根据毕达哥拉斯定理），我们用L来表示这个平均路程长度，可得到：$R=L\cdot\sqrt{N}$。

用通俗的语言来说，这就相当于醉鬼在随机走了许多段不规则的路程后，他与灯柱间最可能的距离是他走过的每段直线路程的平均长度乘以线段数量的平方根。

因此，如果这个醉鬼每走一码就以随意角度换个方向，那么在他走了100码之后，他和灯柱之间的距离可能只有10码。如果他不转向，就笔直向前走，大概已经走出去100码了——这里可以看出，走路时保持清醒的头脑绝对是明智的选择。

---

① 严格说来，X应该是所有投影的均方根值，即所有路程的平方和均值再开方。这个案例中提及的所有"路程的平均值"和"投影的平均值"实际上都应该是均方根值。

上述例子的计算完全基于统计学，我们将其描述为"醉鬼与灯柱之间最可能的距离"，而非独立个案的确切距离。如果有一个醉鬼偏偏能够笔直走路而不拐弯（尽管这种情况概率极低），他就会沿直线离开灯柱。醉鬼还可能每走一段路就转180度掉头往回走，两次转向之后，他就会回到灯柱旁边。但是，如果有一大群醉鬼都从同一根灯柱开始互不干扰地随机移动，一段时间之后，你会发现他们将按照上述规律分布在灯柱四周的广场上。图80展现了六个醉鬼无规则走动时形成的分布情况。醉汉的数量和不规则转向的次数越多，上述规律也就越符合统计学定律。

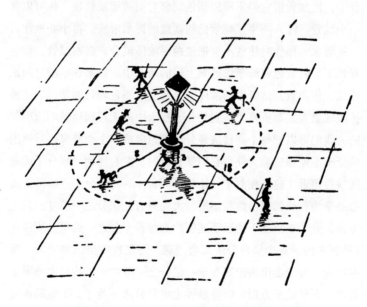

图80 六个醉鬼在灯柱附近行走的统计学分布情况

现在，把醉鬼换成微观颗粒，譬如悬浮在液体中的植物孢子或细菌，你会看到生物学家布朗在显微镜中看到的奇妙世界。当然，植物孢子和细菌都没有喝醉，但就像前面所说，它们被周围做热运动的分子推挤，被不停地推到四面八方，迫使它们做无规则的运动，好似那些因酒精作怪而失去方向感的人一样。

通过显微镜观看悬浮在水滴中的小微粒的布朗运动，可以集中精力观察在某个时刻位于同一小片区域内（"灯柱"附近）的一组微粒。你会发现随着时间的推移，它们会逐渐扩散到整个视野中，而且它们与起始点的距离和时间的平方根成正比，和刚才推导醉鬼移动公式时所得到的数学规律一样。

这条定律同样适用于水滴中的每一个分子。但是，人们是看不见单个分子的；就算亲眼得见，也无法看出它们有什么区别。要想直接观察这种无序运动，我们需要两种外观上有明显区别的分子，比如凭借它们不同的颜色观察它们的运动轨迹。你可以拿一个试管，注入一半呈亮紫色的高锰酸钾水溶液，再小心地注入一些清水，操作时注意不要把这两层液体混合。观察试管，你会看到下层的紫色将渐渐渗透到上层的清水中。如果观察的时间足够长，你会看到试管中的液体会全部变成颜色均匀的紫色。这种扩散现象大家都所熟悉，它是分子在水中的无规则热运动所引起的。我们可以把每个高锰酸钾分子都想象成一个小醉鬼，被周围的分子不停地碰撞，使得它们晕头转向、左右摆动。水分子彼此间挨得很近（这是相对于气体分子而言），每个分子连续两次碰撞的平均行经的自由路程很短，大约只有几亿分之一英寸。另一方面，分子在室温下的运动速度约为每秒十分之一英里，所以在1秒钟之内，每个染色分子都会遭遇一万亿次的碰撞和转向。第一秒内，分子走出的距离等于一亿分之一英寸（平均自由路程）乘以一万亿的平方根，即每秒钟走出百分之一英寸，扩散的速度极慢。正常情况下，如果没有碰撞的影响，分子在一秒钟后就会跑到十分之一英里以外的地方。如果我们等待100秒，那么分子将挪出10倍的距离（$\sqrt{100}=10$）；经过10000秒，也就是大约3个小时以后，颜色才会扩展到100倍的距离（$\sqrt{10000}=100$），也就是大约一英寸以外。感受到了吗，扩散是一个相当缓慢的过程。所以，如果你往茶里加了一勺糖，最好还是搅拌一下，不要指望糖分子会自行扩散。

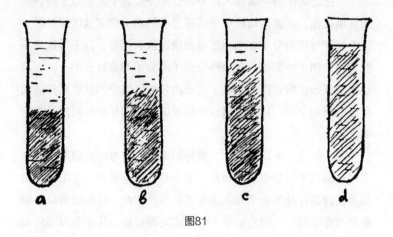

图81

扩散是分子物理学中最重要的过程之一，要进一步理解这个过程，让我们再来看看另外一个例子：把一根铁棍的一端放入火炉中，根据以往的经验，另一端要在相当长的时间之后才会变得烫手。但你大概不知道，金属传递热量是靠电子的扩散过程实现的。无论是铁棍还是其他各种金属，其内部都充满了电子。这些电子和诸如玻璃之类的非金属中的电子不同，金属原子可能失去一部分外层电子，这些电子将在金属晶格内游荡，它们会像气体中的微粒一样参与不规则热运动。

由于金属外层存在的表面张力，会对电子施加作用力而使它们无法逃出，[①]但在金属内部，电子却可以随意运动。如果给金属丝施加一个电压，自由电子将沿着电压的方向运动，产生电流现象。非金属的电子则被束缚在原子内部，不能自由运动，因此，

———————————

① 高温环境下金属内部的电子热运动会变得更加剧烈，部分电子可能穿透金属表面。电子管利用的就是这种现象，所有无线电爱好者应该对此十分熟悉。

非金属大多是良好的绝缘体。

当把金属棒的一端插入火中，这部分金属中自由电子的热运动加倍提速，高速运动的电子携带过多的热能向其他区域扩散。这个过程与染料分子在水中扩散的情况极为相似，只不过这里不像上一个例子中那样存在两种分子（水分子和染料分子），而是热电子气云扩散到原本冷电子气云占领的区域中。这里同样适用醉鬼走路的定律，热在金属棒中传播的距离同样与时间的平方根成正比。

关于扩散，最后介绍一个独特的案例，它与之前的两个完全不同，但在宇宙学中意义非凡。下一章节中会看到，太阳的能量是由其内部深处的化学元素炼金术嬗变产生的。这些能量以强辐射和"光微粒"（即光量子）的形式向外释放，从太阳内部向表面运动。光的速度为每秒 300 000 公里，太阳的半径为 700 000 公里，如果光量子走直线，两秒多的时间就能让它从中心到达太阳表面。但事实上并非如此，光量子在向外迸发时，要与太阳内部无数的原子和电子相撞。光量子在太阳内的自由行程约为 1 厘米（已经比分子的自由程长得多了！），由于太阳的半径是 70 000 000 000 厘米，光量子就得走过 $(7 \times 10^{10})^2$，或者 5×10^{21} 段路程才能到达太阳表面。这样，每一段路需要花费 $1/(3 \times 10^{10})$ 或 3×10^{-11} 秒，而整个行程消耗的时间是 $3 \times 10^{-11} \times 5 \times 10^{21} = 1.5 \times 10^{11}$ 秒，大约就是五千年！你是否感受到扩散过程是何等缓慢？光从太阳中心到达表面需要花 50 个世纪，而从太阳表面穿越星际空间，直线传播的光只需 8 分钟就能从太阳到达地球！

3. 计算概率

前面讨论的关于扩散的例子是将概率统计定律运用于解决分子运动问题的简单范例，下面我们将对此进行深入的探讨，以帮助大家去理解最为重要的熵增定律。要知道，熵增定律规范了所有物体的热行为，无论是细小的液滴还是浩瀚的宇宙恒星，都无法逃脱这个规范。不过，在此之前，我们需要先了解一下如何计算难易程度不同的事件概率。

扔硬币大约可以算作最简单的概率问题了。众所周知，扔硬币时（不作弊的情况下）出现正面和反面的概率完全相等，正如那句老话所说"正反面是五五开"。但在数学领域中，更为恰当的说法是"二者出现的概率为1：1"。如果将出现正面和反面的概率相加，就得到 $\frac{1}{2}+\frac{1}{2}=1$。从概率的角度来看，整数1意味着百分之百的确定。实际上，扔硬币时我们都无比笃定，出现的结果不是正面就是反面，除非你把它抛到沙发下面再也无法找到。

如果我们连续抛出两次硬币，或者同时抛出两枚硬币（这二者其实都差不多），就会很容易看到，可能得到的结果共有四种，就像图82所展示的那样。

图82 扔两个硬币可能得到的四种结果

第一种情况，你得到了两个正面；最后一种情况是两个反面；中间两种情况则结果完全相同，都是一正一反，而你可能并不在乎正面与反面出现的顺序如何（或者正反面出现在哪个硬币上）。可以确定的是，扔出两个正面的概率是1/4，扔出两个反面的概率也是1/4，而扔出一正一反的概率是2/4，或者说是1/2。$\frac{1}{4}+\frac{1}{4}+\frac{1}{2}=1$，这意味着可能出现的组合就这三种。现在，来看看如果扔出3次硬币，会得到怎样的结果，实验可能出现的8种结果如下表所示：

	I	II	II	III	II	III	III	IV
第一次	正	正	正	正	反	反	反	反
第二次	正	正	反	反	正	正	反	反
第三次	正	反	正	反	正	反	正	反

观察这张表格之后，你会发现扔出3个正面的概率为1/8，扔出3个反面的概率也是1/8，剩下的可能性是1正2反和1反2正两种情况概率相等，均为3/8。

概率表格增长速度极快，让我们也加快脚步，一起来看看如果扔出4次硬币会出现什么结果。这时，可能出现的16种结果如下：

	I	II	II	III	II	III	III	IV	II	III	III	IV	III	IV	IV	V
第一次	正	正	正	正	正	正	正	正	反	反	反	反	反	反	反	反
第二次	正	正	正	正	反	反	反	反	正	正	正	正	反	反	反	反
第三次	正	正	反	反	正	正	反	反	正	正	反	反	正	正	反	反
第四次	正	反	正	反	正	反	正	反	正	反	正	反	正	反	正	反

在这个过程中，有1/16的机会可以扔出4个正面；同样，扔出四个反面的机会也是1/16；而扔出3个正面1个反面和扔出1个正面

3个反面的概率则都是4/16，或者说是1/4；扔出2个正面2个反面的概率是6/16，或者说是3/8。

如果继续用这种方式投掷硬币，表格很快就会写不下了。假如你扔10次硬币，就会出现1024种不同的可能性（$2 \times 2 \times 2 \times 2 \times 2 \times 2 \times 2 \times 2 \times 2 \cdots \cdots \times 2$）。但列出这么长的表格没有多大意义，因为只要观察前面引用的简单例子，就可以掌握简单的概率定律，用于解决更为复杂的问题。

首先，连续投掷出2次正面的概率等于第一次投出正面的概率乘以第二次投出正面的概率，即：$\frac{1}{4} = \frac{1}{2} \times \frac{1}{2}$；同样地，连续投出3次或4次正面的概率也要等于每次扔出正面的概率相乘，即：$\frac{1}{8} = \frac{1}{2} \times \frac{1}{2} \times \frac{1}{2}$；$\frac{1}{16} = \frac{1}{2} \times \frac{1}{2} \times \frac{1}{2} \times \frac{1}{2}$。就这样，你可以轻松算出连续投出10次之后得到正面的概率为1/2的10次方，即0.00098，这是一个很低的概率，差不多一千次里面才会出现一次。通过总结规律，可以得出"概率的乘法定理"：假如你想同时得到几样东西，那么愿望达成的概率等于每样东西单独出现的概率相乘。如果想得到的东西种类较多，且每种东西出现的概率都不高，那么你可能就要失望了，因为同时得到的概率也会低得令人沮丧。

概率论中还有一条"加法定理"：如果你只想从几样东西中挑出一样，并且得到哪一样都可以，这时，你得到它的概率等于这几样东西单独出现的概率相加。

连扔两次硬币的案例充分体现了这条定理。如果你想要的结果是一正一反，就不会在意它们谁先出现，而它们出现的概率均为1/4。因此，出现一正一反的概率为$\frac{1}{4} + \frac{1}{4} = \frac{1}{2}$。假如你想要的是"这个、那个，还有另外一个……"，就需要把所有东西单独出现的数学概率相乘。如果，你要的是"这个、那个，或另一个"这时就需要通过加法来计算了。

在第一种情况下，随着你想要的物品数量增加，得到所需物品的机会反而会减少。而后一种情况，当你的愿望比较随机，只想要几个物品中任意一个的时候，可供选择的物品越多，愿望实现的机会也就越大。

　　投掷硬币的实验给予我们的启发是：硬币数量和投掷次数越多，概率定律也就越发精确。图83展示的，是当你投了2次、3次、4次、10次和100次硬币之后，正反面出现次数的相对比例。可以看到，随着投掷次数的增加，概率曲线逐渐冲向顶峰，正反面"五五开"的趋势变得越来越明显。

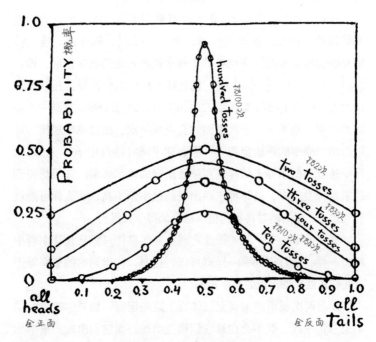

图83　出现正反面的相对比例

　　如果你投掷2次、3次、4次，每次都得到正面或反面的概率其实不算低；但如果投掷10次以上，即便只要求其中9次结果一样，都是极为困难的事情。而随着投掷次数越来越多，比如扔上100次或1000次，概率曲线就会变得像针一样锋利，得到正反面五五开意外的结果几乎就是"不可能实现的任务"。

现在，大家来用刚才学到的概率定理推断一下，在著名的扑克游戏中，五张牌出现各种组合的概率是怎样的。

考虑到有的读者可能不会打扑克，所以我简单介绍一下。在这个游戏中，参与的玩家都会拿到5张牌，牌面组合点数最高的玩家获胜。关于其中通过牌面的交换和心理战术迷惑对手的那些复杂过程就简单略过了，虽然那些虚张声势、心理斗争的环节才是最具魅力的精华所在。著名的丹麦物理学家尼尔斯·玻尔[①]还以此为蓝本创造出一种不必使用扑克牌的新游戏，玩家只需要通过"吹牛"，让对手相信自己的牌面更大，从而产生畏惧心理，丧失获胜的先机和可能性。当然，这已经超出了概率计算的范畴，成了纯粹的心理学游戏。

为了让大家更加熟悉概率定理，我们一起来尝试计算一下扑克游戏中玩家拿到的牌会有哪些组合出现，其概率分别是多少。其中一个组合被称为"同花顺"，它代表的是同一扑克中花色相同的5张牌（见图84）。

图84 黑桃同花顺

---

① 尼尔斯·玻尔（1885—1962），理论物理学家，主要从事量子力学方面的研究。1922年获得诺贝尔物理学奖。

想获得一副同花顺，你拿到的第一张牌无论是什么都不重要，关键在于需要计算出后面四张牌和第一张牌花色相同的概率有多高。一副扑克牌除去王牌共有52张牌，每种花色各13张，[①]在你拿到第一张牌之后，这个花色还剩下12张牌。因此，第二张牌拿到同样花色的概率就是12/51。同样地，第三、第四和第五张牌拿到同样花色的概率分别为11/50、10/49、9/48。由于这五张同样花色的牌你都想收入囊中，所以我们采用乘法定理来计算，拿到同花顺的概率为：$\frac{12}{51} \times \frac{11}{50} \times \frac{10}{49} \times \frac{8}{49} = \frac{13068}{5997600}$，或者说约为1/500。

看到这里，千万不要以为你只要玩500次就可以得到一副同花顺了，事实上，同花顺也许会出现两次，也许连一次都不会。毕竟这只是概率推算，而在现实当中，也许你玩了上千手，也不会抽到一次同花顺，又或者你第一次摸牌就能够心想事成。概率论所反映出的只是你有可能会在500次游戏中得到1次同花顺。根据同样的计算方法，或许你会发现，在30 000 000场游戏当中，你可能会有10次机会拿到5个A（包括大王和小王在内）。

图85 满堂红（三带二）

212

德州扑克中有一种更为少见，并且更具"含金量"的组合，那就是人们口中所谓的"满堂红"。一副满堂红由一对同样点数的牌和另外三张同样点数的牌组成（即一对相同点数的牌，分别是两种花色，以及三张同点数的牌则分三个花色，例如图85所展示的2张5和3张Q）。

想要拿到满堂红，对于最先出现的两张牌是什么大可不必在意，但剩余的三张牌，其中一张牌的点数必须和你刚才拿到的第一张相匹配，其余两张则和第二张一致。有6张牌可以满足这个条件（如果最开始的两张牌是1张Q和1张5，剩余的牌中还剩下3张Q和3张5），而第三张牌完美契合的概率则为6/50。以此类推，第四张牌符合要求的概率为5/49（因为此时49张牌中只剩下5张适合的牌了），第五张牌也抽对的概率则为4/48。综上所述，拿到满堂的概率应该是：$\frac{6}{50} \times \frac{5}{49} \times \frac{4}{48} = \frac{120}{117600}$，或者说约为同花顺的一半。

同样地，我们还可以计算诸如"顺子"（五张牌点数相连）等其他组合出现的概率，并考虑由于大小王出现而发生的概率变化以及交换初始手牌等复杂情况在内的综合概率。

通过这样的计算，人们发现德州扑克所使用的牌型规则与数学概率的顺序不谋而合。笔者不太清楚这样的安排是由古代某位数学家提出的，还是由世界各地数以百万计的玩家在奢华时尚的赌博沙龙，抑或是在黑暗的小赌场中通过一次次刺激的金钱游戏的试炼摸索出来的。如果是后者，我们必须承认，游戏对复杂事件的相对概率提供了鲜活的素材，是个优秀的统计学研究项目。

再来说一个概率计算的有趣案例——"生日重合"问题。你是否有过这样一种经历，一天之内被邀请参加了两场不同的生日聚会。大家可能会觉得，发生这种情况的可能性很低，因为能被邀约去出席对方生日宴会的朋友也许不超过24个，而她们的生日分布在365天中。有那么多的日子可以选择，24位朋友中不太可能恰恰有两位在同一天切生日蛋糕。

然而，尽管这听起来令人难以置信，但你的判断是完全错误的。事实上，在这24人中，出现两个，甚至更多人在同一天过生日的概率是极高的。生日重合的概率其实高于不发生重合的概率。

为了验证这个结论，我们可以罗列出一份名单，计算一下24个人的生日重合概率。或者用更简单的办法，翻开一本《美国名人录》，随机打开任一页面，记录并比较先后出现的24个人的出生日期。或者你也可以用我们刚刚提到的投掷硬币或德州扑克概率计算规则方式来简单地算一下。

首先来尝试计算24个人出生日期各不相同的概率。询问第一个人，他是什么时候出生的，当然，他给出的答案可能是365天中的任何一天。然后，再询问第二个人的出生日期，他和第一个人生日不相同的概率有多大呢？由于第二个人的生日也可能是一年中的任意一天，因此他与第一个人生日重合的概率为1/365，不重合的概率为364/365。以此类推，由于一年中已经有两天被排除在外，第三个人的出生日期与第一人或第二人的出生日期不同的概率为363/365。接下来，每一个被询问的人，其生日与之前接触过的人不同的概率是：362/365、361/365、360/365……直到最后一个人，他与其他人生日不同的概率为（365-23）/365，即342/365。

由于我们想算的是所有人生日各不相同的概率，因此需要将上述所有的分数相乘：$\frac{364}{365} \times \frac{363}{365} \times \frac{363}{365} \times \cdots\cdots \frac{342}{365}$。

应用高等数学的计算方法，几分钟就可以得出结果。如果觉得高等数学太难，可以直接让它们相乘，[①]也花不了多少时间。最后的答案是0.46。这意味着24个人没有没有生日重合的概率小于一半。换句话说，24个人中生日各不相同的概率为46%，而有两位或两位以上朋友同一天生日的概率为54%。也就是说，如果你有25个或更多好友，而你却从未在同一天内被邀请参加过两场生日派对，那么要不就是她们没有举行派对，要不就是人家根本没有

---

① 如果你会用对数表或者计算尺，请立马行动起来！

邀请你！

生日重合的例子非常生动地展示了关于复杂事件出现的可能性，人们惯用的常识判断往往是错误的。笔者曾经向许多人提出过这个问题，其中不乏一些著名的科学家，结果是，除了一个人以外，[①]其他所有人均提出了从2∶1到15∶1赔率的赌约，力证这样的巧合不太可能发生。要是当初爽快地同意，可能早就发财了吧！

需要反复强调的是，如果我们根据给定的规则计算不同事件发生的概率，并从中选出最有可能发生的事件，我们并不能完全确定，这件事就一定会发生。除非将测试数量扩大到数千、数百万，或者数十亿次，否则预测结果只是"可能的"，而不是"确定的"。概率定律在面对数量相对较少的测试时显得较为"宽容"，这种情况限制了统计分析、破译各种代码和密码的使用范围和有效性。比如，埃德加·爱伦·坡[②]在他的名作《金虫子》中描述了一个著名案例，一位名为罗格朗的人，在南卡罗来纳州一片荒凉的海滩上漫步，无意中捡到了一张半埋在湿沙子中的羊皮纸。他回到海滩小屋想用火把羊皮纸烤干，结果熊熊燃烧的炉火让羊皮纸显露出一些用特殊墨水写上去的神秘符号。正常情况下谁也看不出来，只有在受热的时候，它们才会变成红色。羊皮纸上画着一个骷髅头和一个山羊头，毫无疑问，这出自著名的海盗基德船长。而在图案下方，出现了几行文字，标示出宝藏的埋藏地点（见图86）。

我们姑且尊重埃德加·艾伦·坡的设定，承认这位17世纪的

---

① 当然，这唯一一个例外是来自匈牙利的一位数学家（参见本书第一章开头部分）。

② 埃德加·爱伦·坡（1809—1849），19世纪美国诗人、小说家和文学评论家，美国浪漫主义思潮时期的重要成员。

海盗已经掌握了分号、引号，还有 ♣、╤和¶之类的特殊符号。

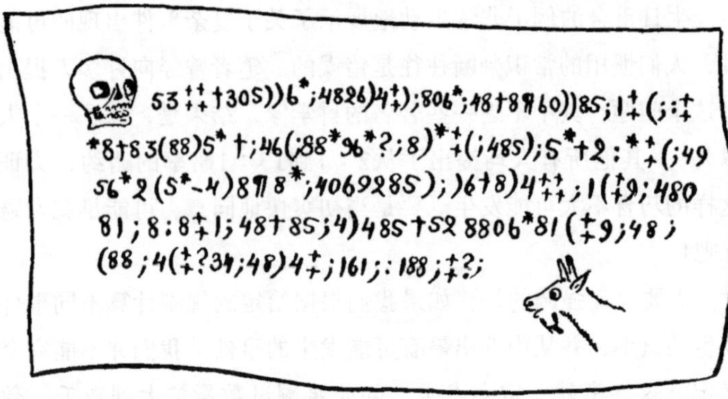

图86 基德船长的密信

　　因为急需用钱，勒格朗先生殚精竭虑、绞尽脑汁，试图破译这些神秘的符号。最后，他根据不同字母在英语中出现的相对频率，得到了自己想要的答案。这种破译方法的依据是：如果对一段英文文本进行统计，无论是莎士比亚的十四行诗还是埃德加·华莱士的推理小说，你会发现任意一段中字母出现的数量，"e"出现的频率为最高，而在它之外，出现的频率从高到低排列为：

　　a, o, i, d, h, n, r, s, t, u, y, c, f, g, l, m, w, b, k, p, q, x, z

　　勒格朗先生对比了一下基德船长留下的密信，发现不同符号的数量中出现频率最高的为数字"8"。"啊哈，"他说，"这意味着数字8最有可能代表字母e"。

　　嗯，他讲得很有道理！然而，8代表字母"e"也只是存在概率，并不代表"绝对就是"。事实上，如果这封密信所写的是"You will find a lot of gold and coins in an iron box in woods two thousand yards south from an old hut on Bird Island's north tip"（"你将在鸟岛最北端的一间破旧小屋以南两千码外的树林里找到一个

216

装满了黄金和钱币的铁盒子"），那么其中只有一个"e"！概率定理成为勒格朗的"神助攻"，他居然猜对了！

第一步获得成功后，勒格朗先生瞬间充满自信，他以同样的方式按照字母出现的频率进行了符号的对应，罗列出以下表格：

Of the character 8 there are 33		e ← → e	
;	26	a	t
4	19	o	h
‡	16	i	o
(	16	d	r
*	13	h	n
5	12	n	a
6	11	r	i
†	8	s	d
1	8	t	
0	6	u	
g	5	y	
2	5	c	
i	4		
3	4	g ← → g	
?	3	l	u
¶	2	m	
-	1	w	
.	1	b	

（符号"8"出现了33次）

表格中的第二列是按照出现频率排列的英语字母，因此可以进行合理的假设——左边符号栏中列出的符号与右边第一个窄列中给出的字母一一对应。但是按照这个逻辑进行对应后，我们发现基德船长所写的信息开头就是：ngiisgunddrhaoecr……

217

这似乎已经有点离谱了！

究竟出了什么问题？狡猾的老海盗是否使用了一些出现频率比较特殊的字母来掩盖信息？其实并不是，出现这种状况的原因是文本太短，无法进行科学的统计抽样，文本中字母出现的频率并不完全符合统计学的分布规律。如果基德船长精心布局，以极为隐秘的方式埋藏了宝藏，寻宝路线图写了几大页甚至一整本，那么勒格朗先生反而可以更好地利用频率规则来破解这个谜题。

如果你投掷了100次硬币，也许会比较自信地认为，有50次的概率是正面朝上的。但是，如果只扔4次，就可能出现3次正面和1次反面，或者3次反面1次正面。这其中蕴含的道理是：实验次数越多，得到的结果就越能体现概率定律法则。

由于密信中字母数量有限，导致简单的统计分析方法失效，勒格朗先生被迫调整思路，对英语中不同单词的具体结构特征进行分析。首先，他注意到密信中"88"这一组合出现得相当频繁（5次），这让他对用"8"来代表"e"的猜想更加笃定。因为众所周知，字母e在英语单词中经常成双成对（如：meet、freet、speed、seed、been、agree等）。此外，如果8真的代表e，那么它可能经常作为单词"the"的组成部分出现。认真研究整段秘文，我们发现组合"；48"出现了7次，如果"；48"就是"the"，那么"；"就表示"t"，"4"则表示"h"。

如果感兴趣，朋友们可以去看看爱伦·坡的原著，以便了解和掌握破译基德上尉信息的详细步骤以及诸多细节。我们长话短说，最终文章破译为："主教客栈的魔鬼座位上有一面完好的镜子。东北偏北41度13分。主枝干东边的第七根枝丫。从骷髅头部的左眼向外开枪。沿着子弹的轨迹向前行走50英尺。"

勒格朗先生最终破解的符号含义在前面表格的第二列进行了展示，我们可以看到，它们与概率定律可能推导出的分布并不完全一致。当然，究其原因还是文本过于简短，没有为概率定律提供"用武之地"。但即使在这份短小的"统计样本"中，我们也可以注意到字母按照概率理论分布的趋势，如果消息当中的字母数量足够庞大，这种趋势将不容置疑地将理论变为牢不可破的规则。

实际上，概率理论的预测已经通过大量试验得到了验证，唯独存在一个特例（除了保险公司不能破产这一事实），这就是著名的"美国国旗和火柴问题"。

要想弄清楚这个特殊的案例，我们需要一面红白条纹的美国国旗，如果实在找不到，就拿一张大纸在上面画几条平行等距的线。然后，还需要一盒火柴——任何种类的火柴都行，关键是它们的长度要小于条纹的宽度。接下来，还需要一个希腊派，这里指的可不是美味的食物，而是希腊字母中的 π，相当于英文中的"p"。它被用来指代"圆周率"，表示圆的周长与其直径的比值。耳熟能详的是，它等于3.1415926535……（小数点后面还有很多位，但没必要全部写出来。）

图87

现在，把国旗平铺在桌子上，将一根火柴抛向空中，观察它掉落到国旗上的情况（见图87）。火柴可能完全落在某个条纹内部，也可能与两个条纹的边界相交。那么，这两种情况发生的概率分别有多大呢？

按照我们确定其他概率的流程，必须首先计算这两种情况对应的概率。

但是，火柴显然可以落在国旗上的任意位置，我们要怎么才能计算出所有的可能性呢？

我们不妨深入思考一下这个问题。如图88所示，落下的火柴相对于其所在条纹的位置可以通过火柴中点与最近的条纹边界之间的距离，以及火柴与条纹边界形成的夹角进行描述。为了让这个问题便于理解，我们给出了三个典型的火柴例子。假设火柴的长度等于条纹的宽度，它们都是两英寸。如果火柴的中点非常靠近条纹边界，并且夹角角度很大（如情况a），火柴会与边界线相交。如果情况相反，夹角角度较小（如情况b）或距离较大（如情况c），火柴便会留在两条边界线内。更确切地说，如果火柴在垂直方向上的投影大于条纹的一半宽度（如情况a），则火柴必然与线相交；反之（如情况b），则不会发生相交。图88的下半部分对此种情况进行了展示。我们在横轴（横坐标）上用半径为1的圆弧长度来表示火柴掉落的角度，纵轴（纵坐标）表示的是火柴垂直方向上的投影长度。根据三角函数，这个投影长度对应的是给定弧长的正弦值。显然，当圆弧为零时，正弦值也为零，因为在这种情况下，火柴处于水平位置。如果圆弧是与直角对应的 $\pi/2$，[1]那么正弦等于1，因为此时的火柴处于垂直位置，与投影重合。如果弧长介于0和 $\pi/2$ 之间，那么它的正弦值就是我们所熟悉的正弦曲线。（在图88中，只画出了完整正弦曲线的1/4，即0和 $\pi/2$ 之间

---

[1] 半径为1的圆的周长，等于其直径乘以 π，也就是 2π。因此，圆的直角对应的圆弧长度为 $2\pi/4$，即 $\pi/2$。

的部分。）

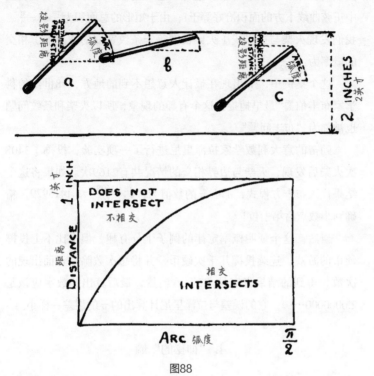

图88

画好了这张图以后，我们可以利用它很方便地推算出火柴与边界线相交与否的概率。事实上，正如我们刚才看到的（图88上半部分的三个示例），如果火柴中点与边界线的距离小于其垂直投影的一半，即小于其弧长的正弦值，那么火柴会穿过条纹的边界线。这意味着，这张展示了距离和弧长的图表，其对应的点位于正弦曲线下方。若情况与之相反，坐标落在正弦曲线上方则代表火柴与条纹线不相交。

因此，根据计算概率的规则，相交与不相交的概率比值等于正弦曲线下方面积与曲线上方面积之比。也就是说，我们可以通过计算矩形内部被正弦曲线分开的两块区域面积来确定两种情况发生的概率。从数学的角度也可以进行论证（参考第二章），图中正弦曲线下方的面积恰好等于1；由于矩形的总面积为 $\frac{\pi}{2} \times 1 = \frac{\pi}{2}$，我们发现火柴与边界线（火柴长度等于条纹宽度的情况下）相交的概率为：$\frac{1}{\pi/2} = \frac{\pi}{2}$。

这个案例中，π 出现在最让人意想不到的地方，18世纪的科学家布丰伯爵[1]最早捕捉到这个有趣的现象，所以火柴和条纹问题也被称为"布丰问题"。

勤奋的意大利数学家拉泽里尼进行了一项实验，投掷了3408次火柴后发现，火柴与边界相交的情况共有2169次。如果将这个结果代入布丰方程式，那么 π 的数值为：$2 \times \frac{3408}{2169} \approx 3.1415929$，精确到小数点后第七位！

当然，这个证明概率定律的例子十分有趣，但也比不上投掷硬币的游戏。连续投掷几千次硬币，并将总次数除以正面出现的次数，得到的结果肯定是"2"。当然，最后算出的数字应该是2.0000000……，它的误差与拉泽里尼计算出的 π 的误差一样小。

4. "神秘的" 熵

上面几个关于概率演算的例子都与实际生活密切相关，我们从中可以看出，根据概率预测事件，在样本数量有限时，其结果往往令人失望，而数据不断增加时，结果就越精准。基于这个特点，概率定律极其适合用来描述数量接近无限的原子或分子，要知道，即便是方便操控的最小的物质，它们中也蕴含了无数的原子或分子。因此，虽然对"酒鬼漫步"的计算只能得出大致的结

---

[1] 布封（1707—1788），18世纪法国博物学家，作家。其原名乔治·路易·勒克来克，因继承关系，改姓德·布封。主要著作《自然史》是一部博物志。计算 π 的最稀奇的方法之一，就是布丰设计的投针实验，可以用概率方法得到 π 的近似值。

论，毕竟案例中只有六个酒鬼，就算每人转了24次弯，数据也很有限。但是，如果将概率定律应用于每秒都会发生数十亿次碰撞的数十亿个染色分子，就会得出最精确的物理学扩散定律。我们也可以说，最初在试管里只溶解于一半水的染料在扩散过程中之所以均匀地扩散到所有液体中，就是因为出现均匀分布的概率比保持初始时的分布概率更高。

正是出于同样的原因，此时此刻，当我们坐在房间里沉浸地阅读这本书时，房间的所有角落都均匀地充满了空气。你甚至从未设想过，房间里的空气会意外地聚集在远处的某个角落，让坐在椅子上的你窒息而死。不过，从物理上的角度来说，这种恐怖事件发生的概率并非绝不可能，只是概率很低而已。

为了说明这种情况，请想象一个房间被垂直面分割为两个相等的部分，研究一下，空气在这两个部分之间最可能的分布状态是怎样的。这个问题与前面章节讨论的抛硬币问题原理相同。如果我们挑出一个单独的分子，那么它出现在房间左半部分和右半部分的概率完全相同，正如抛出的硬币掉落时正反面出现的概率也完全一样。

第二个、第三个以及其他所有分子在房间两边出现的概率同样遵循了概率相等的分布规则，每个分子出现的位置与其他分子全然无关。①不知道大家发现没有，空气分子进入左右两侧房间的分布概率，与大量投掷硬币时正反面出现概率的情况完全相同。就像图83看到的那样，此种情况下最容易出现的结果就是"五五开"。从这幅图中我们还能看到，扔硬币的次数越多（此案例中是空气分子数量增加），五五开的概率也就越大；只要试的次数积累得足够多，结果就一定是五五开了。正常大小的房

---

① 事实上，由于气体分子间的距离很大，一定体积中的空间中虽然分布着大量分子，却一点也不拥挤，不会妨碍新的分子进入其中。

间里大约有10^{27}个分子，^①它们同时聚集在右侧房间的概率为：$(\frac{1}{2})^{10^{27}} \approx 10^{-3 \times 26}$，即$1/10^{3 \times 10^{26}}$。

另一方面，空气分子以每秒约0.5公里的速度移动，只需0.01秒就能从房间的一端移动到另一端，因此它们在房间中的分布情况每秒钟都能变化100次。^②要想把房里所有的空气都聚集到一侧，需要等待$10^{29999999999999999999999999998}$秒。问题是现在探明的宇宙总寿命只有$10^{17}$秒！所以咱们可以安枕无忧地继续阅读，不必为突如其来的窒息风险感到焦虑。

再来看另外一个例子，假设桌上放着一杯水。大家很清楚，因为无规律热运动的存在，水分子时时刻刻都会以极高的速度向着任意方向快速移动，由于它们之间存在内聚力，所以并不会四散飞溅。

由于每个独立分子的运动方向都完全遵循概率规律，那么，我们想象一下，在某个时刻，杯子中位于上半部分的水分子全部向上运动，位于下半部分的全部向下运动，这种情况出现的概率有多大。^③此时，作用于水中上下平均分界线上的内聚力再也无法阻止它们"团聚"，我们将观察到颠覆性的一幕：玻璃杯中一半的水以子弹的速度自发射向天花板！

还有另外一种可能性，水分子所有热运动的能量恰巧集中于玻璃杯的上半部分，在这种情况下，下半部分的水会突然冻结，

---

① 如果这个房间长15英尺、宽10英尺、高9英尺，其体积为1350立方英尺，即5×10^7立方厘米，因此房间内部共有5×10^4克空气。由于空气分子的平均质量为$30 \times 1.66 \times 10^{-24} \approx 5 \times 10^{-23}$克，分子总数为$(5 \times 10^4) / (5 \times 10^{-23}) = 10^{27}$。

② 实际上由于分子运动是连续的，房间内空气分子的分布时时刻刻都在发生变化。

③ 根据动量守恒的力学定律，所有分子不可能同时朝向同一方向运动，所以我们只能考虑这种一半朝上一半朝下的情况。

上半部分则会剧烈沸腾。为什么我们从未碰到过这样的事情？不是因为它们绝不可能发生，而只是因为这种概率实在是太低了。事实上，如果你试图计算最初随机运动、四处乱撞的分子突然规律地一半向上一半向下运动的概率，你会发现，这与前面所说的空气分子完全集中在一个角落的概率一样低得可怜。同样，由于水分子相互碰撞，导致某些分子会丧失绝大部分能量，而另外一些区域的分子获得额外动能的概率同样可以忽略不计。因此，我们实际观察到的分子运动总是按照可能性最大的情况来进行。

如果分子的初始位置或速度与获取最大概率的条件不相符，比如，在房间的某个角落里释放一些气体，或者在冷水上倒一些热水，这必然会引发一系列物理变化，使整个系统从可能性较低的状态逐渐变成最可能的状态。气体会在房间里扩散，直到均匀分布；玻璃杯顶部的热量会流向底部，直到整杯水温度相同。因此，我们或许可以说，所有依赖于分子不规则热运动的物理过程都在朝着概率增加的方向发展，直至没有其他附加条件时，达到概率最大的平衡状态。正如我们在房间里空气分布的例子中看到的那样，分子各种分布状态出现的概率通常是一些烦琐而极小的数字（比如空气集中于半个房间中的概率是 $10^{-3 \times 10^{26}}$），所以我们一般用对数来表示它们。这个物理量被称为熵，在所有与物质不规则热运动有关的问题中它都是非常重要的参数。前面关于物理过程中概率变化的情况可以改写为：物理系统中的任何自发的变化都是朝着熵增加的方向发展，直至最后达到熵最大的平衡态。

这就是著名的熵增定律，也被称为热力学第二定律（第一定律是能量守恒定律），正如你所看到的，这条定律其实并不可怕。

熵增定律也被称为无序增加定律，因为正如上述几个例子中所看到的，当分子的位置和速度完全随机分布时，熵达到最大值，因此任何在其运动中引入某种秩序性的尝试都会导致熵的减少。通过参考将热转化为机械运动的问题，可以归纳出熵增定律的另一个更为实用的公式。大家是否还有印象——热实际上是分子的无规律机械运动，那么你应该很容易理解，要把给定物质蕴含的热完全转化为大规模运动的机械能，这相当于迫使该物质的所有分子朝着同一方向运动。然而，在一杯水自发地将一半的水喷向天花板的案例中，我们已经知道这种情况出现的概率极低，几乎不可能实现。因此，尽管机械运动的能量完全可以转化为热能（例如通过摩擦），但热能永远不可能完全转化为机械能。这无疑排除了所谓的"第二类永动机"存在的可能性[①]，这种永动机在常温下从物体中吸收热量并使它们冷却，利用由此获得的能量做机械功。例如，建造一艘蒸汽船（其锅炉靠烧煤产生蒸汽），如果将锅炉换成第二类永动机，将海水泵入机舱，从海水中提取热量制造蒸汽，再把失去热量结为冰块的海水扔回海中，从而取代燃烧煤炭产生的热能——这样的事情永远不可能发生。

但是，普通蒸汽机是如何在不违反熵增定律的情况下将热能转化为动能的呢？诀窍是：在蒸汽机中，燃料燃烧后释放的热量只有一部分转化成为能量，更多能量则作为废气蒸汽被排入空气里，或者被特制的蒸汽冷却器吸收了。在这种情况下，系统中出现了两个相反的熵变化：（1）部分热量转化为活塞的机械能，导致熵减；（2）另一部分热量从锅炉流入冷却器，导致熵增。熵增定律只要求系统中熵的总量增加，我们可以通过使第二部分增加的熵值大于第一部分减少的熵值来轻松实现。为了更好地理解这种情况，假设有一个5磅重的砝码放在离地板6英尺的架子上。根据能量守恒定律，在没有任何外力帮助的情况下，这个砝码不可能自发地飞向天花板。另一方面，它却完全可能将部分重量抛向地板，并借用释放的能量让剩余部分向上升起。

同理，我们可以允许系统内的局部区域出现熵减，只要其余

---

① 与无须供应能量就能运转的"第一种类永动机"相反，这种永动机违反了能量守恒定律。

部分增加的熵足以补偿差额。换言之，我们可以通过干预让系统内部的分子运动变得更有秩序，前提是我们并不在意这样的操作会让其他区域的分子运动变得更为无序。事实上，许多情况下，诸如各类热功机械，我们确实不是特别介意。

5. 统计波动

在前面的讨论中，大家应该能够清楚感受到，熵增定律及其所有推论都是基于这样一个事实：宏观物理世界中的所有物质都是由大量的独立分子组成，当拥有大量样本的时候，我们所做出的预测的精确度就会极高，甚至接近完美。但如果样本数量有限，那些预测就变得不那么可信了。

前文的案例如果不是以"整个房间的空气"为样本，只是将其中很少的一点点空气作为实验对象，比如说一个边长仅百分之一微米[①]的立方体，那么情况就完全不同。事实上，由于立方体的体积只有 10^{-18} 立方厘米，它包含的分子数量为 $\frac{10^{-18} \times 10^{-3}}{3 \times 10^{-23}} = 3$ 个，所有分子聚集在立方体中一半空间的概率为 $(\frac{1}{2})^{30} = 10^{-10}$。

另一方面，由于立方体的尺寸小得多，分子以每秒 5×10^{10} 的速度重新排列（每秒0.5公里的速度除以 10^{-6} 厘米的边长），因此差不多每一秒我们会看到立方体有一半是空的。不用说，部分分子集中在立方体某个角落的情况更容易发生。例如，一侧有20个分子，另外一侧则有10个分子（有一边多了10个分子），这种情况发生的频率为：$(\frac{1}{2})^{10} \times 5 \times 10^{10} = 10^{-3} \times 5 \times 10^{10} = 5 \times 10^7$，即每秒 50 000 000次。

因此，在小范围内，空气分子的分布并不均匀。如果放大足够的倍数，我们就能看到小浓度分子在气体内部不断凝结又不断分开，然后换个位置重复同样的过程。这种效应被称为密度波

---

① 1微米等于0.0001厘米，通常表示为希腊字母 μ。

动，它在许多物理现象中扮演了至关重要的角色。当阳光穿过大气层时，空气中那些不均匀的分子团会导致光谱中的蓝色光线散射，使天空呈现明晃晃的蓝色，而太阳也红得更为醒目。这种变红的效应在日落时尤为明显，因为太阳光线必须穿过密度较厚的空气层。如果没有密度波动，天空看起来就会一片漆黑，即便身处白昼也能看到繁星点点。

尽管不太明显，普通液体中也存着密度和压力的波动。如果我们换一种方式来描述布朗运动，就可以说：悬浮在水中的微小颗粒由于作用于其两侧压力总在发生快速的变化，所以也被来回推动。当液体被加热到接近沸点时，密度的波动变得愈发明显，导致液体呈现出轻微的乳白色。

现在我们可以问问自己，对于那种主要受统计波动影响的小物体，熵增定律是否同样适用呢？譬如，对于那些一辈子都被周围分子的冲击力推搡的细菌来说，自然会对"热量不能完全转化为机械运动"的说法嗤之以鼻！但在这种情况下，熵增定律并没有失效，只是失去了价值和意义而已。事实上，这条定律所说的是分子运动不能完全转化为包含无数独立分子的大型物体的运动。但对于比分子尺寸大不了多少的细菌来说，热运动和机械运动之间的差异并不明显。细菌感到的分子撞击和我们在拥挤人群里感受到的推搡是一样的。如果我们是细菌，把自己简单地绑在一个飞轮上就能制造出第二类永动机，但如果真是这样的话，我们就失去了能够理解、使用机械装置的大脑，所以我们无须为自己不是细菌而感到遗憾！

此外，生命有机体的存在似乎与熵增定律互相矛盾。事实上，生长中的植物能吸收简单的二氧化碳（来自空气）和水分子（来自地面），并将它们融合成组成植物的复杂有机分子。从简单分子变为复杂分子意味着熵的减少。实际上，木材的燃烧或者腐烂，将其分子分解为二氧化碳和水蒸气才是正常的熵增过程。那么，植物真的违反了熵增定律吗？它们的生长是否真的来自古代哲学家所倡导的一些神秘的生命力呢？

　　只要在深入分析之后，你会发现二者之间其实并不矛盾，除了二氧化碳、水和某些盐以外，植物的生长还需要充足的阳光。而其生长材料中储存的能量，在燃烧时可能会再次释放。太阳光还携带着所谓的"负熵"（低水平熵），当光线被绿叶吸收时，这种熵就会消失。因此，植物叶片中发生的光合作用涉及两个相关过程：（a）将太阳光的光能转化为复杂有机分子的化学能；（b）将简单分子构建成复杂分子时利用来自阳光的负熵来实现熵的下降。从"有序与无序"的角度来说，太阳的辐射被绿叶吸收时，它蕴含的内部秩序也被夺走，传递给分子，使它们能够组合成更为复杂有序的结构。植物通过获取太阳光的负熵（秩序），以无机化合物为原料来建构自己的身体；而动物则需要食用植物（或其他动物）来获得负熵，可以说，它们是负熵的间接使用者。

| 第九章　生命的谜题

1. 我们是由细胞组成的

在对物质结构的讨论中，我们故意省略了一组数量相对较小但极其重要的物质，它们与宇宙中所有其他物体存在一个特殊的差别——它们是活的！生命物质和非生命物质之间最重要的区别是什么？基本物理定律成功地解释了非生命物质的性质，但它有多大把握能够帮助人们理解生命现象呢？

谈到生命现象时，我们通常会想到一些体积庞大、比较复杂的生命体，比如一棵树、一匹马，或者一个人。但如果试图通过研究这些复杂的有机系统来研究生命体的基本性质，恐怕会徒劳无功，就像你没法通过分析汽车之类的复杂机器来研究无机物的结构一样。

如果你非要这样做，会发现自己面临如此多的困难：一辆行驶中的汽车由数千个不同形状的零件组成，这些零件又经不同的材料制成并处于不同的物理状态，其中一部分是固体的（如钢制底盘、铜线和挡风玻璃）；一部分是液体的（如散热器中的水、油箱中的汽油，以及机油）；还有一部分是气体（例如化油器喷进气缸的混合物）。因此，分析汽车这类复杂的物体，我们需要先按照物理性质将其分解为均匀的独立部件。你会发现，它由各种金属物质（如钢、铜、铬等）以及多种玻璃物质（如玻璃和汽车部件中的塑性材料）、各种均质液体（如水和汽油）等组成。

利用现有的物理研究方法继续深入探查，我们发现，汽车的铜质部件由许多独立的细小晶体组成，这些晶体是由单个铜原子相互叠加而成。而散热器中的水则是由大量排列相对松散的水分子组成的，每个水分子均是由1个氧原子和2个氢原子组成；通过阀门进入气缸的燃烧剂则是由一群自由移动的氧分子、氮分子与汽油分子组成的气态混合物，而汽油分子又由碳和氢原子组成。

同样地，分析复杂生命体（如人体）时，我们必须首先将其分解为大脑、心脏和胃等单独的器官，然后再将它们分解成生物性质材料，这些材料被统称为"组织"。

从某种意义上说，各种类型的组织作为构建复杂生物体的材料，其工作原理与各种物理性质均匀的物质构建出机械装置有着异曲同工之妙。这样看来，解剖学和生理学以不同组织的特性来分析生物体功能这一点也与工程科学极其类似，后者根据已知原材料的机械、电磁和其他物理特性来研究各种机械的运转。

因此，要解开生命之谜，我们不能局限于研究组织如何形成复杂的生命体，还要进一步考察各类单独的原子是如何构建形成组织，最终诞生出独立的生命体。

有一个常见的误区，很多人会认为生物性质均匀的活体组织跟物理性质均匀的普通物质较为相似。实际上，随机选择一种组织（无论是皮肤、肌肉还是大脑都可以），将它放到显微镜下进行分析，会发现它是一个体量庞大的"家族"，由大量独立的小单位组成，这些小单位的性质从根本上决定了整个组织的性质（见图89）。这些生命体的基本机构单元通常被称为"细胞"，也可以叫作"生物原子"（即"不可分割之物"），因为单个细胞是保持组织生物特性的最小单位。

图89 各种类型的细胞

举个例子，如果一块肌肉组织被切割到只剩下半个细胞大小的样子，它就会失去肌肉收缩等所有特性，就像只剩下半个镁原子的"金属片"将不再是镁金属，而变成了一小块碳！[①]

形成组织的细胞体积尺寸很小（平均直径为百分之一毫米[②]）。人们所熟知的所有植物或动物都是由数量众多的独立细胞组成。譬如，一个成年人的身体里包含了几百万亿个独立的细胞！

同样地，体型较小的生物体蕴含的细胞数量也相对较少。比如，一只家蝇或一只蚂蚁体内包含的细胞数量只有几亿个。还有单细胞生物这个大类，如阿米巴虫、真菌（皮癣感染就是真菌引

[①] 前面关于原子结构的讨论中，大家知道了镁原子（原子序数12，原子量24）的原子核由12个质子和12个中子组成，原子核被12个电子包裹。如果把镁原子一分为二，就会得到两个新原子，或者说是两个碳原子，其中每个原子含有6个核质子、6个核中子和6个外层电子。

[②] 有时，个别细胞会长得非常大，比如大家所熟悉的蛋黄，它就是一个独立的细胞。然而，在这种情况下，细胞内部负责孕育生命的核心部分尺寸依旧很小，那巨大的蛋黄其实只是鸡胚胎发育所需的养料而已。

起的）和各种类型的细菌，它们仅由一个单细胞组成，只能通过高倍显微镜才能观察到。这些独立的活细胞无须承担复杂生物体内的"社会功能"，针对它们的研究已经成为生物学史上最激动人心的篇章之一。

想要搞清楚生命的特性，我们必须从活细胞的结构和性质中寻求答案。

活细胞究竟有何种与众不同的特性，让它与普通的无机物看起来如此不同，或者说，它们与构成写字台的木材、皮鞋里的皮革等死细胞的差异到底在哪里？

活细胞区别于其他物质的独特之处在于：（1）从周围的介质中"掠夺"自身所需的养料；（2）将这些养料转化为其生长发育的物质；（3）当其生长到一定尺寸，便会分裂为两个相似的细胞，每个细胞都是其自身大小的一半（并且能够继续生长）。当然，对于由单个细胞组成的所有更复杂的生命体来说，"进食""生长"和"繁殖"是普遍具有的能力。

具有批判性思维的读者可能会提出反对意见，认为这三种特性在普通无机物质中也可以找到。例如，如果我们把一小块盐晶体丢到过饱和盐溶液中，[①]晶体将从水中提取（或者更确切地说是"剔除"）盐分子，并将其一层层累积到晶体表面从而获得生长。我们甚至可以想象，由于某些机械效应的影响，诸如晶体通过生长不断增加重量，无法承受后便分裂成两半，由此形成的"子晶体"又会重复这个过程继续生长。这个过程难道不应该归类为"生命现象"吗？

---

① 将大量的盐溶解在热水中，直至其冷却至室温就能够得到过饱和溶液。由于水溶解盐的能力会随着温度的降低而减弱，因此水中的盐分子超过了水的溶液能力。但是，在没有外界干扰的情况下，过量的盐分子可以在溶液中停留很长时间，除非我们放入一小块盐晶体，为其提供助力。在晶体的协助下，水中的盐分子纷纷逃离过饱和溶液。

要回答这个问题，首先必须明确一点：如果将生命简单地看作是普通物理和化学现象的复杂版本，那么就不该奢望它们之间存在明显的界限。类似地，当我们使用统计定律来描述由大量独立分子形成的气体行为时（见第八章），我们同样无法精确地确定这种适用范围。事实上，我们知道，房间里的空气绝不会突然聚集到角落，不寻常事件发生的概率微乎其微。与此同时，如果整个房间里只有两个、三个或四个分子，那么它们往往会聚集在某一个角落。

问题来了，对于房间里的分子是否会聚集到一个角落，到底多少分子数量可以实现呢？一千个？一百万个？还是十亿个呢？

类似地，在研究基本生命过程时，我们也无法再盐溶液结晶这类分子现象，与活细胞的生长和分裂之间划出一条明确的界限。虽然后者确实更为复杂，但二者看起来似乎没有本质上的差别。

然而，关于这个特殊的案例，我们可以说，晶体在溶液中的生长不应被视为生命现象，因为晶体生长所需的"食物"进入其体内后并未发生变化。先前与水分子混合的盐分子只是简单地堆积在生长的晶体表面。所以这只是普通的物质的机械堆积过程，而不是典型的生化同化过程。此外，晶体的"增加"完全依赖于纯粹的机械力（重力）偶然分裂为两块形状不规则的部分，与细胞的分裂大相径庭，后者主要由内部力量驱动，而且子代与亲代严格保持一致，具有精确而持续的特性。

有一个更接近生物过程的案例：向二氧化碳气体的水溶液中加入一个酒精分子（C_2H_5OH），这个分子会立即启动自行合成的程序，逐个将水分子H_2O与溶解的二氧化碳分子CO_2结合起来，形成新的酒精分子。[1]如果将一滴威士忌滴入普通的苏打水中，你就

---

[1] 这个虚构的反应方程为：$3H_2O+2CO_2+[C_2H_5OH]\rightarrow2[C_2H_5OH]+3O_2$，根据这个方程，一个酒精分子就能制造出两个同样的分子。

会得到一杯浓烈的威士忌。如果这事情可行，那么酒精在世人眼中就变成活物了！（见图90）

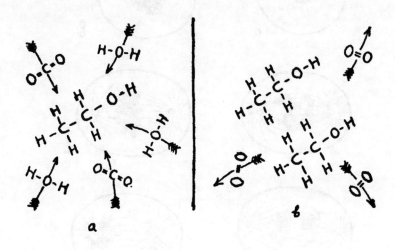

图90

酒精分子利用水和二氧化碳生成另一个酒精分子的示意图。如果酒精确实可以实现这样的"自我繁殖"，它将被视为具有生命的"活物"。

这个例子并非异想天开，后面我们将看到，在现实生活中存在着一种被称为"病毒"的复杂化学物质，它们的分子复杂至极（每个分子由数十万个原子组成），能从周围介质中获取原材料，生成与自身相似的结构单元的能力。这些病毒微粒既是普通的化学分子，同时也是活的生命体，它们是生命物质和非生命物质之间"缺失的一环"。

不过现在，我们必须把注意力重新放回到普通细胞的生长和繁殖问题上，尽管这些细胞非常复杂，但仍远不如分子那么"让人头疼"，它们有资格被视为最简单的生命体。

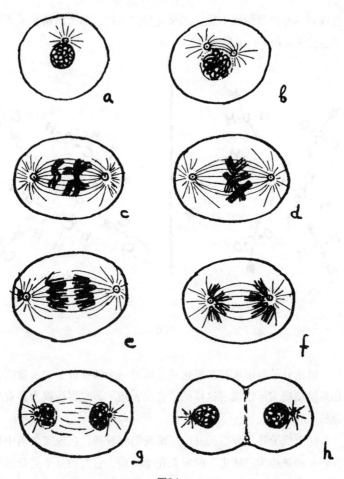

图91

细胞分裂的连续阶段（有丝分裂）透过高倍显微镜观察一个典型的细胞，你会发现它是由化学结构非常复杂的半透明凝胶物质组成，这种胶状物体通常被称为原生质。原生质外面包裹着一层围墙，动物细胞的"围墙"（细胞膜）轻薄而富有弹性；植物细胞的"围墙"（细胞壁）却显得无比厚重，让植物的身体具有高度的坚固性（见图89）。每个细胞的内部都有一个被称为"细胞核"的小球，由染色质的精细网络组成（见图91）。这里必须注意的是，正常情况下，细胞内各个部分的原生质具有相同的光学透明度，无法简单地通过显微镜去观察活细胞的结构。要想实现这个目标，需要给细胞材料染色，因为原生质的不同部分吸收染色材料的能力各不相同。形成细胞核的网状材料特别容易上色，在较浅的背景下变得清晰可见。[①] "染色质"由此得名，在希腊语中的含义是"吸收颜色的物质"。

细胞关键的分裂过程即将开始时，细胞核网络的结构变得比以前大不一样，可以看到，它由一系列独立的纤维状或棒状颗粒组成（见图91b、c），人们称之为"染色体"（即"吸收颜色的物体"）。请看图片VA和VB（P340）。[②]

特定物种体内的所有细胞（除了所谓的生殖细胞）包含的染色体数量完全相同，一般来说，越高级的生命体，其拥有染色体的数量就越多。

这种小果蝇拥有一个拉丁文名字叫作"Drosophila melanogaster"，它帮助生物学家解开了许多关于基本的生命谜题，它的每个细胞都有8条染色体。豌豆细胞有14条染色体，玉米细胞有20条。而无论是生物学家本人还是其他人，每个细胞中都携带了46条染色体，这足以让人感到无比自豪。因为从学术的角度来看，它就是人类比苍蝇优秀6倍的最好证明，虽然这不意味着

---

① 同理，你可以用蜡烛在纸上写一些东西，一般情况下，字迹是无法显现的，除非你用黑色铅笔把纸涂满，这些文字才会显露出现。由于石墨无法渗入蜡烛覆盖的地方，所以这些文字在阴影背景中会凸显出来。

② 必须记住的是，在给活细胞染色时，我们通常会将杀死它，从而阻止其进一步生长。因此，拍摄细胞分裂的过程（如图91中的图片），并不是通过观察某个细胞而获得的，需要给几个处于不同发育阶段的细胞染色（同时杀死它们）。但这并不影响细胞分裂的影响。

一只细胞内拥有200条染色体的小龙虾就比人类优秀4倍以上！

生物细胞具有一个重要特性，不同物种细胞中染色体的数量一定是偶数。事实上，每一个活细胞（但也有例外，本章稍后讨论）都具有两组几乎完全一样的染色体（见图片VA），其中一组来自母亲，另外一组则来自父亲。这两组来自父母双方的染色体携带着复杂的遗传特性，亘古不变，代代相传。

细胞分裂由染色体发起，每条染色体沿着长度方向整齐地分裂成两条完全相同但比之前更加轻薄的纤维，而细胞作为一个整体则保持着其完整性（图91d）。

在细胞核内互相缠绕的染色体准备开始分裂的时候，细胞核外边界彼此靠近的两个被称为中心体的点逐渐远离彼此，分别移动到细胞的两端（图91a、b、c）。此时，中心体与细胞核内的染色体之间似乎还有细线连接，等到染色体一分为二时，这些细线便会收缩，将新的染色体分别拉向细胞两端的中心体（图91e、f）。当这个过程快要结束时（图91g），细胞外壁开始沿着中心线向内塌陷（图91h），细胞两个部分的分界线处将会出现一层新的薄膜，将其分开，成为两个新的独立细胞。

如果这两个"子细胞"能够从外部获得充足的食物，它们将生长为和母体同样大小（体积变成之前的2倍），通过一段时期的成长之后，子细胞将按照刚才介绍的过程再次分裂。

我们可以通过直接观察对细胞分裂的每个步骤进行详尽的描述，这大抵是目前科学界能做到的极限，但对于这一过程背后究竟是何种力量在驱动，它的性质如何，人们能探索到的少之又少，无法给出合理而令人信服的解释。想要解开细胞分裂之谜，我们首先要搞清楚染色体的性质，这个问题相对比较简单，将在下面的章节中进行讨论。

在此之前，我们还是应该考虑一下，由大量细胞组成的复杂生物是如何通过细胞分裂完成生殖过程的。此时你可能忍不住会问，是先有鸡还是先有蛋呢？事实上，要描述这样的循环过程，无论是从即将孵出小鸡（或其他动物）的"蛋"开始，还是从一只将要下蛋的鸡开始，结果都差不多。

我们先来讨论一下刚刚出壳的小鸡。在它孵化（或出生）的那一刻，其体内的细胞正在经历一个持续分裂过程，从而使得小鸡能够快速地生长和发育。之前说过，一个成年动物的体内含有数万亿个细胞，这些细胞都是由单个受精卵持续分裂形成的。看到这里，很多人都会觉得要产生这个结果必定需要许多次连续分裂的过程。然而，回想一下第一章中那位感念旧情的国王同意根据64个简单的几何级数计算出赏赐西萨·本的小麦数量，还有世界末日问题中重新排列64个圆盘所需耗费的时间，你就会意识到，相对较少的连续细胞分裂会导致大量细胞的产生，如果用X来表示成年人从受精卵发育长大所经历的细胞分裂次数，结合每次分裂细胞数量都会翻番的特点（每个细胞都会分裂为两个新的细胞），我们可以计算出X的数值为：$2^X=10^{14}$，得出X=47。

所以，成年人身体中的每一个细胞都是最初那个受精卵（这也是我们得以存在源头）的大约第五十代后辈。[1]

配子的形成（a、b、c）和卵细胞受精（d、e、f）。在第一个过程（减数分裂）中，被保留的生殖细胞内成对的染色体在没有进行初步分裂的情况下被直接分派到两个"半细胞"里。在第二个过程（配子结合）中，雄性精子细胞穿透雌性卵细胞，双方染色体配对并形成受精卵。最后，受精细胞像图91所示那样开始为正常分裂进行准备。

---

[1] 将这一计算结果与原子弹爆炸所需的原子分裂次数进行比较（见第七章）非常有趣。要使一公斤铀原料中的每个铀原子（1公斤铀共有 $2\times5\times10^{24}$ 个原子）都发生裂变，假设需要x次的连续分裂，可以得出方程为：$2^x=2\times5\times10^{24}$，得出x=61。

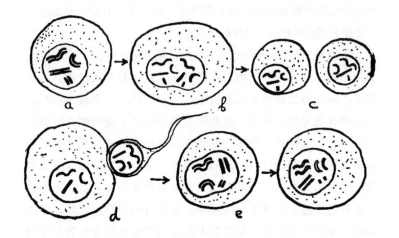

图92 配子的形成（a、b、c）和卵细胞受精（d、e、f）

未成年动物的细胞分裂速度极快，但成熟个体的大多数细胞通常处于（休息状态），只是偶尔发生分裂，以确保在"维持"生命，补偿损耗。

现在来讨论一种非常重要的特殊类型的细胞分裂，它形成了所谓的"配子"或"婚姻细胞"，以确保动物能够世代繁衍下去。

所有双性生物在诞生初期都会将一部分细胞"储存"起来，用于将来进行繁殖生育。这些细胞位于特殊的生殖器官中，在生物体生长过程中所经历的分裂比身体内其他的普通细胞要少得多。当它们被用于后代繁殖时，这些细胞是新鲜而有活力的。此外，这些生殖细胞的分裂以一种比普通细胞更为简单的方式进行。

形成细胞核的染色体不像普通细胞那样需要一分为二，而是直接被拉入到两个细胞里（图92a、b、c），因此每个子细胞携带的染色体都只有母细胞的一半。

这些"染色体数量不足"的细胞诞生的过程被称为"减数分裂"，与此相对，普通的分裂过程被称为"有丝分裂"。减数分裂形成的细胞称为"精细胞"和"卵细胞"，或称为雄性配子和

240

雌性配子。

　　细心的读者可能会产生疑问：既然原始生殖细胞分裂成完全相同的两半，那么配子为何会具有雄性或雌性的特性呢？要解答这个问题，必须回顾一下前文对于染色体的阐述——染色体只会成对出现，每个活细胞拥有两组几乎完全一样的染色体。这个事情依旧存在例外，对于雌性动物而言，体内的两组染色体完全相同；而对于雄性动物来说，它的两组染色体则是大不一样。这些特殊的染色体被称为性染色体，我们将它们分别标记为X和Y。雌性染色体的细胞总是拥有两条X染色体，而雄性则拥有一条X染色体和一条Y染色体。[①]一条X染色体被换成了Y染色体，这就是性别差异的本质来源（见图93）。

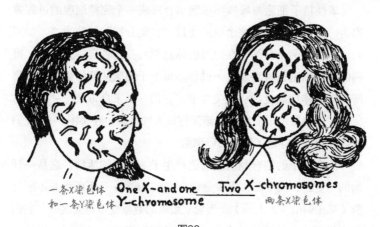

图93

男女之间的颜值差异。女性体内的所有细胞都含有48对相同的染色体，而男性体内的细胞则含有一对不对称的染色体。男性拥有一条X染色体和一条Y染色体，而不是像女性那样拥有两条X染色体。

————————

①　这句话适用于人类和所有哺乳动物。然而，对于鸟类而言，情况却不太一样。比如：公鸡拥有两条完全相同的X染色体，而母鸡却同时具有X和Y染色体。

由于雌性生物保留的所有生殖细胞都有两条X染色体，所以当这些细胞在减数分裂过程中一分为二时，产生的每个半细胞或配子都会得到一条X染色体。但雄性生物的生殖细胞中包含一条X染色体和一条Y染色体，每个细胞的分裂都会产生两个配子，其中一个含有X染色体，另一个则含有Y染色体。

　　当一个雄性配子（精细胞）与一个雌性配子（卵细胞）相结合，产生的新细胞拥有两条X染色体或一条Y染色体、一条X染色体的可能性各占50%。在第一种情况下，受精卵将发育为一个女孩；在第二种情况下则会发育为一个男孩。

　　这一重要的问题将在下一节中进行阐述，现在让我们继续了解繁殖的过程。

　　雄性精子细胞与雌性卵细胞结合形成一个完整细胞的过程被称为"配子结合"。这个细胞通过"有丝分裂"一分为二（如图91所示）。两个新细胞在短暂的休息期后再次各自一分为二，得到的四个细胞也将重复这一过程。每个子细胞从原始受精卵中将所有染色体精确复刻、完美继承，它们一半来自母亲，一半来自父亲。图94展示了受精卵逐渐发育成人的过程。在小图a中，我们可以看到精子穿透了静止的卵细胞。

　　两个配子的结合刺激新细胞产生了一种新的活性，它从一开始的一变二、二变四，逐步分裂为8个、16个……不断生长不断分裂（见图94b、c、d、e）。当独立细胞的数量变得很大之后，它们便会排列为一种独特的形状，所有的细胞都将位于表面，以便能够更好地从周围的营养介质中获取食物。这个发育阶段，生物体看起来像一个有内腔的小气泡，人们称为"囊胚"（f）。随后，囊胚的空腔壁开始凹陷（g），生物体进入"原肠胚"（h）阶段。此时它看起来像一个小袋子，袋口部位同时承担吸收新鲜食物，以及排出消化后的废物两种功能。珊瑚虫之类的低级动物永远不会超越这个发展阶段。但是，在更高阶的物种中，生长和进化的过程仍在继续。一些细胞发育成骨骼，其他细胞发育成消化、呼吸和神经系统，它们将经历不同的胚胎阶段（i），最终发育为具有鲜明特征物种特征的幼体（k）。

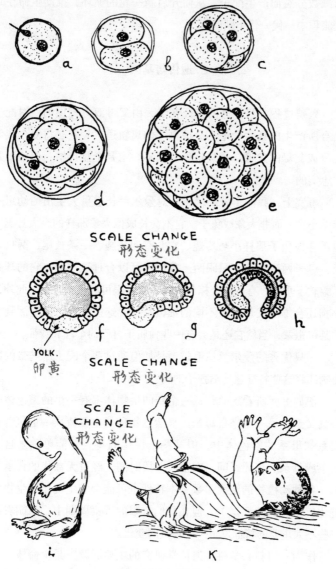

图94 从卵细胞到人

243

如上所述，生物成长发育的初期，部分细胞会被储存起来，以确保繁殖能够顺利进行。等到生物体发育成熟，这些细胞会经历减数分裂而产生配子，从而开启新一轮的循环，推动生命在时光旅程中一代一代不断前行。

2. 遗传与基因

繁殖过程中最显著的特征在于，由父母双方提供的一对配子结合所产生的新生命绝不会擅自"偏离轨道"，它必将复刻成为父母或父母的父母，虽然这种复刻不一定是全盘接纳，但依旧是"忠实的"。

事实上，我们十分确信，一对爱尔兰长毛猎犬生出的幼崽一定是小狗，而非大象或兔子。它不会长成像大象那样的庞大身躯，也不会像兔子那样小巧玲珑。它会有四条腿、一条长尾、两只耳朵，鼻子两边各有一只眼睛。我们还可以合理地推断，它的耳朵是柔软下垂的，有一身金棕色的长毛，它很可能喜欢狩猎。此外，小狗还会继承父母许多不同的细微特征，这些甚至可以追溯到它的某位祖辈，当然它还是会有一些独属于自己的个性和特征。

一只优秀的爱尔兰长毛猎犬是如何通过两个配子所携带的微小物质将这些特征遗传给孩子的呢？

正如上面所看到的，每一个新的生物体都有一半的染色体来自其父亲，另一半来自母亲。显然，物种的主要特征一定包含在父系和母系的染色体中，但某些个性化的特点可能单独来自其父亲或母亲。毫无疑问，在很长一段时间，经过无数代的传承发展，各种动植物的绝大多数基本特性也可能会发生变化（生物的进化就是有力的证据），但在我们有限的观察周期中，只能看到一些不太重要的特征发生一些轻微的变化。

作为一门新兴学科，遗传学研究的主要课题正是生命体的这些特征及其代际传递过程。虽然这门学科仍处于起步阶段，但它已经开始揭秘那些隐秘而令人激动的精彩故事了。例如，与大多数生物现象相比，遗传的过程几乎完全遵循数学逻辑和规律，这意味着我们面对的是一种生命的基本现象。

以色盲这一众所周知的视力缺陷为例。它最为常见的特征是无法辨别红色和绿色。要解释清楚色盲症的来源，首先我们必须弄清人眼分辨颜色的机制，通过研究视网膜的复杂结构和特性，以及不同波长的光引起的光化学反应等问题来解开这一困惑。

但是，如果考虑色盲的遗传问题——这个问题似乎比色盲的成因更为复杂。事实上，它的答案简单得出人意料。根据观察到的事实，可以得出结论：（1）男性患上色盲症的概率远高于女性；（2）色盲男性和"正常"女性生出的孩子绝对不会是色盲；（3）色盲女性和"正常"男性所生孩子，儿子一定是色盲，女儿却不是。这些事实表明，色盲的遗传在某种程度上与性别有关，我们只需要假设色盲是由某条染色体的缺陷引起的，并且随着这条染色体代代相传。根据这个假设，将现有的知识体系和逻辑推理结合到一起，进一步得出结论：色盲是由X染色体的缺陷导致的。

有了这个假设，关于色盲如何遗传的经验和规律就变得像水晶一般清晰而透彻。大家都知道，雌性细胞拥有两条X染色体，而雄性细胞只有一条（另一条是Y染色体）。男性体内某个X染色体存在缺陷，他就会成为色盲。而女性则必须碰到两条X染色体都存在缺陷的情况才会受到影响，只要有一条X染色体还正常，就足以保证她具有正常的色彩感知能力。假如X染色体出现这种颜色缺陷的概率是千分之一，那么一千个男性中就会有一个是色盲。而女性两条X染色体都出现颜色缺陷的概率会比男性低得多，根据概率乘法定理计算（见第八章）：$\frac{1}{1000} \times \frac{1}{100} = \frac{1}{1000000}$，因此，1 000 000名女性中可能只有1名是色盲。

现在让我们思考一下色盲丈夫和"正常"妻子繁育后代的情况（见图95a）。他们的儿子不会从父亲那里继承X染色体，只会从母亲那里获得一条"好"的X染色体，因此没有理由会患上色盲症。

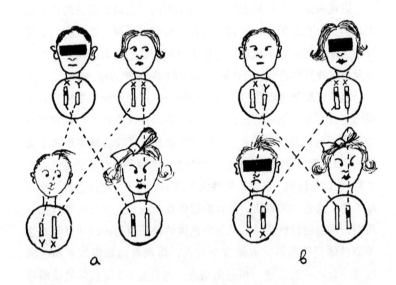

图95 色盲的遗传

　　另一方面，他们的女儿会拥有一条来自母亲的"好"X染色体和一个来自父亲的一条"坏"X染色体。她们本人不会成为色盲，但她们的孩子（儿子）却有可能变成色盲。

　　最后是色盲妻子和"正常"丈夫的组合（见图95b）。他们的儿子们肯定是色盲，因为其体内唯一的X染色体来自母亲。女儿们将从父亲那里继承一条"好"的X染色体和母亲那里带来的一条"坏"的染色体，她们不会是色盲，但和前面的情况一样，她们的儿子将是色盲！这确实不算复杂，对吧？

　　色盲等遗传特征被称为"隐性遗传特征"，需要一对染色体中的两条染色体都受到影响才能产生明显的性状。它们可以通过隐藏的形式从祖父母辈传给孙辈，所以有时人们会看到，两只好

246

看的德国牧羊犬生下的小狗看起来压根不像它的父母，这就是隐性性状在"捣鬼"。

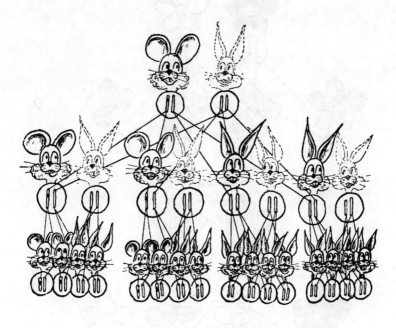

图96

而"显性遗传"的特征却与之相反，一对染色体中只要某一条染色体出现问题，这种特征就会变得非常明显。为了让大家便于理解，我们将虚构一个案例：有一只耳朵酷似米老鼠的兔子。我们假设"米奇耳朵"是显性遗传特征，也就是说，只要一条染色体出现问题，就足以使它的耳朵长成如此尴尬的形状（对兔子而言）。假设这只兔子将与正常的兔子交配，我们可以通过观察图96来预测兔子的后代会长出什么形状的耳朵（假设这位兔子始祖和它的所有后代都跟正常耳朵的兔子交配）。在示意图中，我们用黑点用来标记导致米奇耳朵出现的染色体异常。

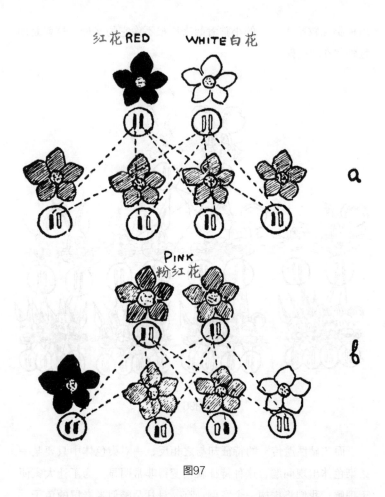

图97

　　除了显性遗传和隐性遗传以外，还有一种被称为"中性"的遗传特征。假设花园里种着红色和白色两种紫茉莉，当红花的花粉（植物的精细胞）随风或者被昆虫传播到另外一株的红花雌蕊里。它们会与雌蕊底部的胚珠（植物的卵细胞）相结合，随即发育成种子，再次绽放出红色的花朵。如果是白花的花粉传递到其他白花上，它们的下一代也将开出白色的花朵。然而，如果白花花粉落到红花上，或者红花花粉落到白花上，结出的种子将开出粉红色的花朵。但是有一点是显而易见的，粉红色花的生物学形状并不稳定，它们的下一代传承粉红色基因的概率仅有50%，还有25%的概率开红花，25%的概率开白花。

为了便于理解，我们只需要假设该种植物细胞中某一条染色体携带的颜色可能有两种，一种是红色，一种为白色。想要得到纯色的花朵，两条染色体携带的颜色必须完全相同。如果一条染色体是"红色"，而另一条是"白色"，那么"基因的内部斗争"就会导致粉红色花朵的出现。图97对"颜色染色体"在后代中的分布进行了呈现。观察之后，你会发现上面所说的情况真实存在。白色和粉红色的紫茉莉繁育出的第一代鲜花中，有50%的概率为粉红色和50%的概率为白色，但没有红色的花。同样地，红色和粉红色紫茉莉的后代有50%的概率为红色，50%的概率为粉红色，绝对不会繁育出白色的花朵。大约一个世纪之前，低调谦和的摩拉维亚神父格雷戈尔·孟德尔[1]在布吕恩附近的修道院种植豌豆时首次发现了这一遗传规律。

到目前为止，我们已经将生物幼体的各种遗传特性与它从亲代获取的不同染色体联系起来。但是，生物的性状数量犹如黑夜繁星多不胜数，而染色体与之相比却少得可怜（果蝇每个细胞里有8条染色体，人类每个细胞有46条染色体）。因而，我们不得不承认，每条染色体中都携带有一长串的个体特征。可以想象，这些特征分布在纤维状的染色体上。事实上，要是看看照片VA（P340）中果蝇（Drosophila melanogaster[2]）唾液腺的染色体，你

---

[1] 格雷戈尔·孟德尔（1822—1884），奥地利帝国生物学家。孟德尔在布吕恩（今捷克的布尔诺）的修道院担任神父，是遗传学的奠基人，被誉为现代遗传学之父。他通过豌豆实验，发现了遗传学三大基本规律中的两个，分别为分离规律及自由组合规律。

[2] 大部分生物的染色体都很小，但是果蝇的染色体却特别大，所以我们能够轻松地利用显微设备来研究它的结构。

很容易感受到细长染色体上那些浩瀚如星海的黑色条带代表的正是它所携带的不同性状，其中某些决定着果蝇的颜色，有些决定了翅膀的性状，还有一些则决定了果蝇会有六条腿，每条腿长约四分之一英寸。这些组合让这个生物长成了果蝇的样子，而不是蜈蚣或小鸡。

事实上，遗传学向我们证实了之前的猜测都是正确的。染色体上这些被称为"基因"的微小结构单元本身就携带有各种个体的遗传特性，在许多情况下，我们甚至可以分辨出每段基因所携带的一种或另一种遗传特性。

当然，就算使用现在最先进的显微镜，所有基因看起来也几乎是一模一样的，它们的功能差异隐藏在其分子结构的最深处。

因此，只有仔细研究特定植物或动物物种之间的不同遗传性状的代际传递，才能弄清每段基因存在的"终极意义"。

我们已经看到，所有新生命的染色体，有一半来自父亲，另一半来自母亲。由于父亲和母亲的染色体组对应的是祖父母和外祖父母的染色体，因此我们会认为，孩子只能得到父系或母系每边各一位的染色体。但事实并非如此，在某些情况下，四位祖父母都会将自己的某些特征遗传给孙辈。

这是否意味着刚才所说的染色体传递模式是错误的呢？不，这个事情本身并没有什么问题，只是说得略微简单了些，某些因素还需要进一步斟酌和考量。在储存的生殖细胞分裂为两个配子的减数分裂进行前期准备的阶段，成对的染色体经常相互纠缠，并产生部分的交换。这种交换过程（见图98a、b）会导致从父母那里获得的基因序列被打乱，从而出现混合的遗传性状。而在某些条件下（如图98c），单条染色体同样会缠绕成一圈，然后再重新分裂，这样也会打乱基因的正常排序（见图98c，照片VB，P340）。

显然，一对染色体或单个染色体之间的基因重组有可能影响到那些最初相距较远的基因的相对位置，而非那些近邻的基因。

这与切牌会改变牌点上下部分纸牌的相对位置是一个道理（位于牌组顶部和位于牌组底部的牌被组合在一起），只有原先那对紧挨着的牌被分开了。

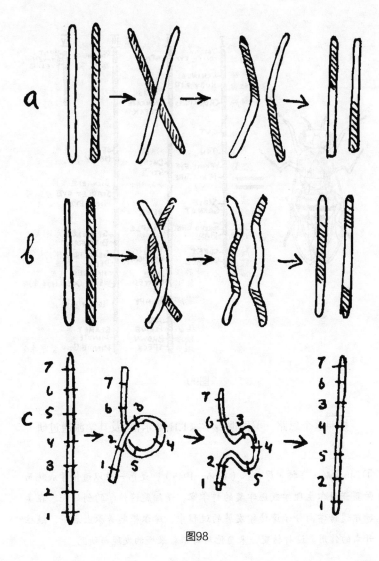

图98

因此，我们通常会看到两个明确的遗传性状几乎总是在染色体的交换中一起发生变化，由此可以得出结论，与它们对应的基因必然是"近邻"。反过来说，交换过程中彼此独立、互不干涉的性状在染色体上一定相隔甚远。

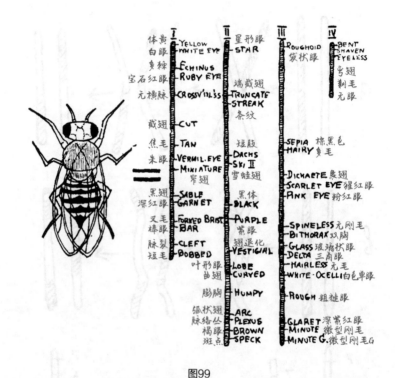

图99

按照这个思路，美国遗传学家T.H.摩尔根①及其学派通过研究

---

① 托马斯·亨特·摩尔根（1866—1945），是第一位以遗传学成就而荣获诺贝尔生理学或医学奖的科学家，是细胞遗传学的创始人。在孟德尔遗传学向分子遗传学发展的过程中，摩尔根起着承上启下、继往开来的作用。这种转变，来自他对白眼雄果蝇的发现与研究。

252

确定了果蝇染色体的基因顺序。图99显示了果蝇的不同性状在它的四条染色体基因中的分布情况。

图99虽然是为果蝇创作的，但我们可以通过同样的方法绘制出包括人类在内的更为复杂的动物基因图谱，只是需要更加深入细致的研究罢了。

3. 基因——"活的分子"

通过对生命体的复杂结构进行分析，让我们探知到了生命的基本单元。事实上，我们已经看到，隐藏在细胞内部的一组基因管理和影响着生命体的整个发育过程和几乎所有性状。有人可能会说，每一种动物或植物都在围绕着其自身的基因"生长"。如果进行简单的物理类比，我们可以将基因和生物的联系看作原子核和大块无机物之间的关系。特定物质的所有物理和化学性质都可以归结为原子核的基本性质，而原子核的特性又是由其所携带的电荷数量决定的。例如，携带6个基本电荷单元的原子核会被由6个电子组成的原子外层所包围，这使得原子更容易排列成规则的六边形，从而形成异常坚硬并具有极高折射率的晶体，我们称之为钻石。以此类推，一组电荷数为29、16和8的原子核形成的原子紧紧挤在一起，形成了名为硫酸铜的蓝色软晶体。当然，即使是最简单的生命体，其复杂程度也远超过任何晶体，但两者的宏观特性都完全取决于微观的核心单元。

从玫瑰的香味到大象鼻子的形状，生物的所有特性都被微观的核心单元所左右，这不禁让人好奇，这个无所不能的核心单元究竟有多大呢？这个问题其实并不难，只要用一条普通染色体的体积除以其内部包含的基因数量就可以得出答案。通过显微镜，我们可以看到染色体的平均厚度约为千分之一毫米，这意味着它的体积约为10^{-14}立方厘米。繁殖实验表明，一条染色体影响的遗传性状多达几千种，你也可以通过观察照片V（P340）上黑腹果蝇[①]的染色体上到底有多少黑色的条带来得出结果（我们认为每根条带代表一个独立的基因）。用染色体的体积除以基因的数量，我们发现单个基因的体积不会超过10^{-17}立方厘米。由于原子的平均大小约为10^{-23}立方厘米 $[≈（2×10^{-8}）^3]$，因此可得出结论：每个独立的基因大约由一百万个原子组成。

我们还可以估算出基因的重量，正如上面所看到的，一个成年人体内大约有10^{14}个细胞，每个细胞内有46条染色体。因此，人体内所有染色体的总体积约为$10^{14}×46×10^{-14}≈50$立方厘米。由于生物的密度和水差不多，所以染色体的重量一定小于两盎司。相较于核心单元外部包裹的重量千倍于己的庞大的动植物"外层"，这个重量完全可以忽略不计，但它们却决定了生物的每一个生长步骤、个性特征，甚至还决定了生物的大部分行为表现。

基因的本质到底是什么？是否可以将其视为一种复杂的"动物"，是否可以继续拆分为更小的生物单元？答案显然是否定的。基因的确是生命物质的最小单元。基因拥有生命区别于非生命体的所有特征，同时，它与非生命体的复杂分子(如蛋白质)存在关联性，这些分子完全符合所有我们所熟知的普通化学定律。

换言之，基因似乎补齐了有机物和无机物之间那根"缺失的链条"，也就是本章开头设想出的"活分子"。

实际上，从一方面来说，基因具有能使物种身上的特性延续数千代而几乎没有偏差的稳定性；从另一方面来说，单个基因所含的原子数量相对较少，让人们误以为它是一种精心设计出来的结构，而且其中每个原子或原子群都拥有事先确定好的位置。不同基因的差异性让这个世界变得精彩而多样，它们完全反应在生物的外部差异上，而基因的差异则来源于基因结构中原子分布的差异。

举一个简单的例子，让我们以TNT（三硝基甲苯）分子为例。

---

① 普通的染色体尺寸极小，我们无法通过显微镜看到独立的基因。

这是一种爆炸性物质，在过去两次世界大战中发挥了极其重要的作用。一个TNT分子由7个碳原子、5个氢原子、3个氮原子和6个氧原子组成，它们的排列方式为：

这三种排列方式的区别在于 ![NO2] 原子团与碳环连接的方式，最终产生了 α TNT、β TNT和 γ TNT三种材料。这三种物质都可以在化学实验室合成，也都很容易爆炸，但三者在密度、可溶性、熔点、爆炸力等方面仍存在细微的差别。

利用标准的化学方法，人们很容易将 ![NO2] 原子团分子内的一组连接点到另一组，轻易改变其所在的位置。这类例子在化学上非常常见，分子越大，生成的变种（同分异构形式）就越多。

如果我们把基因看作一个由一百万个原子组成的巨型分子，那么分子内部不同位置排列的各类原子团将呈现出一个令人瞠目结舌的数量。

我们可以把基因想象为一条长链，上面似吊坠一般点缀着周期性循环出现的原子团。事实上，由于生物化学领域取得了新的突破，我们能够准确地绘制出"遗传手链"的准确图案。它由碳、氮、磷、氧和氢原子组成，被称为"核糖核酸"。在图100中，大家可以看到具有超现实主义色彩的画面（省略了氮原子和氢原子），展示的是代表新生儿眼睛颜色的遗传手链，四个吊坠清晰地表明，婴儿的眼睛一定是灰色的。

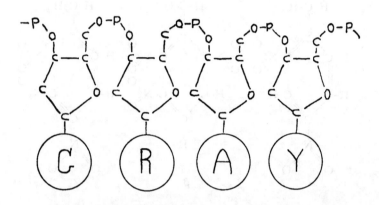

图100 决定眼睛颜色的"遗传手链"（核糖核酸分子）局部图
（具有高度的抽象性！）

通过变换吊坠在手链上的位置，我们可以得到近乎无穷无尽的排列组合。

例如，一条拥有10个不同吊坠的手镯，能够排列出$1 \times 2 \times 3 \times 4 \times 5 \times 7 \times 8 \times 9 \times 10 = 3628800$种组合方式。

如果其中某些吊坠是相同的，排列组合的数量就会少一些。假如吊坠共有5种（每种2个），那么排列组合的可能性就是113 400种。随着吊坠数量的增加，可能出现的排列数量也会大幅增长，如果吊坠共有5种25个，可能出现的排列组合就会有62 330 000 000 000种！

我们可以看到，有机分子的长链上，不同的"吊坠""悬挂"在不同位置，会让排列组合的可能性变得没有上限，不仅足以解释目前已知的所有生命形式和种类，哪怕我们穷尽想象力，虚构出无数动植物，这么多的排列方式也完全能够满足它们的需求。

关于这些蕴含着性状"密码"的吊坠沿着纤维状基因链分布的情况，有一种非常重要的观点，即：吊坠在基因上的位置会自发地产生变化，从而影响整个生命体产生相应的宏观变化。而诱发这类变化最常见的一个因素就是热运动，它会使得基因分子的身体像强风中的树枝一样扭动弯曲。如果温度足够高，分子振动的频率会不断增大，最终分裂成碎片，这一过程被称为热离解（见第八章）。要知道，即便在较低的温度下分子可以保持完整的形态，热运动也能导致分子内部发生变化。例如，我们可以想象，基因分子以某种方式呈扭曲状，导致链接在上面的某个吊坠靠近了另一个位置，在这种情况下，吊坠可能会离开原先的位置，跑到新的位置上去。

这种现象被称为同分异构，[①]在普通化学领域的简单分子中寻常可见，与其他所有化学反应类似，它遵循化学动力学的基本定律——温度每升高10℃，化学反应速率大约增加2倍。

未来很长一段时间内，复杂的基因分子依旧是有机化学家的最大挑战，因为截至目前，仍无法通过直接的化学分析方法来证明同分异构变化。然而，有一种较为便捷的方式可以让我们更为有效地研究基因分子的变化，即：如果这种异构变化发生在雄性或雌性配子的某个基因中，当它与其他配子结合形成新的生命，这种变化将通过幼体细胞分裂的过程世代传承，并因此左右动植物的宏观形状，让我们能够更为直观地看到这样的变化。

———————————

① 正如我们之前解释过的，"同分异构"是指由相同的原子以不同的方式排列构建的分子。

1902年，荷兰生物学家德弗里斯[①]（de Vries）发现：生物器官的自发性遗传变化总是以被称为"突变"的跳跃形式在不断地延续和发生。这是遗传学史领域取得的最重要的成果之一。

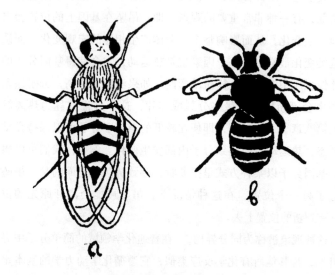

图101 果蝇的自发突变

一起来看看果蝇繁殖实验吧。我们在花园中看到的野生果蝇，基本特征都是长着灰色的身体和长长的翅膀。然而，通过实验室的繁殖和培育，数代以后你可能会看到一种特殊的"畸形型"，它们的翅膀极短，身体近乎黑色（见图101）。

（a）正常型：灰色身体，长翅膀。（b）突变型：黑色身体，

---

① 雨果·德弗里斯（1848—1935），荷兰著名植物学家和遗传学家。1889年，他以批判的眼光回顾了以前在遗传方面的研究，提出了细胞核的成分"泛生子"决定遗传特性。1901至1903年，出版《突变理论》，公布了多年来在月见草属植物中的研究成果，帮助验证达尔文进化论意义上的变异如何能够在种间发生。

短（退化）翅膀。

　　有趣的是，我们很难找到和这只短翼黑蝇一模一样的其他苍蝇，它们的颜色、翅膀长度都不一样，变异的苍蝇和祖先之间根本不存在也不需要任何过渡。新一代的所有成员（可能有数百只！）都是类似的灰色，翅膀也一样长，只有一只（或几只）长相完全不同。要么没有实质性的变化，要么出现相当大的变化（突变）。人们在数百个案例中观察到了类似的情况，例如，色盲不一定是遗传造成的，在某些情况下，婴儿由于基因变异变为色盲，与其祖先没有任何关系。因而，人类的色盲与果蝇的短翅膀一样，遵循"要么全有，要么全无"的原则。色盲并不是说某人分辨两种特定颜色的能力或强或弱，他要不就全都能分清，要不就完全都分不清。

　　查尔斯·达尔文①让世人对于新生代在漫长历史长河中战胜自然、与各类物种博弈之后逐步进化所产生的稳定性状以及演进过程有了深入的了解。②这种进化让几十亿年前作为自然之王的简单软体动物发展成为如你一般充满智慧，能够自如地进行读懂深奥书籍（譬如本书）的高等生物。

　　如上所述，从基因分子同分异构变化的角度来看，遗传特性的跳跃式变化不难理解。事实上，如果一个基因分子中决定性状

---

① 查尔斯·罗伯特·达尔文（1809—1882），英国生物学家，进化论的奠基人。达尔文曾经乘坐贝格尔号舰做了历时5年的环球航行，对动植物和地质结构等进行了大量的观察和采集。出版《物种起源》，提出了生物进化论学说，从而摧毁了各种唯心的神造论以及物种不变论。除了生物学外，他的理论对人类学、心理学、哲学的发展都有不容忽视的影响。

② 突变的发现对达尔文的经典理论带来的冲击并不大，唯一的区别在于：演化是由不连续的跳跃式变化引起的，而不是像达尔文所想的那样由连续的小变化累计引发。

的吊坠位置发生变化，就不可能"半途而废"，它要么留在原地，要么彻底转移到新的位置，从而导致生命体性状发生不连续的变化。

动植物繁殖环境的温度变化将直接影响它们的突变率，这个发现有力地支持了"突变"源于基因分子中的同分异构体变化这一论点。事实上，季默装耶夫和齐默通过实验研究了温度对突变率的影响，发现除了由周围介质和其他因素带来的一些影响之外，基因分子的突变同样遵循基本的物理化学定律。基于这个重要的发现，理论物理学家、实验遗传学家马克斯·德尔布吕克[①]提出了一个划时代的观点——突变的生物学现象实际上源于分子内部的同分异构变化，这是一个纯粹的物理化学过程。

科学家们用来佐证基因理论的物理证据不胜枚举，其中关于X射线和其他辐射能够产生突变的研究极具说服力。只不过，刚才所举的例子其实已经能够让大家看到，目前学术界还在努力地跨越"对神秘的生命现象寻找纯粹物理解释"这道门槛。

本章的最后要讨论一下病毒的生物单元，它似乎以自由基因的形式存在，更像"孤家寡人"，周边没有被其他细胞所包裹。直到最近，生物学家们依旧坚定地认为，各种类型的细菌代表了最简单的生命形式。这些细菌在动物和植物的活组织中生长和繁殖，有时还会导致各种疾病的产生。例如，通过显微镜观察，我们得知伤寒是由一种特殊类型的细菌引起的，它长约3微米（μm）[②]，宽约1/2微米。而引发猩红热的细菌是直径约2微米的球形细胞。虽然如此，现在仍有许多疾病无法通过普通显微镜找到正常尺寸的细菌病原体，诸如人类的流感、烟草

---

① 马克斯·德尔布吕克（1906—1981），信息学派的先驱者之一。1924年考入蒂宾根大学攻读天文学。1926年他转学到哥廷根大学，开始把兴趣中心转移到了量子论上，随后便提出了量子论的最终形式。

② 1微米相当于千分之一毫米或0.0001厘米。

植物中的花叶病等。尽管没有"看到"细菌的身影，但由于这些疾病都是通过患者传染给健康的个体，与其他普通的细菌性疾病毫无区别，而且这种感染会迅速扩散到患者全身，所以我们有理由相信这些疾病应该是由某种生物性载体传播的，我们称之为"病毒"。

　　直到最近，得益于超显微技术（利用紫外线），特别是电子显微镜的发明（利用电子束取代普通可见光，从而获得高得多的放大倍数），才使得微生物学家第一次看到了"神秘"的病毒结构。

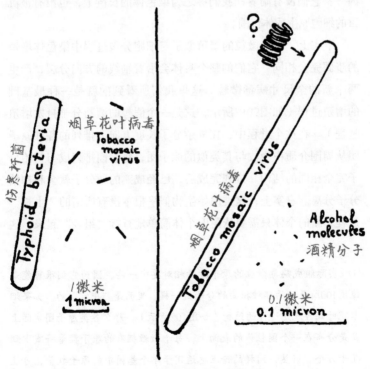

图102 细菌、病毒和分子的对比

研究发现，病毒就是大量单个微粒的集合，同种病毒微粒的大小完全相同，且比普通细菌小得多（见图102）。比如，流感病毒的微粒是直径0.1微米的小球体，而烟草花叶病毒微粒则呈现为细长的棒状，长0.280微米，宽0.015微米。

图片Ⅵ（P341）是烟草花叶病毒微粒的电子显微照片，令人印象深刻，这些微粒是目前已知的最小的活病毒。大家是否记得，一个原子的直径约为0.0003微米，烟草花叶病毒微粒的直径大约相当于50个原子，轴向长度约为1000个原子。这样的病毒微粒所包含的独立原子总共不超过几百万个！①

这组数字让人联想到，单个基因中所包含的原子数量与之非常相似。同时引人遐想，病毒微粒是否可能是某种"自由基因"？它们没有附着在我们称之为染色体的长链上，也没有被沉重的细胞原生质体包围。

事实上，病毒微粒的繁殖似乎与细胞分裂过程中染色体增殖的步骤完全相同：它们的整个身体会沿着轴线的方向分裂，产生两个新的全尺寸病毒微粒。这里我们所看到的就是一种最基础的增殖过程（如图90中所示，这是一个假想的酒精分子自发增殖过程）。在这个过程中，在复杂分子长度方向上排列的各种原子团从周围介质中吸收与其类似的原子团，将它们排列成与初始分子完全相同的结构。排列完成后，已经成熟的新分子就会和初始分子分离。事实上，这类原始生物似乎根本没有所谓的"生长"过程，新的个体只需要依附旧个体简单地直接"组装"起来。这

---

① 实际组成病毒微粒的原子数量相对要少一些，因为它们很可能是像图100所展示的那种扭曲的分子链一样，里面是"中空"的。如果烟草花叶病毒就是这样的结构（如图102所示），那么各类原子团实际上就是分布在一个圆柱体的表面上，每个微粒拥有的原子数量将减少到几十万个。当然，同样的论点也适用于单个基因中的原子数量，可能比我们预计的要少得多。

就好比孩子依附于母亲长大，成长为独立的男性或女性之后便会挣脱束缚，独自去闯荡人生一样（尽管作者很想用画笔把这种感受记录下来，但是他还没办法完成这类画作）。想来大家已经认识到，这样的增殖过程要想变为现实，需要在某些具备特殊条件的介质辅助下才能完成。实际上，与生来就拥有原生质的细菌不同，病毒微粒唯有借助其他生物的活性原生质才能增殖，而它们对于这类"食物"真的非常挑剔。

病毒还有另一个共同的特征，它们很容易发生突变，而突变后的个体会将自己所获得的特征遗传给后代。事实上，生物学家已经能够区分出同一病毒的几种遗传菌株，并追踪它们的"种族发展史"。当新一波的流感来临时，我们能够笃定地说出，它是由某种新的变异型流感病毒引起的，这种病毒具有一些新的有害特性，人体还没有产生出有效的抗体。

通过前面大量的事例和论证，"病毒微粒必须被视作活着的个体"这一观点被阐释得较为清楚。与此同时，我们同样可以毫不迟疑地断言，这些微粒也必须被看作是遵守物理化学定律的标准化学分子。实际上，对于病毒的化学研究表明，病毒应该被视作是一种结构精妙的化合物，可以用处理各种复杂的有机化合物（但不具备活性）的方式来对待它们，这些微粒同样会经历各式各样的置换反应。可以预测，再过一段时间，生物化学家一定能够写出每种病毒的化学式，就像我们现在写出酒精、甘油或蔗糖的化学式一样容易。而其中最令人惊讶的是，同一种病毒的微粒大小居然完全相同。

事实上，人们发现，当周遭环境缺乏必要的"食物"供给时，病毒微粒会像普通晶体一样自行排列为规则的图案。例如，所谓的"番茄丛矮病"病毒会结晶成美丽的大块菱形十二面体！你可以把这种晶体和长石、岩盐一起保存在矿物学展柜里，但是，只要你把它放回番茄植株中，它就会迅速变回一大群活生生的个体。

最近，加利福尼亚大学病毒研究所的海因茨·弗伦克尔-康拉德和罗布利·威廉姆斯①完成了从无机材料合成活体生物的首个重要步骤。他们将烟草花叶病毒微粒分为两个部分，每一部分都代表一个无生命的复杂有机分子。以前就说过，这种呈现长杆形状的病毒（见图片Ⅵ，P341），中央是一束直的组织物质（我们称之为核糖核酸），外面缠绕着蛋白质长分子，与电磁铁的外部线圈极为相似。弗伦克尔和威廉姆斯通过使用各种化学试剂，成功地分解了这些病毒微粒，在不"损兵折将"的情况下将核糖核酸与蛋白质分子分离。这样一来，他们就得到了核糖核酸水溶液和蛋白质分子溶液。电子显微镜照片表明，试管中只含有这两种物质的分子，完全没有任何生命迹象。

但当这两种溶液放在一起时，核糖核酸分子开始以每束24个分子为单位结合为分子束。蛋白质分子开始缠绕在它们周围，变成了与实验开始时病毒微粒一模一样的复制品。当这些分解并再次结合的病毒颗粒作用于烟草叶时，它们使植物染上了花叶病，就像它们从未分解一样。当然，此种情况下，试管中的两种化学成分是通过分解活体病毒获得的。生物化学家现在已经掌握了用普通化学元素合成核糖核酸和蛋白质分子的方法。尽管目前（1960年）的技术只能合成出两种物质中相对较短的分子，但我

① 海因茨·弗伦克尔-康拉德（1910—? ），德裔美国生物化学家。罗布利·库克·威廉姆斯（1908—1995），美国生物学家及病毒学家，生物物理理事会首任主席。康拉德和威廉姆斯1955年发现将分离纯化的烟草花叶病毒RNA和衣壳蛋白混合在一起后，可以重新组装成具有感染性的病毒，这也揭示了这一简单的机制很可能就是病毒在它们的宿主细胞内的组装过程。然后他又成功地从各种RNA病毒、DNA病毒中进行了提取。这些都有力地证明了决定病毒的自我增殖和遗传性状的仅仅是核酸分子。但是也有一些病毒，其单独的核酸并不具有感染性。

们完全有理由相信，用简单的元素合成同病毒分子一样的长分子指日可待。只要把这些分子组合起来，我们就将得到真正的人造病毒微粒。

第十章 拓宽视野

┃第十章　拓宽视野

1. 地球和它的邻居

结束了对分子、原子和原子核的探讨，请把目光从微观世界拉回到现实世界中，我们将朝着太阳、恒星、遥远的星际云团和宇宙边界扬帆起航，开启新的旅程。科学将用其独有的魅力带领我们跳脱日常所见，以更高的格局和宏观的思维去观察我们身处的世界。

在人类文明的早期阶段，人们口中所谓的"宇宙"真是小得可怜。那时，人们认为地球就是一个扁平的圆盘，周围环绕着汪洋大海，海底深不可测，而上方则是无边无际的穹顶，居住着诸多神明。这个圆盘极大，足以容纳当时已知的所有土地，包括地中海沿岸，以及欧洲、非洲和亚洲等邻近地区的部分土地。地球圆盘的北部重峦叠嶂，丛山峻岭的深处是太阳升起和落下的地方，而这个火热的球体中夜晚栖息于世界海洋的海面上。图103精准地描述了古人眼中的世界。直到公元前3世纪，有一个人开始站出来公然反对这种简单而深入人心的世界图景。他就是著名的希

268

腊哲学家（当时所有科学家都被称为哲学家）亚里士多德。

图103 古人的世界

　　亚里士多德在他的著作《论天》中提出了一个理论：我们的
地球实际上是一个球体，其中一部分是陆地，一部分是水，球体
整个被空气所包围。他列举了许多在今天看来习以为常的论据来
证明这个观点。他说，当船舶消失在海平面时，我们总是先看到
船身消失，桅杆似乎是从水下伸出来的一样，这足以证明海洋表
面并非是平的，而是呈现弯曲的状态。此外，他认为，月食一定
是由于地球的影子遮住了月亮才产生的，由于影子的边缘是圆形
的，地球本身也一定是圆形的。只不过，当时几乎没有人相信他
的说法，人们无法理解，如果他说的是真的，那些生活在地球另
一端的人（所谓的"对跖点"①，美国的对跖点就是澳大利亚）难
道可以倒立行走而不会从地球上掉下去吗？而且，为什么地球背

----

① 对跖点，地球表面上关于地心对称的位于地球直径两端的点。

面的水没有流向天空呢（见图104）？

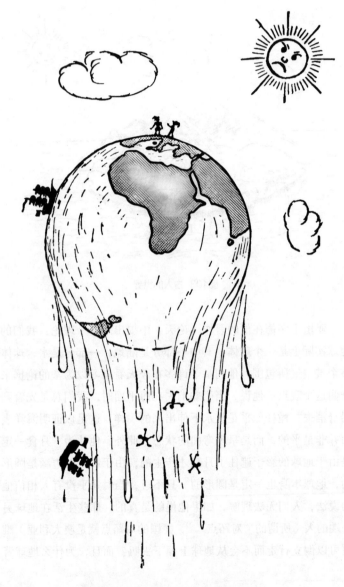

图104 古人为什么反对地球是球形的?

你看，当时的人们还没有意识到，物体之所以会坠落，是因为受到地球引力的影响。对他们来说，"上"和"下"都是空间中的绝对方向，在任何地方都能保持不变。如果你绕地球半周，"向上"可以变成"向下"，"向下"则变成了"向上"的想法于他们而言，就像现在许多人认为爱因斯坦的相对论无比荒谬一样。他们不会用重力来解释物体往下掉落的原因，而认为那是万物向下运动的"天然属性"造成的。所以，如果你敢于冒险，勇敢地走到地球的下半部分，你就会朝着蓝天坠落！反对的声音此起彼伏，新锐思想寸步难行，就算是到了15世纪，距离亚里士多德时代已经过去了近两千年，我们仍然能够在许多书籍里找到人们头朝下站在地球的"下方"的讽刺插图。就算是伟大的探险家哥伦布①，在启程前往印度的旅途中，对这趟开启"新路径"的旅程同样充满疑虑，他也无法完全确信这个计划是否可行。事实上，他并未完成计划，因为美洲大陆挡住了他的去路。直到费尔南多·德·麦哲伦②（其更广为人知的名字是麦哲伦）完成了著名的环球旅行，对地球形状的质疑才算彻底结束。

　　当人们第一次意识到地球是一个巨大的球体时，人们自然会问，这个球到底有多大？当时已知的"世界"在这个球体上所占的比重是多少呢？但是，古希腊哲学家没有能力和条件进行环球旅行，如此一来，又该如何测量地球的尺寸呢？

　　嗯，办法总比困难多。公元前3世纪，住在埃及亚历山大希腊

---

① 克里斯托弗·哥伦布（1451—1506），意大利探险家、航海家，大航海时代的主要人物之一，是地理大发现的先驱者。哥伦布在西班牙国王支持下，先后四次出海远航，开辟了横渡大西洋到美洲的航路。

② 费尔南多·德·麦哲伦（1480—1521），葡萄牙探险家、航海家、殖民者，为西班牙政府效力探险。1519年，率领船队开始环球航行。1521年4月27日夜间，麦哲伦在菲律宾死于部落冲突中。船队在他死后继续向西航行，回到欧洲，并完成了人类首次环球航行。

殖民地的著名科学家埃拉托斯特尼①第一个想出了办法。他从塞纳的居民口中听说,尼罗河上游有一座城市名叫昔兰尼②,位于亚历山大港以南约5000埃及视距的地方。夏至期间的正午时分,太阳会悬挂于城市正上方,垂直于地面的物体完全没有影子。与此同时,埃拉托斯特尼知道亚历山大港从未发生过这样的事情。在同一天同一个时刻,太阳偏离了天顶(头顶正上方的点)7度,或者说一个圆的1/50。埃拉托斯特尼假设地球是圆的,并对这种现象给出了一个非常简单的解释,通过观察图105,很容易就能理解他的观点。事实上,由于这两个城市之间的地面是弯曲的,垂直落在昔兰尼的阳光投向更北部的亚历山大港时必然会形成一个夹角。我们可以从图中看到,如果从地球中心分别画两条直线,一条穿过亚历山大港,另一条穿过昔兰尼,它们在交汇时所形成的角度等于亚历山大港的阳光(当它垂直于昔兰尼时)与垂线之间的夹角。

由于这个角等于整个圆周的1/50,所以地球的周长应该等于两座城市之间的距离乘以50,即250 000视距。1希腊视距约等于1/10英里,所以埃拉托斯特尼的计算结果相当于25 000英里,即40 000千米,与我们现在测得的数值非常接近。

然而,第一次测量地球的意义,并非是获得数字的准确性,而在于人们已经意识到地球竟然如此巨大。它的总面积一定是所有已知土地面积的几百倍!如果事实就是如此,那么在已知的边界之外又蕴藏着怎样的秘密呢?

---

① 埃拉托色尼(约前275—前194),古希腊杰出的数学家、天文学家和地理学家,对地图学的贡献尤为卓著。他首创了测量地球圆周长度的方法,并获得了第一个科学的数据,根据坐标原理利用经纬线绘制出了世界地图。他第一个创造了"地理学"这个词,并写成专著三卷,一直被尊称为"地理学之父"。
② 位于今天的阿斯旺大坝附近。

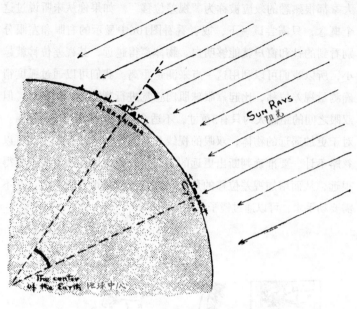

图105

说到天文距离，我们必须首先了解"视差位移"（简称"视差"）的概念。这个词听起来有点可怕，但事实上视差的概念非常简单，而且很具实用性。

要了解这个概念，我们可以尝试将线穿进针眼里。试着闭上一只眼睛，你很快会发现操作非常困难，线头要么离针鼻太远，要么就是离得太近。仅凭一只眼睛根本无法准确判断针鼻和线的距离。但是，当你睁开两只眼睛，这个活儿瞬间变得无比简单。当你用两只眼睛观察物体时，会自动将它们都聚焦在物体上。物体越近，眼睛越是会转向靠近另一只眼睛的方向，肌肉调整带来的张力会让你清晰地判断出物体之间的距离。

现在，如果你不是同时用两只眼睛看，而是先闭上一只，然后闭上另一只，你会注意到物体（在这个案例中就是针）相对于远处背景（比如房间对面的窗户）的位置已经发生了改变。这种

273

大家都很熟悉的效应被称为"视差位移"。如果你从未听说过这个概念，只需尝试一下，或者看看图106中显示的右眼和左眼分别看到的针和窗户就能够明白。物体离得越远，其视差位移就越小，所以我们可以利用这一点来测量距离。我们可以通过弧度精确测量视差位移，比起靠眼球肌肉感觉进行判断要可靠得多。但双眼之间的距离大约只有3英寸，不适合估计超过几英尺的距离。对于更加遥远的物体，双眼的视线几乎完全平行，视差小到可以忽略不计。要准确判断出更远的距离，我们需要让两只眼睛离得很远，从而增加视差位移的角度。虽然听起来很复杂，但这并不需要动手术，可以通过镜子来完成。

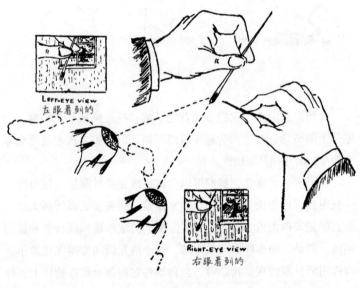

图106

在图107中，我们看到了海军（在雷达发明之前）在战斗中用来测量敌方军舰距离的装置。这是一根长管，每只眼睛正前方分别装有一面镜子（A，A′），管子两端装有另外两面反射镜（B，

274

B′）。使用测距仪时，左眼看到的景象来自镜子B，右眼看到的景象来自镜子B′。两只眼睛之间的距离，也就是所谓的"光学基线"被装置人为变大，使得测量的距离有效变长。当然，海军并不会仅仅依靠研究肌肉的感觉来判断战时距离，测距仪还配备了特殊的小工具和刻度盘，可以帮助准确测量视差位移。

图107

　　就算敌舰处于视野之外，这些海军测距仪也能完美地开展工作，只不过它们依旧无法测量像月球这类相对较近天体的距离。事实上，为了观测月球相对于遥远恒星背景的视差位移，光学基线（即两只眼睛之间的距离）至少要有几百英里长。当然，我们不必去制造一台能将双眼距离拉开如此之长的装置，让我们的一只眼睛"位于"华盛顿，而另一只眼睛则"位于"纽约。只需要在这两座城市同时拍摄两张星空背景下的月球，将它们放置到普通的立体镜里，你会看到月亮悬挂在恒星背景的太空中。通过测量在地球表面两个不同地方同时拍摄的月球和星空的照片（见图108），天文学家发现，从地球两端观测到的月球的视差位移是1° 24′ 5″。由此得出，地球到月球的距离等于地球直径的30.14

275

倍，即384 403公里，即238 857英里。

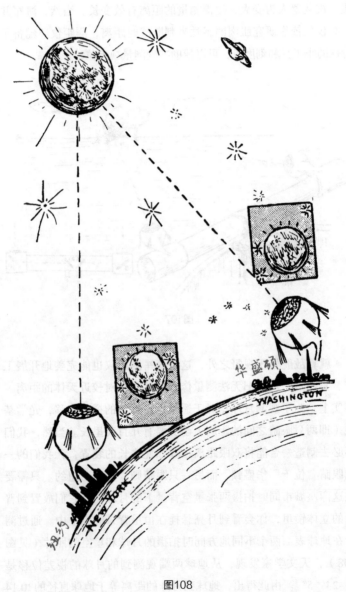

图108

276

通过这个距离和观测到的角直径，我们发现，月球的直径大约是地球直径的1/4。它的表面积只有地球表面的1/16，大约相当于一个非洲大陆。

以类似的方式，人们可以测量地球到太阳的距离，但由于太阳离得更远，测量难度要大得多。天文学家发现，地日距离为149450000千米（92870000英里），相当于地球到月球距离的385倍。正是因为相距甚远，太阳看起来才会和月亮差不多大小，但实际上太阳比月亮要大得多，其直径是地球直径的109倍。

如果太阳是一个大南瓜，地球就是一颗小豌豆，月亮则是一粒罂粟籽，纽约的帝国大厦就像我们通过显微镜能看到的最小细菌一样。值得一提的是，在古希腊时期，一位名叫阿那克萨哥拉[1]的进步哲学家曾因教导学生，说太阳可能是一个与希腊差不多大小的火球而遭受到放逐和死亡的威胁。

以类似的方式，天文学家能够估算出我们这个星系中不同行星与地球之间的距离。其中最遥远的一颗最近被发现，大家称之为冥王星，它和太阳之间的距离大约相当于地日距离的40倍。确切地说，冥王星距离太阳3 668 000 000英里。[2]

2. 银河系

下一段的太空之旅将从行星驶往恒星，我们可以再次使用视差测量法。然而，我们发现，即使是最近的恒星也离我们很远很

---

[1] 阿那克萨戈拉（前500—前428），古希腊哲学家、原子唯物论的思想先驱，米利都学派。他是著名的自然科学家，认为太阳是一团炽热的物质，月亮和地球一样也有山谷和居民，陨石是从太阳掉下来的石头，雷由云彩的撞击而产生，闪电是云与云之间摩擦的结果。

[2] 2006年，国际天文联合会重新定义了行星的概念，将冥王星排除在行星之外，现在冥王星被划为了矮行星。

远，以至于使用地球上相距最远的两个观测点（对跖点）也看不出这些星星相对于星空背景的视差位移。不过，我们依旧有办法来测量这些极远的距离。既然能够利用地球本身的尺寸测量地球围绕太阳公转轨道的大小，为什么我们不用这个轨道的尺寸去测算与恒星之间的距离呢？换句话说，通过地球轨道的两端进行观测，难道不会发现部分恒星的相对位移吗？当然，这意味着我们需要在两次观测之间等待半年，但这又有何不可呢？

秉持着这一想法，德国天文学家贝塞尔[1]于1838年分别在相隔半年的两个夜晚进行观测，比较星空中恒星的相对位置。一开始他不太走运，选择的恒星距离地球太远，即使从地球轨道的两端进行观测也看不出明显的视差位移。但紧接着，他却惊奇地发现，在天文学目录中命名为"天鹅座61"的恒星（天鹅座中第61颗微弱的恒星），与半年前相比，位置似乎有所偏移（见图109）。

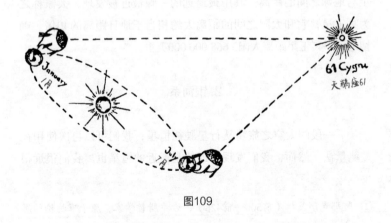

图109

---

① 弗里德里希·威廉·贝塞尔（1784—1846），德国天文学家，数学家，天体测量学的奠基人之一。贝塞尔在天文学上有较多贡献，在天体测量方面，他重新订正《巴拉德雷星表》，加上岁差和章动以及光行差的改正，并把位置归算到1760年的春分点。

又过了半年，这颗恒星再次回到了原来的位置。所以这一定是视差效应，贝塞尔成为第一个拿着码尺度量太阳系之外星际空间的人，让这个领域的研究超越了过去所认知的旧的行星系统的极限，得到了新的提升。

在贝塞尔对天鹅座61的观测当中，视差位移其实很小，一年之内的最大值只有0.6角秒[①]，这相当于你所看到位于500英里以外的一个人与地平线之间的角度，当然，前提是你真能看到那么远。但天文仪器非常精确，即便测量这样小的角度也不在话下。根据观测到的视差和已知的地球轨道直径，贝塞尔计算出该恒星距离地球103 000 000 000 000千米，相当于太阳与地球之间距离的690 000倍！对于这个数字意味着什么我们可能很难理解。在前面的案例中，太阳被看作是一个南瓜，地球是一颗在200英尺以外围绕它旋转的豌豆，那颗恒星与地球的距离相当于30 000英里！

在天文学中，当人们在描述非常远的距离时，习惯于换算成光以每秒300 000千米的速度穿过这段路程所需要的时间。光绕地球一周需要1/7秒，从地球跑到月球需要1秒多一点，从太阳抵达地球大约需要8分钟。而光从距离地球最近的"邻居"天鹅座61过来"做客"则需要11年的时间。如果这颗恒星毁于一场宇宙浩劫，或者突然爆炸变成一团火球（恒星经常爆炸），那么直到11年后，穿越星际的最后一抹光芒才会为我们带来它已不复存在的最新消息。

通过测算地球与天鹅座61之间的距离，贝塞尔发现，这颗恒星虽然看起来只是一个微小的发光点，在黑暗的夜空中静静闪烁，但实际上它却是一个巨大的发光体，其亮度仅次于辉煌的太阳，体积也只比太阳小了30%。哥白尼提出的革命性理论第一次得到了直接印证——我们的太阳只是散布在无限宇宙中的无数距

---

① 更确切地说是$0.600'' \pm 0.06''$。

离遥远的恒星之一。

自贝塞尔之后，天文学家们对数量众多的恒星进行了视差位移测量。其中一些恒星被证实比天鹅座61距离地球更近，而最近的一颗就是半人马座α（半人马座中最亮的恒星），距离我们只有4.3光年，其大小和亮度与太阳非常相似。大多数恒星距离地球非常遥远，就算以地球公转轨道的直径作为光学基线也无法准确测量。

此外，这些恒星的大小和亮度也存在很大差异，比如猎户座α星的体积比太阳大400倍，亮3600倍；而距离地球13光年以外的范马南星直径只有地球的75%，亮度约为太阳的万分之一。

现在来讨论一个对于恒星来说最为重要的问题——恒星究竟有多少颗呢？大众普遍认为，天空中的繁星就像沙漠里的沙砾一样数不清楚。然而，正如许多流行的观点那样，这一观点也是错误的，至少就肉眼可见的恒星而言是无比荒谬的。南北两个半球可以看到的恒星总数只有六七千颗。由于任意时刻只有一半恒星位于地平线以上，而且因为大气干扰了接近地平线恒星的能见度，因此在晴朗无月的夜晚，肉眼能看到的恒星数量只有2000颗左右。因此，如果以每秒1颗星的速度努力计算，你在半小时内就能数完！

但是，如果有一台双筒望远镜，你将能多看到50 000颗恒星。一台直径2.5英寸的望远镜还能多看到1 000 000颗恒星。要是使用加州威尔逊山天文台那台著名的100英寸望远镜，你应该能够看到大约5亿颗恒星。就算天文学家以每秒1颗恒星的速度从早数到晚，天文学家不吃不喝不睡觉也得花费大约一个世纪才能把它们全部数清！

当然，从来没有人试图通过大型望远镜去一颗一颗地计算天空中的所有恒星。恒星总数是通过夜空里不同区域内可见的恒星的平均值推算出来的。

一个多世纪前，英国著名天文学家威廉·赫歇尔①通过自制的大型望远镜观察天空时，惊讶地发现，大多数肉眼看不见的恒星都出现在横跨夜空的普通星云里，也就是人们常说的"银河"。正是因为赫歇尔的观察，天文学界才认识到：银河系并不是普通的星云，也不仅仅是宇宙中的气云带，而是由大量遥远的恒星组成。只是因为它们距离较远，亮度极其微弱，我们的眼睛无法将它们单独识别出来。

借助越来越强大的望远镜，我们已经能够在银河系中分辨出许多的恒星，但其中对于星星较为密集的区域而言，看起来依旧像披着一层朦胧的"面纱"。然而，如果大家认为银河系中的恒星密度比天空中其他区域要密集很多，那就大错特错了。事实上，银河系中的恒星看起来群体庞大，并不是因为这里的恒星分布得更密集，而是因为恒星在这个方向上分布得更深、更远，以至于视觉效果满满。在银河系中，恒星一直延伸到目力（通过望远镜的帮助）所及之处，而天空中其他方向的恒星并未延伸到视野尽头，星星背后就是空无一物的太空。

眺望银河，我们仿佛置身于密林深处，树枝交叉错落、无穷无尽、延绵不绝。若是看向其他方向，映入眼帘的则是落单的星星和空旷的夜空，就好像透过头顶的树叶看到了大片蓝天一样。

这片恒星在浩瀚的宇宙中形成了一片扁平的区域，太阳只是其中微不足道的一个成员。它们沿着银河平面延伸极远，在垂直于银河系的方向上相对较薄。

一代代天文学家进行了更为详尽深入的研究，最终得出结

---

① 弗里德里希·威廉·赫歇尔（1738—1822），英国天文学家，古典作曲家，音乐家。恒星天文学的创始人，被誉为恒星天文学之父。赫歇尔用自己设计的大型反射望远镜发现天王星及其两颗卫星、土星的两颗卫星、太阳的空间运动、太阳光中的红外辐射；编制成第一个双星和聚星表，出版星团和星云表；还研究了银河系结构。

论：银河系中大约有40 000 000 000颗恒星，分布在直径约100 000光年、厚度约5000至10000光年的透镜状区域内。而这项研究的另一个成果无疑给了人们一记响亮的耳光——原来太阳根本不是这个巨型恒星社群的中心，而是位于它的边缘附近。

图110

一位天文学家在观察银河系的恒星，

图中的银河系缩小到1/1000000000000000000000倍。

太阳大致位于天文学家头部的位置。

在图110中，我们试图向读者再现这个巨大恒星星系的外观，顺便说一句，"银河"更科学的表述应当是"银河系"（Galaxy，当然是拉丁语！）。为了便于排版，图片中的银河系比正常大小缩减了一万亿亿倍，独立恒星的数量也远远少于400亿个。

组成银河系的巨大恒星群最为突出的特征是：它们都处于快速旋转的状态，类似于太阳系中的行星。金星、地球、木星和其他行星围绕太阳沿着近乎圆形的轨道移动，构成银河系的数十亿颗恒星则围绕着所谓的"银心"旋转。银河系旋转的中心位于半人马座（射手座）方向，如果认真观察，你会发现越靠近半人马座，银河就会变得越宽，这说明我们所看到的是镜片状星系中较厚的区域（图110中，天文学家也在朝着这个方向眺望）。

图111

如果我们望向银河系中心，

会觉得这条神秘的天堂之路分为了两条单行道。

银心是什么样子的？对此我们一无所知！因为它被悬浮于空间中的厚重暗物质云层遮挡住了。事实上，如果看向银河系中人马座区域附近比较宽的部分，[①] 你会感受到神话故事中的"天路"在

———————

① 初夏晴朗的夜晚是比较好的观测时间。

这里分成了两条"单行道"。但这并不是一条真正的分支，之所以会产生这样的错觉，是因为有一大团星际尘埃和气体组成的暗云悬浮在银心加宽的部分。银河系两侧的黑暗源于宇宙的漆黑背景，而中间的黑暗是由不透明的云造成的。黑暗的中央区域中发光的恒星实际上就在云团前方，位于我们和云层之间（见图111）。

太阳和数十亿颗恒星围绕银河系中心不停地旋转，令人遗憾的是，这个神秘的星系中心无法被观测到。但从某种程度上说，通过对其他恒星系统或星系的观测，我们可以大致推测出银心的样子。太阳无疑是行星家族的"领袖"，而银心并非是一颗主宰本星系所有天体的超级恒星。对其他星系核心区域的研究（我们稍后将讨论这些内容）表明，星系中心也是由大量恒星组成，唯一的区别是，这里的恒星比太阳所属的外围区域的恒星密度要大得多。如果把行星系统看作是一个由太阳统治的专制国家，那么银河系就更像某种民主政权，其中部分成员占据富有影响力的中心位置，另一些成员则只能留在社会边缘更加卑微的位置上。

如上所述，包括太阳在内的所有恒星都围绕银心旋转。只是，我们要如何证明这一点呢？这些恒星公转的轨道半径有多长？公转一周需要多长时间呢？

早在几十年前，荷兰天文学家奥尔特[1]就对这些问题进行了解答，他对银河系的观测方法与哥白尼在研究行星系统时所做的尝试非常相似。

来回顾一下哥白尼的观点吧，他提出：古巴比伦人、古埃及人和其他文明的古人都曾观测到，土星或木星这类大行星似乎以一种相当奇特的方式在天空中移动，它们像太阳一样沿着椭圆轨

---

[1] 简·亨德里克·奥尔特（1900—1992），荷兰著名天文学家，在银河系结构和动力学、射电天文学方面做出了许多重要的贡献。1992年，奥尔特在莱顿去世。为纪念他，第1961号小行星被命名为"奥尔特"。

道前进，然后突然停止、后退，在第二次反向运动后再次掉头，朝着原来的方向前进。图112后半部分的示意图展示了土星大约两年的运动轨迹（土星完整的公转周期是29.5年）。由于宗教上的偏见，当时人们认为地球是宇宙的中心，所有行星和太阳都在围绕地球运转。对于上面提到的这些行星的特殊运动轨迹，他们只能假设行星运动的轨道形状特殊，必须绕过许多环状轨道才能完成。

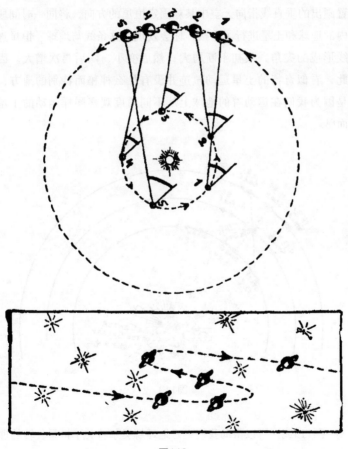

图112

在这个问题上，哥白尼无疑棋高一着，他提出了一个天才的解释：之所以出现这类神秘的绕圈现象，是因为地球和其他行星一起绕着太阳做圆周运动。图112可以帮助大家更容易地理解这一论断。

　　太阳位于中心，地球（小球体）围绕它转小圈，土星（有环的球体）与地球公转方向相同，在外围绕大圈。序号1、2、3、4、5分别代表地球和土星在一年当中不同时刻的位置，作为太阳系的成员，土星的公转速度明显要比地球慢得多。从地球不同位置画出的垂直线指向天空中某颗固定恒星的方向，将同一时间段内的地球和土星进行了连接，你会发现，这条线与地球、恒星连线形成的夹角，最初不断增大，然后变小，随后再次增大。因此，看似奇特的土星运动轨迹并没有什么神秘而特别的地方，是因为我们在运动着的地球上从不同角度观察同样运动的土星而已。

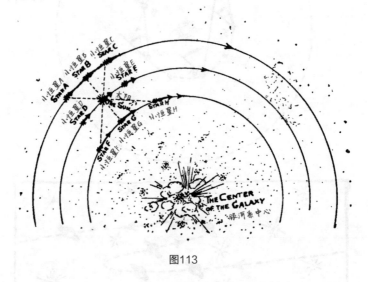

图113

　　图113或许可以帮助我们更好地理解奥尔特关于恒星公转的理论。图片的下半部分可以看到银心（包括暗云在内）周围环绕着

很多恒星。三个圆圈代表了与银心距离不同的几颗恒星的公转轨道,中间的圆圈是太阳的运行轨道。

假设天空中有八颗恒星(在它们周围画上射线,将其与其他恒星区分开来),其中两颗恒星与太阳沿同一公转轨道,只是位置一前一后。其他几颗恒星的公转轨道大小不等,具体如图所示。我们必须记住,由于引力定律(见第五章)的作用,外层轨道的恒星运动速度比太阳慢,内层轨道的恒星运动速度则比太阳快(图中用不同长度的箭头表示)。

如果我们从太阳上进行观测,或者说从地球上进行观测(这两种说法本质上没有区别),这八颗恒星的运动轨迹又是什么样的呢?这里探讨的是恒星沿着观察者视线的方向运动,我们可以通过多普勒效应进行观测。[①]首先,相对于太阳(或地球)的观测者来说,沿着与太阳相同的公转轨道,以相同的速度移动的两颗恒星(标记为D和E)似乎是静止的。落在太阳与银心连线上的两颗恒星(标记为B和G)也应该是静止的,因为它们的运动方向平行于太阳,所以沿着视线方向的速度分量为零。

那么外层轨道上的恒星A和C呢?由于它们的移动速度都比太阳慢,通过示意图可以清晰地看到,恒星A远远落后于太阳,而恒星C则马上要被太阳超越。接下来,A和我们的距离会不断增大,C和我们的距离不断减小,来自这两颗恒星的光必然分别表现出红移和紫移多普勒效应[②]。对于内层轨道上的F和H两颗恒星而言,情况则正好相反,F会出现紫移,H则会出现红移。

---

① 参见第十一章关于多普勒效应的介绍。

② 多普勒效应是物理学和天文学领域中的一个基本现象,它描述了波源和观察者之间相对运动所导致的波频率变化。具体来说,当波源向观察者靠近时,接收到的频率增加,这被称为"紫移"或"蓝移";相反,当波源远离观察者时,接收到的频率减少,这被称为"红移"。红移和蓝移是多普勒效应的可视版本。

人们认为，刚才描述的现象可能只是恒星的圆周运动引起的，如果这种圆周运动真的存在，我们不仅有可能看到红移和紫移，而且有可能估算出恒星运动的轨道半径和运动速度。通过对恒星运动天文资料的整理研究，奥尔特笃定地认为红移和紫移确实存在，从而毫无疑问地证明了银河系的确在旋转。

　　通过类似的方式，还可以证明，银河系的旋转必将影响恒星垂直于观察者视线方向的运动速度这一观点。尽管要对速度的分量进行精确测量困难重重（因为即便遥远的恒星具有非常大的线速度，体现在天球上的角位移也微乎其微），幸运的是，奥尔特和其他天文学家最终观察到了这种效应。

　　现在，对恒星运动奥尔特效应的精确测量，使得计算恒星的公转轨道和自转周期成为可能。使用这种方法，我们已经计算出太阳系绕人马座银心旋转的轨道半径是30 000光年，相当于整个银河系半径的三分之二。太阳绕银心旋转一周需要约2亿年。当然，这是一段漫长的时间，但请记住，太阳系已经大概50亿岁了，在过往岁月中，它已经带领整个家族的行星完整地旋转了差不多20圈。参照"地球年"的定义，我们把太阳的公转周期定义为"太阳年"，以此为标准，我们的宇宙只有20岁。事实上，在恒星的世界里，一切都发生得很缓慢，要描述宇宙的历史，太阳年其实是一个很合适的时间单位！

3. 走向未知的边界

　　上文中说到，在宇宙广阔的空间里，银河系并不是唯一孤立的恒星星系。望远镜让人们看到了另外一个新的世界——遥远的太空中存在着许多类似于银河系的巨型恒星群，其中最近的一颗甚至可以用肉眼看到，它就是著名的仙女座星云。在大众的视野中，它是一个模糊黯淡的长条状小星云。图ⅦA和B（P342）展示的就是两个这样的天体群。它们是通过威尔逊山天文台的大型

288

望远镜拍摄的后发座星云的侧视图和大熊座星云的俯视图。作为银河系特有透镜形状的"拥趸者",这两个星云具有典型的螺旋结构,因此也被称为"螺旋星云"。很多迹象表明,银河系应该也是一个旋涡星系,只是身处其中的我们很难判断它的形状。事实上,我们的太阳很可能位于"银河系大星云"的某条旋臂的末端。[①]

很长一段时期,天文学家们都没有意识到,这种螺旋状星云其实是类似于银河系的巨型恒星系统,他们将其与猎户座的普通弥散星云混淆起来,认为这些都是漂浮在银河系内部的大团星际尘埃云。后来人们发现,这些雾蒙蒙的螺旋状物体根本不是雾,而是无数独立的恒星。使用最先进的望远镜,我们可以看到那些小点点,但它们实在太远了,以至于无法利用视差位移测量它们的实际距离。

那么,你是否认为我们已经到达了天体距离测量的极限呢?答案是否定的!在学术殿堂中,困难层出不穷,有时你需要的只是一点时间和助力就能走得更远。彼时,哈佛大学天文学家哈洛·沙普利[②]发现了一把全新的"测量尺",那就是所谓的脉动恒星或造父变星。[③]

夜空中的恒星大多数都在天空中安静地发光,但也有少数

---

① 目前的天文观测结果表明,太阳系位于银河系的一个小旋臂(猎户臂)的末端。

② 哈洛·沙普利(1885—1972),美国著名天文学家,科学院院士。沙普利在天文学上作出了重要贡献:他对球状星团和造父变星进行了系统的研究;推测出太阳系不在银河系中心,而是处于银河系边缘,银河系的中心在人马座方向。他的研究为人们认识银河系奠定了基础。

③ 该名字源于仙王座δ(造父一),天文学家首次在该恒星上发现了脉冲现象。

"不安分"的恒星亮度由明到暗，再由暗到明，如此循环往复，规律变化。这些巨型天体像心脏一样有规律地脉动，它们的亮度也会伴随着这种脉动，发生周期性的变化。①恒星越大，其脉动周期就越长，就像长钟摆完成摆动所需的时间比短钟摆要长一样。真正小的造父变星（以恒星为参照物）在几个小时内就能完成一个周期，而那些体型壮硕的恒星脉动周期可能长达数年。恒星越大光芒越亮，造父变星脉动的周期和平均亮度之间存在较为明显的相关性。有的造父变星离我们很近，可以直接测量它们的距离和实际亮度。根据科学的逻辑分析，我们可以计算出该种类型的恒星脉动周期和亮度之间的关系。

现在如果你发现一颗恒星所处的位置超过了视差测量的观测极限，所要做的就是通过望远镜观察它的脉动周期，进而计算出其实际亮度，通过比较实际亮度和观察到的亮度，就能立即判断出它距离我们有多远。这种巧妙的方法帮助沙普利测量出银河系内那些特别遥远的距离，对于估算银河系大型物体的体积也极其有效。

当沙普利用同样的方法测量嵌入仙女座星云巨型天体中的几颗造父变星与我们的距离时，感到无比吃惊。因为从地球到这些恒星之间的距离，与到仙女座星云的距离相同，它们距离地球足足1 700 000光年，这可比银河系恒星系统的预估直径要大得多，于是我们发现，仙女座星云其实只比银河系稍小一点点。前面照片中所显示的两个螺旋星云距离地球更远，它们的直径与仙女座的直径差不多是一样的。

这一发现无疑是对先前天文学家提出的各种假设来了"当头一棒"，仙女座旋涡星云并不是银河系内部不起眼的"小东西"，而是类似于银河系的独立恒星系统。现在没有天文学家会

---

① 不要把这些脉动的恒星与所谓的蚀变星混为一谈，蚀变星是两颗互相围绕对方旋转，且周期性彼此遮挡的恒星。

怀疑，要是某颗行星围绕着大仙女座星云数十亿颗恒星中的一颗旋转，位于这颗行星上的观察者所看到的银河系应该和我们眼中的仙女座星云差不多。

对这些遥远恒星的深入研究主要得益于威尔逊山天文台著名的星系观测者E.哈勃博士[1]，他和一众天文学家们揭示了许多令人感兴趣的重要事情。首先他们发现，一台功能强大的望远镜能够看到的星系数量比肉眼看到的恒星还要多，它们并不一定都是螺旋状的，而是呈现出各种不同的形态。球状星系看起来就像边界不清晰的大圆盘，椭圆星系的扁率各不相同，而旋涡星系在螺旋的松紧程度上也各有特点。此外，还有一些形状奇特的棒旋星系[2]。

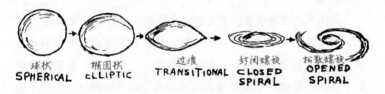

图114 星系演化的不同阶段

① 爱德文·鲍威尔·哈勃（1889—1953），美国著名天文学家，研究现代宇宙理论最著名的人物之一，河外天文学的奠基人和提供宇宙膨胀实例证据的第一人。他发现了大多数星系都存在红移的现象，建立了哈勃定律，被认为是宇宙膨胀的有力证据。同时，他也是星系天文学的创始人和观测宇宙学的开拓者，被称为星系天文学之父。

② 棒旋星系，是指中间具有由恒星聚集组成短棒形状的螺旋星系。大约三分之二的螺旋星系是棒旋星系。短棒通常会影响在棒旋星系里的恒星与星际气体的运动，它也会影响旋臂。棒旋星系的旋臂则看似由短棒的末端涌现。而在普通的螺旋星系，恒星都是由核心直接涌出的；在星系分类法以符号SB表示。

需要强调的是，我们观测到的各种星系形状都可以进行规则的排序（见图114），这可能对应着巨星恒星社群的不同演化阶段。

虽然星系演化的细节迄今仍有待进一步探索，但星系演化的动力极有可能源自收缩过程。众所周知，当缓慢旋转的球形气团稳定收缩时，其旋转速度会不断加快，形状也会变成扁平的椭球体。收缩的过程中，当极地半径与赤道半径之比等于7/10时，旋转球体的赤道就会变成一道锐利的棱，球体气团会呈现凸透镜的形状。到达这个阶段后，如果气团进一步收缩，透镜状结构会继续保持完整，但形成气团的气体将沿着尖锐的赤道边缘飘散至周围的空间，导致赤道平面形成一层薄薄的气雾。

英国著名物理学家、天文学家詹姆斯·金斯爵士[1]已经从数学上证明了旋转气团会经历所有上述过程，我们可以将其原封不动地应用于被称之为星系的巨型恒星气团上。事实上，我们可以将数十亿颗恒星的"聚集"视为气团，其中单个的恒星就类似于分子的角色和作用。

通过将詹姆斯的理论计算结果与哈勃的经验主义星系分类进行比较，我们发现这些巨星社群完美遵循该理论所描述的演化过程。特别是，我们发现椭圆星云极半径与赤道半径之比正好为7:10（E7），星系赤道开始出现棱形边缘。在进化后期发展起来的旋涡星系，显然是由快速旋转的螺旋星系喷射出的物质所形成。尽管到目前为止，我们还没有得出令人满意的解释来解读这样的螺旋结构是如何形成的，以及是什么导致了简单的旋涡星系和奇特的棒形星系之间的差异。

---

[1] 詹姆斯·金斯（1877—1946），英国天文学家、数学家、物理学家。在物理学的量子理论、辐射和恒星演化理论等领域做出重要贡献。

292

我们还需要对银河星系的结构、不同部分的运动和恒星的成分开展进一步的研究和学习。例如，几年前威尔逊山天文台的天文学家W.巴德①发现了一个非常有趣的现象：尽管旋涡星云核心区域（星系核）的恒星类型与球形和椭圆形星系中的差不多，但旋臂区却出现了另外一种不同的恒星，这些特别的恒星灼热且明亮，与其他核心区域的恒星明显不同，被称为"蓝巨星"。蓝巨星往往只存在于旋涡星系的旋臂中，而在旋涡星系的中央区域、球形和椭圆形星系里都看不到这种恒星。

稍后，大家将在第十一章中看到，蓝巨星很可能是最近才形成的恒星，所以我们有理由假设——旋臂是新恒星种群的繁育基地。可以想象，收缩的椭圆星系赤道"棱边"向外喷射的物质主要是原始气体，这些气体进入寒冷的星系空间，进而凝聚成团，随后收缩形成灼热明亮的恒星。

在第十一章中，我们将再次探讨恒星诞生和生命周期的问题，但现在我们必须先来考虑一下，浩瀚宇宙中的独立星系究竟是如何分布的。

首先必须明确一点，基于脉动恒星的测距方法成功地帮我们测量了银河系附近大量星系的距离，但当我们进入太空深处，这个方法却失效了。因为一旦到达无法区分独立恒星的距离，即

---

① 沃尔特·巴德（1893—1960），德国天文学家，在美国度过了大部分科研生涯。巴德提出了两类星族的概念，正确区分了两类造父变星，并对宇宙距离的尺度做出了重要的修正。哈勃第一次试图测定仙女座星系的距离，将星族Ⅱ造父变星的周光关系错误地应用到了仙女座系星族Ⅰ造父变星身上，得到的结果是80万光年。巴德利用正确的周光关系重新计算了仙女座星系的距离，得到了200万光年的结果。这意味着几乎所有利用红移测量距离的星系都比先前的估算远了一倍多，这也令当时人们对宇宙年龄的估计值由20亿年增加到50亿年，解决了地球年龄比宇宙年龄还要老的疑难。

使通过最强大的望远镜，这些星系看起来也像狭长蒙眬的微小星云。而再往远处延伸，我们只能根据可见光的大小来判断它的距离。前面我们说过，与恒星不同，所有同一类型的星系大小都差不多。如果你知道世界上所有人的身高完全相同，既没有巨人也没有侏儒，那么你就可以通过观察一个人的身高来判断你和他之间的距离。

哈勃博士利用这种方法来估算遥远星系的距离，结果证明：在我们目力（包含最强大的望远镜）的可见范围内，太空中的星系大多分布均匀。之所以说"大多分布均匀"，是因为星系常常聚集成团，一个星系团包含数千个成员，就像星系中内部也有无数独立的星团一样。

我们所处的银河系显然是一个相对较小的星系团，它由三个旋涡星系（包括银河系和仙女座星云）、六个椭圆星系以及四个不规则星系（其中两个是麦哲伦星云）组成。

不过，根据帕洛马山天文台那台200英寸望远镜的观察结果，除了偶尔出现的星系团之外，独立星系大致均匀地分部在空间中，一路绵延长达10亿光年。两个相邻星系之间的平均距离约为5000000光年，宇宙可见的边界中大约包含了几十亿个独立的恒星星系！

我们不妨再次引用这个古老的比喻，如果以细菌代表帝国大厦的大小，地球相当于一粒豌豆，太阳相当于一个南瓜，众多的星系就像大致分布在木星轨道内的数十亿个南瓜，另外还有各种大小的南瓜群散落在直径略小于太阳与最近恒星距离的球形空间内。我们的确很难找到合适的尺度来描述宇宙中的距离，就算将地球比作豌豆，已知宇宙的大小也是一个巨大的天文数字！在图115中，我们试图将这种逻辑关系展示出来，让你了解天文学家是如何一步一步地探索宇宙距离——从地球到月球，到太阳，到恒星，再到遥远的星系和未知的极限。

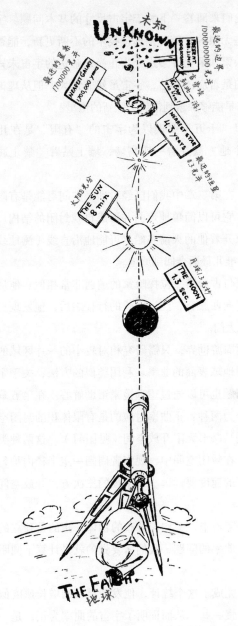

图115 探索宇宙的里程碑，图中以光年作为距离单位

现在，我们来回答一下关于宇宙尺寸的基本问题。宇宙究竟是有限的还是无限的？随着望远镜技术的不断更新，能否让天文学家们不断探索和揭秘许多迄今为止尚未触达的宇宙未知领域？或者说，我们是否应该相信，宇宙虽然非常大，但从理论层面上来说，我们迟早能够探索到最后一颗新的恒星？

看到这里，千万不要误以为宇宙的"有限"是在几十亿光年之外的某个地方矗立着一座高墙，墙上贴着"禁止通行"的告示。

事实上，在第三章中我们已经看到，空间可能是有限而不受边界限制的，它可以简单地弯曲并形成自我封闭的结构。假设一位太空探险家开着他的火箭飞船尽可能地沿直线（测地线）一路飞行，那他没准儿最后会回到原地。

这种情况与古希腊一位探险家的遭遇非常相似。他从家乡雅典出发，一路向西旅行，经过漫长的行程之后，他发现自己走进了雅典城的东大门。

我们无须周游世界，只需研究相对较小的一片区域的几何特征，就能证明地球表面的曲率。利用类似的方法，关于宇宙三维空间的曲率问题也可以通过望远镜来帮助解答。在第五章中大家看到，弯曲分为两种：正曲率对应的是有限体积的封闭空间，负曲率对应的是马鞍形无限开放空间（见图41）。这两种类型空间的区别在于，在封闭空间中，观察者周围一定半径内均匀分布的物体数量增长的速度要远远小于半径的三次方，开放空间则与此相反。

在我们的宇宙中，"均匀分布的物体"指的是独立的星系，为了解决宇宙曲率的问题，我们所要做的就是计算不同距离范围内的星系数量。

哈勃博士完成了这个统计，他发现星系的增长速度似乎比距离的三次方要慢一些。从而证明了宇宙的曲率为正，是一个有限的空间。值得注意的，哈勃观察到的这种效应特别微弱，只有在威尔逊山天文台那台100英寸的望远镜的视线尽头时才有一点儿征兆。最近部分天文学家在帕洛马山上使用一台新的200英寸反射器望远镜进行观察，依旧毫无所获。

另一个导致宇宙有限性问题无法确定答案的原因是，遥远星系的距离必须完全根据它们的可见亮度（遵循平方反比定律）来进行计算。而其中蕴含着一个假设，即：所有星系的实际亮度要完全相同且始终如一。如果星系的亮度在发生变化，那使用这个方法得出的结论会与真相背道而驰。事实上，通过帕洛马山望远镜看到的最遥远的星系距离我们10亿光年，现在我们所看到的星系都是它们10亿年前的状态。如果独立星系的亮度会随着年龄的增长而逐渐变暗（也许是由于死去的恒星越来越多，活跃的恒星数量越来越少），那我们就必须对哈勃得出的结论进行修正。事实上，在10亿年的漫长历程中（大约相当于星系总寿命的七分之一），星系亮度只需要有一点点的变化，"宇宙有限"的结论就会被推翻。

因此，要准备回答"宇宙是否有限"这个问题之前，我们还有很多工作要做。

第十一章　造物之日

1.行星的诞生

对于生活在世界上七个大洲的人们（包括南极洲的伯德少将考察站）而言，"坚实的地面"象征的是稳定和永久。地表、大陆、海洋、山脉以及河流，这些大家所熟知的地貌很可能自远古以来就一直存在。历史地质学数据表明，地球的面貌正在逐渐发生变化，大片陆地可能被海水淹没，曾经位于海底的区域可能会浮出水面。

同时，古老的山脉正在逐渐被雨水冲走，新的山脊不时因地质运动而升起，但所有这些变化都发生在地球坚硬稳固的地壳上。

不难看出，必然存在一个坚固地壳尚未形成的时代，那时的地球是一个由岩浆组成的灼热球体。事实上，对地球内部的研究表明，这颗星球的大部分至今仍处于熔融状态①，而我们所说的"坚实的

---

① 熔融状态就是在常温下是固体的物质在达到一定温度后熔化，成为液态，称为熔融状态。

地面"实际上只是漂浮在熔融岩浆表面上一块相对较薄的硬壳。要想证明这一点，最简单的方法就是测量地球内部不同深度的温度。通过检测，我们发现，深度每增加一千米，温度就会上升约30℃（或者说，深度每增加一千英尺，温度上升16℉）。例如，在世界上最深的矿井（南非罗宾逊迪普的一个金矿），墙壁滚烫灼热，施工方不得不安装空调设备来防止矿工被活活烤焦。

按照这样的增长速度，只需深入地表下仅50公里，地球的温度就会达到岩石的熔点（1200℃到1800℃之间），而这个深度还不到地球半径的1%。再往下走，占据了地球97%以上质量的物质，必然完全处于熔融状态。

显然，这样的情况不可能永远存在，我们观察到的其实是逐渐冷却过程中的某个阶段。地球在诞生初期是一个纯液态的球体，之后它就进入了缓慢而渐进的冷却过程，我们现在所看到的，只不过是地球生命历程中某个特定的阶段。在遥远的将来随着地球由表及里完全固化，冷却过程才会终止。对地壳冷却速率和硬质地壳生长速度的粗略估算表明，冷却过程必定始于几十亿年前。

通过估算形成地壳的岩石寿命可以得到同样的结论。乍一看，岩石仿佛亘古不变，因此大家都说"坚如磐石"。但实际上，很多岩石内部存在天然的"时钟"，富有经验的地质学家能够通过观察，推算出岩石从熔化状态凝固之后经历的时间长度。

这种"出卖年龄"的地质时钟以微量元素铀和钍为代表，它们通常存在于地表和地下不同深度采集到的岩石样本中。正如我们在第七章中所看到的，这些元素的原子经历了缓慢的自发放射性衰变，最终变成了稳定的元素铅。

要判断含有这些放射性元素的岩石历经了多少岁月，只需要测量无数个世纪以来由于放射性衰变而积累的铅含量即可。

事实上，只要岩石的材料处于熔融状态，那么扩散作用和对流效应会将放射性衰变产生的铅不断送往别处。一旦熔岩凝固成岩石，这些衰变产物的积累随之开始，它的数量可以让我们精确地估算出它的年龄，就像敌方间谍能够通过散落在太平洋两座岛屿上棕榈树之间散落的空啤酒罐数量，从而推断出海军陆战队分别在每个岛屿上驻扎过多长时间一样。

最近，科学家们利用改进后的技术精确测量岩石中沉积的铅同位素和其他不稳定化学同位素（如铷87和钾40）的衰变产物，估算出目前已知的最古老岩石有45亿岁。因此，我们得出结论，地球的坚硬地壳大约从50亿年前开始由熔化物质冷凝而成。

因此，我们可以将50亿年前的地球描绘成一个完全熔融的球体，周围环绕着一层厚厚的大气层，大气层的成分包括空气、水蒸气，可能还有其他极易挥发的物质。

BUFFON'S COLLISION-HYPOTHESIS
布丰的碰撞假说

KANT'S RING-HYPOTHESIS
康德的恒星环假说

图116 天体演化学中两个学派的思想

这团炽热的宇宙物质是如何形成的？是什么样的力量导致了它的形成？构成这个熔岩球的材料又是来自何方？这些涉及地球

起源以及太阳系中其他每个行星的起源问题一直以来都是天体演化学（研究宇宙起源理论）深入探讨的基本问题，让天文学家们几个世纪以来绞尽脑汁、废寝忘食。

1749年，法国著名博物学家布丰伯爵在其撰写的四十四卷巨著《自然史》中的某卷中首次尝试用科学的方法解答这些问题。布丰认为行星系是由太阳和一颗来自星际空间深处的彗星碰撞所产生的。他发挥想象力，描绘了一幅生动的画面，一只"蛇蝎美人"用它灿烂的长尾掠过孤独的太阳表面，从它巨大的身体上撕下许多小"滴液"，巨大的冲击力将它们抛向了太空（见图116a）。几十年后，德国著名哲学家伊曼努尔·康德[1]提出了另一套完全不同的行星系起源的理论。他更倾向于认为太阳是在没有任何其他天体干预的情况下独立形成的。康德将早期的太阳看作是一个巨大的、气温较低的气体，它占据了当前行星系统所处的整个空间，并围绕其轴线缓慢旋转。球体通过将自身携带的热量辐射到周围的空隙中来保持持续而稳定地冷却，导致了球体的逐渐收缩和旋转速度的不断增长。这种旋转使得离心力不断增加，从而导致球体变得逐渐扁平，使它沿着其向外延伸的赤道喷射了一系列气体环（见图116b）。普拉托[2]的经典实验演示了这一过

---

[1] 伊曼努尔·康德（1724—1804），德国哲学家、作家，德国古典哲学创始人。1754年，康德发表了论文《论地球自转是否变化和地球是否要衰老》，对"宇宙不变论"大胆提出怀疑。1755年，康德发表《自然通史和天体论》一书，首先提出太阳系起源星云说。

[2] 约瑟夫·安托万·费迪南·普拉托（1801—1883），比利时物理学家。他首先发现了快速运动物体的视觉暂留现象（动画与电影的理论基础）。1873年，普拉托曾用实验的方法显示极小曲面。在空间内以给定的闭曲线为边缘张以肥皂膜时，表面张力使膜稳定在表面积为最小的状态。这刺激了科学家对极小曲面的研究。因此，极小曲面问题又称为普拉托问题。

程。实验中，一大滴油（太阳是气态的，这个实验用的是液体）悬浮在另一种密度相等的液体中，一些辅助机械装置使油滴高速旋转，当旋转速度超过一定数值时，油滴周围开始出现环状结构。康德认为，如此形成的环状结构随后会发生解体，形成围绕太阳旋转的距离不等的行星。

这些观点后来被法国著名数学家皮埃尔·西蒙·拉普拉斯[1]侯爵采纳并发扬光大。他在1796年出版的《宇宙体系论》一书中阐述了这些观点。尽管拉普拉斯是一位伟大的数学家，但他并没有试图用数学的方法对这些思想进行解读和处理，而是用一些通俗易懂的方法进行了讨论。

六十年后，当英国物理学家克拉克·麦克斯韦[2]首次尝试用数学思维来解释太阳系的起源问题，结果发现康德和拉普拉斯的宇宙学说存在着一个无法调和的矛盾。研究表明，如果目前集中在太阳系各个行星中的物质均匀分布于其所占据的整个空间中，那么物质的密度就会十分单薄，引力很难将其聚合为不同的独立行星。因此，由收缩的太阳向外抛出的环将永远保持环状结构，就像我们现在看到的土星环一样。众所周知，土星环是由无数小颗粒组成，它们沿着圆形轨道围绕土星运行，它们看起来十分稳定，并没有"凝聚"成一颗固态卫星的趋势。

解决这一难题的唯一途径就是假设太阳形成的原始外壳中包含的物质比现在行星上发现的物质要多得多（前者至少是后者的

---

[1] 皮埃尔-西蒙·拉普拉斯（1749—1827），法国著名的天文学家和数学家。他是天体力学的主要奠基人、天体演化学的创立者之一。此外，他还是分析概率论的创始人，是应用数学的先驱。

[2] 詹姆斯·克拉克·麦克斯韦（1831—1879），物理学家、数学家，经典电动力学创始人，统计物理学奠基人之一。麦克斯韦建立的电磁场理论，将电学、磁学、光学统一起来。在热力学与统计物理学方面，他是气体动理论的创始人之一。

100倍），这些物质大部分坠落到太阳上，只有剩下大约1%的物质形成了行星体。

然而，这样的假设又引发了另外一个同样严峻的问题。事实上，如果曾经有这么多原本与行星速度相同的物质围绕太阳旋转，并且全都落到了太阳上，那么太阳的自转角度将不可避免地增加到现在的5000倍。如果是这样的话，太阳将以每小时7圈的速度自转，而不是像现在这样大约四周才转1圈。

这些推论似乎宣告了康德-拉普拉斯的理论是错误的。随着天文学家们满怀希望地期待新的成果出现，美国科学家T.C.张伯伦、F.R.莫尔顿[①]和英国著名科学家詹姆斯·金斯爵士让布丰的碰撞理论再次"复活"。当然，随着科学的进步和发展，布丰最初所提出的理论被修正和完善。比如说，人们发现，与太阳相撞的天体绝不可能是一颗彗星，因为彗星的质量即使和月球相比也是微不足道的。所以，人们认为，入侵太阳系的天体应该是另一颗在大小和质量上与太阳相当的恒星。

然而，哪怕以当时的眼光来审视，修正后的理论也不太能站得住脚，它同样存在许多漏洞。人们很难理解，为什么太阳与另一颗恒星发生猛烈撞击后，向外抛洒的碎片运动轨迹会与其他行星一样，沿着近似圆形的轨道移动，而不是更长的椭圆轨道。

[①] 张伯伦和莫尔顿一起提出了有关地球形成方式的张伯伦-莫尔顿假说，发现了气候变化和二氧化碳浓度之间的关系，并在第四纪地质学、冰川学、地球年代学和矿物学等方面也有重要贡献。托马斯·克劳德尔·张伯伦（1843—1928），美国地质学家及教育家。张伯伦也是现代科学方法的奠基人之一，提出了"假说需要有数据的支持"的理念。福雷斯特·雷·莫尔顿（1872—1952），美国天文学家。莫尔顿提出了太阳系起源的星子理论。当20世纪前期尼科尔森和其他人发现木星的小卫星时，莫尔顿认为它们可能是被木星俘获的小行星。这个理论现在已被天文学家广泛接受。

为了挽回局面，人们只能假设，外来恒星撞击太阳形成行星时，太阳实际上包裹在一层均匀旋转的气体中，正因如此，原本呈现椭圆形的细长轨道才变成了圆形。由于目前行星占据的区域内还未发现类似的介质，因此人们认为它后来逐渐消散到了星际空间中，目前太阳黄道平面上延伸出来的黄道光[1]代表的正是那段辉煌的过往。这套融合了康德-拉普拉斯的太阳原始气体外层假说和布丰的碰撞假说的理论并不令人十分满意。然而，正如谚语所说，"两害相权取其轻"，大家最终选择了接受碰撞假说，直到最近，你依旧可以从各类科学论文、教科书和科普读物中（包括作者的两本书：1940年出版的《太阳的诞生和死亡》，和1941年首次出版、1959年修订出版的《地球传》）看到它的身影。

直到1943年秋天，年轻的德国物理学家C.魏茨泽克[2]才真正解

---

① 黄道光是一些不断环绕太阳的尘埃微粒反射太阳的光而成。黄道光因行星际尘埃对太阳光的散射而在黄道面上而形成的银白色光锥，一般都呈三角形，大致与黄道面对称朝太阳方向增强。总的讲来黄道光很微弱，除在春季黄昏后或秋季黎明前在观测条件较理想情况下才勉强可见外，一般不易见到。黄道光是存在行星际物质的证明。IRAS太空飞船采用红外线拍摄的黄道光呈现一个扁平的、透镜状的形状，它沿着黄道平面向两边延伸。

② 卡尔·魏茨泽克（1912—2007），德国物理学家、哲学家和天文学家。1937年提出恒星能源的机理。1944年提出太阳系起源的星云旋涡说，主要观点是：太阳形成后残留的气体和尘埃，因自转而变为盘状。盘内存在旋涡，逐渐演变为准稳排列；每个同心环内出现五个旋涡。环与环之间，旋涡与旋涡之间产生次级旋涡，行星即在其中形成。上述假说避免了灾变说的某些困难，但也带来了新的问题。他还研究过天体物理学和宇宙学以及恒星和星系演化的若干问题。

开了行星理论中的戈耳狄俄斯之结[①]。利用最新的天体物理研究成果，魏茨泽克成功解决了原本困扰康德–拉普拉斯假说的那些难题。沿着这些思路，人们可以构建出关于行星起源的完整理论，解释行星系的许多重要特征，达到旧理论从未触及的高度。

在过去的几十年间，天体物理学家已经彻底改变了他们对于宇宙中物质的化学成分的认知，这也是魏茨泽克工作的重要支撑。以前人们普遍认为，太阳和所有恒星的化学元素比例都同地球差不多。化学分析结果告诉我们，地球主要由氧（以及各种氧化物的形式）、硅、铁和少量其他重元素组成。氢和氦等较轻的气体（以及其他所谓的稀有气体，如氖、氩等）在地球上储量稀少。[②]

当时的天文学家们没有找到更多的证据，只能认定这些气体在太阳和其他恒星内部也非常罕见。直到丹麦天体物理学家B·斯特龙根[③]对恒星结构进行了更详细的理论研究，最终推翻了这些假设。事实上，太阳中至少有35%的物质是纯粹的氢，后来这一估值又被增加到50%以上。此外，他还发现太阳内部存在大量的氦元素。天体物理学家们对太阳的内部结构进行了理论研究（最

---

① 戈耳狄俄斯之结，典出欧洲民间传说，指常规手法无法解开的难题。

② 氢在地球上的存在形式主要是和氧结合形成水。但大家都知道，尽管水覆盖了地球表面的四分之三，但与整个地球的质量相比，水的总量微乎其微。

③ 本特·斯特龙根（1908—1987），丹麦天文学家。斯特龙根早年研究恒星大气理论、恒星脉动和星际气体电离理论；发展了星云中高温恒星使周围气体氢电离而形成发射星云的理论，还推导出氢电离区的范围半径，称斯特龙根半径。以后从事太阳和恒星光谱的理论分析，创立了恒星光谱的定量分类法和二元分类法。20世纪50年代提出四色测光系统。

近，M.史瓦西[1]发表的重要成果代表着这个领域研究的巅峰），并对太阳表面进行了更为详细的光谱分析，最终得出了一个惊人的结论：构成地球的常见化学元素仅占太阳总质量的1%左右，实际上，太阳差不多一半的质量是氢，另一半是氦，前者略多于后者。显然，其他恒星的成分也跟太阳差不多。

此外，我们现在知道，星际空间并非真空，而是填充着气体和细小尘埃的混合物，在1 000 000立方英里的空间中，宇宙平均物质密度约为1毫克。这种弥漫的、非常稀薄的物质显然与太阳和其他恒星的化学成分完全相同。

尽管恒星际物质密度极低，但很容易证明它的存在。因为它选择性地吸收了穿越数十万光年才能被望远镜观测到的遥远恒星的光芒。这些"恒星际吸收线"的强度和位置可以帮助我们更加精准地判断和估算出物质的密度和成分，证明它们几乎完全由氢和少量的氦组成。[2]事实上，各种"地球成分"的小微粒（直径约为0.001毫米）形成的尘埃在恒星际物质中的占比不超过总质量的1%。

现在回过头来看魏茨泽克理论的基本思想，我们可以说，关于宇宙中物质化学成分的新知识为康德-拉普拉斯假说提供了直接的支撑。实际上，如果太阳外层包裹的原始气体是由这类物质组成，那么其中只有一小部分气体，也就是那些更重的"地球"元

―――――――――――

① 马丁·史瓦西（1912—1997），德国天文物理学家。早期的工作是研究脉动变星、恒星动力学结构，稳定恒星的质量上限，太阳氦丰度演化等。1958年写作《恒星的结构和演化》一书。其后研究湍流和对流问题，研究太阳米粒组织，主持气球飞行计划以获得太阳高质量照片，后来扩大到行星和晚期恒星红外分光光度测量的领域。

② 恒星际介质中的物质会吸收来自恒星的光线，其中部分光线被尘埃颗粒吸收后被重新辐射出来，形成吸收线。通过对这些吸收线的分析，科学家们可以推断出尘埃的成分。

素，能够用于建造我们的地球和其他行星。其余无法凝聚的氢气和氦气等必然会通过某种方式被"分流"出去，要么坠向太阳，要么散逸到周围的星际空间中。根据上述分析，如果这些气体坠向太阳，那么必然导致太阳自转速度加快，所以我们不得不接受另外一种假设，即"地球"元素组成行星后，这些剩余的气态物质就散逸到了太空中。

基于上述研究，我们描绘出下面这幅行星系形成的全景图。当星际物质凝结形成太阳之后（见下一节），仍有很大一部分（可能是目前行星总质量的一百倍左右）留在了外部，形成了一个旋转的巨大外壳（这种现象的原因可以归结为：凝结形成原始太阳的星际气体，各个部分的旋转状态存在差异）。这种快速旋转的外壳由不凝聚的气体（氢气、氦气和少量其他气体）和各种地球材料（如氧化铁、硅的化合物、水滴和冰晶）的尘埃微粒组成，后者漂浮在气体内部随之旋转。尘埃微粒相互撞击，逐渐聚集成越来越大的物质团，行星的雏形便诞生了。图117为我们展示了这种相互碰撞的结果，尘埃微粒碰撞的速度与陨石的速度相当。

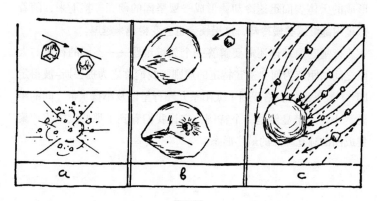

图117

根据逻辑推理，我们得出以下结论：在这样的速度下，两块质量大致相等的物质相互碰撞将导致它们归于尘埃，共同覆灭

（见图117a），这样的撞击不会助推大块物质团的形成，反而会导致物质的迅速毁灭。另一方面，当一个小微粒与一块体积比它大得多的物质相撞（见图117b），它会钻入后者的体内，从而形成一个新的、更大的物质。

显然，这两种过程都会导致小微粒的逐渐消失，它们会融入形成较大的物体团块。到了后期，这一过程将不断加速，因为较大的物质所产生的引力会捕捉附近掠过的较小粒子，并将它们融合进自己的身体里。如图117c所示，在这种情况下，大物质团的捕获效率大得惊人。

魏茨泽克让世人认识到，散落在整个行星系空间内的尘埃微粒终究会聚集形成几个大的物质团，从而产生出行星的雏形，这一过程需要约一亿年。

围绕太阳旋转的各类大大小小的宇宙物质不断"抱团"，在此过程中，新材料对其表面的不断轰击必定会使得大物质团保持高温状态。然而，一旦星际尘埃、卵石和较大岩石被耗尽，给进一步生长的过程按下了暂停键，向外的热辐射必然会导致这些新形成的天体表面迅速冷却，形成一层坚固的硬壳。接下来，随着行星内部继续缓慢冷却，这层硬壳也会变得越来越厚。

行星起源理论还需要解答一个关键难题——不同的行星与太阳之间的距离为何会遵守特定的规则（我们称之为提丢斯–波得定则[1]）。下面的表格罗列了太阳系九颗行星以及小行星带之间的距离，小行星带显然是一个特例，它让我们看到了那些没能成功聚集成团的独立碎片的最终形态。

---

[1] 提丢斯–波得定则，简称"波得律"，是表示各行星与太阳平均距离的一种经验规则。它是在1766年德国的一位中学教师戴维·提丢斯（1729—1796）发现的。后来被柏林天文台的台长约翰·波得（1747—1826）归纳成了一个经验公式来表示。

行星名称	与太阳的距离 （以地日距离为单位）	各行星与太阳的距离除以 前一颗行星与太阳的距离 得到的比值
水 星	0.387	——
金 星	0.732	1.86
地 球	1.000	1.38
火 星	1.524	1.52
小行星带	约2.7	1.77
木 星	5.203	1.92
土 星	9.539	1.83
天王星	19.191	2.001
海王星	30.07	1.56
冥王星	39.52	1.31

  表格最后一栏中的数字极为有趣。除了个别例外，绝大部分数字都和"2"较为接近，于是我们粗略地总结出一个规律：各个行星轨道的半径大约等于离它最近的前一颗行星轨道半径的两倍。

  值得一提的是，单个行星的卫星也适用于同样的规则。例如，下表中罗列的土星的九颗卫星与土星之间的相对距离就能证明这一观点。

卫星名称	与土星之间的距离 （以土星半径为单位）	两颗相邻卫星与土星的 距离之比
弥玛斯	3.11	——
恩赛勒达斯	3.99	1.28
忒堤斯	4.94	1.24
狄俄涅	6.33	1.28
瑞亚	8.84	1.39
泰坦	20.48	2.31
许珀里翁	24.82	1.21
伊阿珀托斯	59.68	2.40
菲比	216.8	3.63

与行星类似，卫星之间的距离之比也有一些例外（尤其是菲比！），但毫无疑问，同样类型的天体存在着相似的规律性。

　　太阳周围的原始尘埃云在聚集的过程中并没有形成一个"大块头"，而是分解成了若干小块，而且这些小块最终形成的行星与太阳之间的距离又这么有规律，究竟是为什么呢？

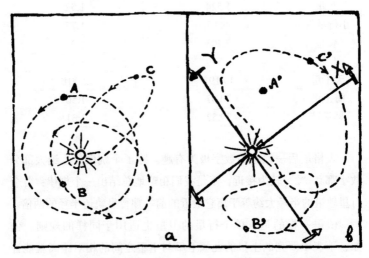

图118 以静止坐标系（a）和旋转坐标系（b）为参照观察圆周和椭圆形运动

　　为了回答这个问题，我们必须对原始尘埃云内部发生的物质运动进行更为详细的研究。首先必须记住，任何物体——无论是微小的尘埃颗粒、小陨石，还是大行星——围绕太阳运动时都遵循牛顿引力定律，因此它们的公转轨道必然是以太阳为焦点的椭圆形。如果形成行星的物质先前曾是直径为 0.0001 厘米的独立微粒[①]，那么当时必定有大约 10^{45} 个微粒沿着形状各异、扁度不一的椭圆形轨道绕太阳旋转。如此拥挤的交通，单个粒子之间不断发生碰撞，从而导致整个尘埃群按照某种规律变得有组织起来。事实上，

———————————————————

① 形成星际物质的尘埃颗粒差不多就是这个尺寸。

310

这种碰撞要么让"交通违法者"粉身碎骨，要么迫使它们"绕行"到不那么拥挤的"车道"上。那么，这样的"组织"过程，或者说至少部分有组织的"交通行为"，到底遵循什么规律呢？

想要解决这个问题，我们不妨挑选一组都在围绕太阳公转且周期相同的微粒。其中部分微粒的轨道是半径相等的圆形，而另一些则是扁度不一的椭圆轨道（见图118a）。现在，我们试着用一个围绕太阳公转，周期与这些微粒相同的坐标系（X，Y）为参照，来描述这些粒子的运动。

首先，以这个旋转坐标系为参照来看，沿着圆形轨道运动的微粒（A）在A′上完全静止了。沿着椭圆轨道绕太阳运动的微粒B的位置时远时近，靠近太阳时角速度较大，远离太阳时角速度较小。因此，它有时会跑到均匀旋转的坐标系（X，Y）前面，有时则会落到后面。不难看出，在这个系统中，微粒B的运动轨迹类似于一个闭合的豆荚形封闭轨道B′，如图118b所示。此外，在系统（X，Y）中还可以看到另一个微粒C，它沿着一条更长更扁的椭圆形轨道运动，其运动轨迹宛如一个更大的豆荚，标记为C′。

很明显，如果我们想让这些微粒科学运动，各行其道，那么以均匀旋转的坐标系（X，Y）为参照，要让它们的豆荚形轨道保持独立，互不相交。

请记住，公转周期相同的微粒，与太阳之间的平均距离必然相等。在坐标轴（X，Y）中，这些纵横交错的轨道就像给太阳戴上了一条"豆荚项链"。

上述分析对于读者来说可能略显晦涩，但其背后的原理其实非常简单。它呈现的是一幅和谐的粒子运动图，告诉我们，与太阳平均距离相等并因此具有相同公转周期的微粒如何实现互不干扰的运动。原始尘埃云中，围绕太阳运动的微粒和太阳的平均距离参差不齐，公转周期也各不相同，在如此复杂的条件下，太阳周围速度各异的"豆荚项链"绝对不止一条。通过深入的分析，魏茨萨克发现，为了确保这个系统的稳定性，每条"项链"都必须包含五个独立的旋涡状结构，如此一来，原始太阳系内的运动全景肯定和图119较为相似。这样的排列能确保每条项链内部得以"安全运行"，但由于这些项链的旋转周期不同，所以不同的项链一旦接触，必然发生"交通事故"。相邻项链的边界区域时常发生碰撞，这必然导致物质在特定距离上聚集形成许多体积越来越大的团块。慢慢地，项链内部的物质逐渐稀薄，而边界区域富集的物质日渐丰富，最终形成了行星。

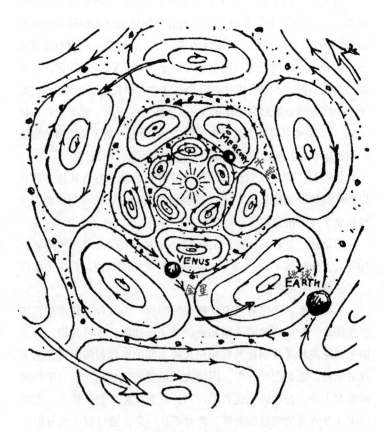

图119 原始太阳风套内的尘埃交通路线图

通过上面描述的行星系统形成过程，我们明白了行星轨道半径为何会遵守特定的规则进行运转。事实上，只要从几何层面思考一下就会发现，在图119展示的运动模式中，相邻项链之间连续边界线的半径形成了一个简单的几何级数，且每条边界的半径都是上一条的两倍大。此外，我们对于这条规则的运用不要有过高的期望值，因为它代表的是一种趋势，而非绝对。原始尘埃云内部的微粒运动并未严格遵循特定的定律，只是在众多不规则的运动中表现出了某种特定的趋势。

该规则同样适用于不同行星的卫星轨道，这意味着卫星的形成过程与行星大致相同。包裹太阳的原始尘埃云被分解为独立的微粒群（它们是行星的雏形），这一过程在各个微粒群中反复发生，大部分物质集中在中心形成行星本体，其余物质在周围盘旋，最终聚集形成多颗卫星。

在我们热烈讨论尘埃微粒相互碰撞、聚集成团的时候，对那些来自原始太阳系外壳的气体下落还没有交代清楚。你是否记得，这些气体约占其总质量的99%，而它们的走向也十分简单。

尘埃粒子相互撞击形成越来越大的物质块时，无法聚集的气体逐渐散逸到星际空间。通过简单的计算可以得知，这种耗散所需的时间约为100 000 000年，也就是说，与行星生长的时间大致相同。因此，当行星最终形成时，原始太阳系外壳的大部分氢和氦都已经逃离了太阳系，只留下了上面所说的黄道光那一点点微不足道的痕迹。

魏茨泽克理论还有一个重要的成果：太阳系的形成并不是一个特殊事件，宇宙中几乎所有恒星的形成都会经历类似的事情。这一说法与碰撞理论形成了鲜明对比，碰撞理论认为行星形成的过程在宇宙历史上是非常特殊的。事实上，按照碰撞理论的计算结果，类似于恒星碰撞产生行星系这样的概率少之又少，整个银河系中约有40 000 000 000颗恒星，在它数十亿年的历史中，这样的碰撞也只有几例而已。

照现在看来，如果每颗恒星都拥有一个行星系统，那么光是银河系就存在有数百万颗物理条件与地球几乎相同的行星。那么，如果它们中没有孕育出"生命"，甚至是最高形态的生命，那就是一件无比稀奇的事情了。

在第九章中，我们了解到最简单的生命形式（如不同种类的病毒），其实就是一些相当复杂的分子，它们主要由碳、氢、氧和氮原子组成。由于这些元素大量存在于在任何新形成的行星表面，我们必须相信，在坚硬的固体地壳形成后，大气中的水蒸气以雨滴的形式在地表汇聚成较大的蓄水池，某些必要的原子按照特定的顺序偶然结合起来，地面上迟早会出现一些这种类型的分子。可以肯定的是，由于活分子非常复杂，所以它们意外形成的概率极低，举个不恰当的例子，这就像我们捧着装拼图的盒子晃一晃，它们又有多大的概率能够自动拼成完整的图案呢？但另一方面，我们不能忽略还有大量的原子在不断地相互碰撞，而且它们拥有无穷无尽的时间，这似乎又让我们看到了生命诞生的希望。事实上，地球上的生命在地壳形成后不久就出现了，这似乎表明原子也许只需要数亿年的时间就有机会形成复杂的有机分子。一旦最简单的生命形式出现在新形成的行星表面，有机繁殖和逐渐进化的过程将创造出越来越复杂的生命形式。[1]至于其他与地球条件相似的星球上是否也存着同样的生命进化，我们就不得而知了。研究不同世界的生命将从根本上帮助我们更好地理解进化的过程。

或许在不久的将来，人们就能乘坐"核动力太空船"飞往火星和金星（太阳系中"最适宜居住"的行星），就能探寻那些行星上的生命奥秘。但是，成百上千光年之外的其他恒星世界中是

---

[1] 关于地球生命的起源和进化，更为详细的讨论可以参考作者的《地球传》（纽约，维京出版社，修订版，1959；1941年首次出版）。

否有生命存在，或者存在什么样的生命体，这或许是科学永远无法解答的谜团。

2. 恒星的"生活"

在对恒星孕育行星的完整过程有了一个大概的了解之后，现在我们来关注一下恒星本身。

恒星的生命历程是怎样的？恒星到底是怎么诞生的？它在漫长的生命中经历了怎样的变化，最终又将走向什么样的结局？

研究这个问题可以由观察太阳入手。太阳是构成银河系的数十亿恒星中最具代表性的一员。首先，太阳是一颗相当古老的恒星，根据古生物学的研究数据，太阳已经以同样的亮度燃烧了几十亿年，为地球上所有生命的孕育和成长提供了能量。任何常规光源都不可能在如此漫长的时间里持续输出这么多的能量。太阳辐射的来源问题曾经是最令人困惑的科学谜题之一，直到元素的放射性嬗变和人工嬗变被发现，才向我们揭示了隐藏在原子核深处的巨大能量源。在第七章中我们看到，几乎每一种化学元素都是"炼金术"燃料，拥有巨大的能量输出潜力。如果将这些物质加热至几百万度，这些能量就会被释放出来。

尽管如此高的温度在地球上的实验室中几乎无法达到，但在恒星世界中却司空见惯。例如，太阳表面的温度只有6000度，但越往内部温度越高，太阳中心的温度高达2000万度。根据观测到的太阳表面温度和形成太阳的气体已知的热传导率，可以很容易地计算出这个数字。同样，如果我们知道热土豆的表面温度以及土豆材料的热传导率，即便不把滚烫的土豆切开，我们也能计算出其内部的温度是多少。

对太阳的中心温度有所认知之后，再加上关于各种核嬗变反应速率的知识，我们就能推算出太阳的能量产生具体是由哪些反应导致的。两位对天体物理问题有着浓厚兴趣的核物理学家H.贝特[1]和C.魏茨泽克，同时发现了这种被称为"碳循环"的重要核反应过程。

负责生成太阳能量的热核过程并不只有单一的核嬗变，它是由一系列相互关联的嬗变过程组成的一个完整的反应链。这一系列反应最有趣的特征就是它是一个闭合的循环链，完成六个步骤之后就会回到起点。图120所描绘的就是太阳核反应链的示意图。我们看到，这一序列的反应中，主要参与者是碳核和氮核，以及和它们发生碰撞的热质子。

例如，以普通的碳（C^{12}）为起点，我们看到，它与一个质子碰撞之后形成了氮的轻同位素（N^{13}），同时以γ射线的形式释放出一些亚原子能。对于核物理学家来说，这一反应过程再熟悉不过。他们早就在实验室中利用人工加速获得了高能质子。由于N^{13}的原子核并不稳定，它会释放出一个正电子或者带正电的β粒子，变成稳定的碳的同位素原子核（C^{13}），这种碳同位素仅有少量存在于普通的煤中。紧接着，这个碳同位素会和另一个热质子碰撞，从而转变为普通的氮（N^{14}），同时释放出强烈的γ射线。然后，N^{14}原子核（也可以把它作为一个新的开始来描述这个循环的过程）与另一个（第三个）热质子相遇，碰撞出不稳定的氧同位素（O^{15}），后者再次释放出一个正电子，并迅速变成了稳定的N^{15}。最后，N^{15}接纳了最后一个质子，分裂为两个不均等的部分，其中一个是循环开始时出现的C^{12}原子核，而另一个则是氦原子核，又称为α粒子。

上述实验中，我们看到循环反应链中的碳和氮原子核在不断地毁灭和重生，它们起到了化学上所说的催化剂的作用。反应链的最终结果是加入循环过程的四个质子组成了一个氦原子核。因

---

① 汉斯·贝特（1906—2005），物理学家。贝特在天体物理学、量子电动力学和固体物理等方面有重要贡献，由于在恒星核合成理论方面的工作（提出了碳氧循环），获得了1967年诺贝尔物理学奖。

此，我们可以将整个过程描述为在高温的环境下，碳和氮催化助推了氢转化为氦。

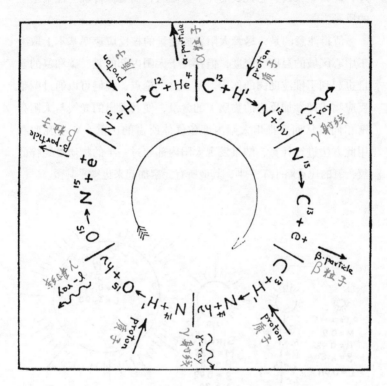

图120 为太阳提供能量的循环核反应链

贝特指出，在2000万度的高温下，反应链释放的能量与太阳辐射的能量一致。除此之外，其他任何反应都不符合现有的天体物理学观测证据。因此我们必须承认，太阳的能量由碳-氮循环反应提供。此外，在太阳内部的温度环境下，图120所示的反应链完整循环需要大约500万年才能实现。当这一过程接近尾声，最初进入反应的每一个碳（或氮）核都将以最终的样貌原封不动地再次出现。

鉴于碳在这一过程中所起到的基本作用，前人所秉持的"太阳的热量来自煤炭"的原始观点，似乎还是有一定道理的。只不过，此碳非彼碳，它代表的并不是燃料，而更像传说中涅槃重生的凤凰。

值得注意的是，尽管太阳释放能量的核反应速率基本上取决于中心区域的温度和密度，但存在于太阳内部的氢、碳和氮的含量也起到了推波助澜的作用。基于这个论点，我们可以通过调整反应物（即参加反应的物质）的含量，使其发出的光线与太阳亮度相同，从而反推出太阳内部各气体所占的比重。M.史瓦西利用此方法进行计算，结果发现太阳内部超过一半的物质是纯粹的氢，氮的比重略小于一半，其他所有元素加起来也微乎其微。

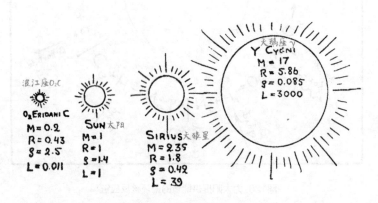

图121 恒星的主要星序

对太阳能量来源的解释同样适用于绝大多数恒星。不同质量的恒星中心温度各不相同，所以它们产生能量的速率各不相同。例如，被称为波江座 O_2C 的恒星质量约为太阳的1/5，与之对应的是其亮度仅为太阳的1%。另一方面，被称为天狼星的大犬座 α 质量约为太阳的2.5倍，亮度是太阳的40倍。还有天鹅座Y380这样的巨型恒星，其质量大约是太阳的40倍，亮度则是太阳的几十万倍。

所有这些例子都说明，随着恒星质量的增加，其亮度也以几何级数增长，中心温度越高，"碳循环"的反应速率也就越高。根据恒星的"主星序"，我们还发现质量的增加会导致恒星半径的增加（如：波江座O_2C的半径是太阳的0.43倍，而天鹅座Y380的半径是太阳的29倍），但是质量增加之后，它们的平均密度会随之减少（如：波江座O_2C的密度是2.5，太阳的密度是1.4；天鹅座Y380的密度是0.002）。图121的图表向我们展示了关于主序恒星的一些数据。

除了这些半径、密度和亮度由质量决定的"正常"恒星外，天文学家还在天空中发现了一些显然不符合这种简单规律的恒星。

首先是所谓的"红巨星"和"超巨星"，尽管它们的物质数量、亮度都与"正常"恒星相同，但它们的尺寸明显要大得多。在图122中，我们给出了这组异常恒星的示意图，其中包括著名的五车二、室宿二、毕宿五、参宿四、帝座和御夫座 ε。

显然，这些恒星的本体被某种我们尚无法解释的内部力量撑到了几乎难以置信的大尺寸，导致它们的平均密度远低于任何正常恒星的密度。

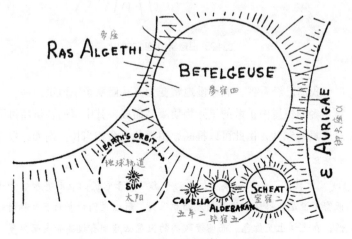

图122 巨星和超巨星与太阳系的大小对比

与这些"膨胀"的恒星形成鲜明对比的是另外一类直径收缩得极小的恒星，其中一种被称为"白矮星"[①]。图123展示了白矮星和地球的对比图。天狼星伴星的质量与太阳相似，但其直径只比地球大三倍，这意味着它的平均密度大约是水的500 000倍！显然，白矮星是恒星演化的终极阶段，到了这个时期，恒星几乎消耗完了其内部所有可用的氢燃料。

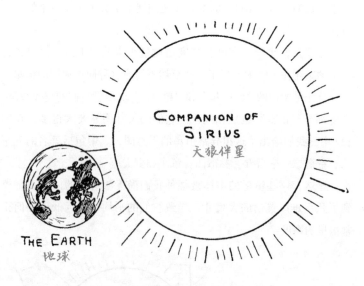

图123 白矮星和地球的对比

　　我们已经看到，氢缓慢地嬗变为氦从而赋予了恒星生命。一颗年轻的恒星由扩散的星际物质凝结而成，其中氢的含量超过了总质量的50%，由此可以推断，恒星的寿命相当长。例如，根据

───────────────

[①] "红巨星"和"白矮星"这两个名字源于它们的表面亮度。由于低密度恒星能够释放能量的表面积很大，所以它们的表面温度相对较低，在光谱上呈红色。而密度较高的恒星必然拥有极高的表面温度，是以呈现一种"白热"的状态。

观测到的太阳亮度可以推算出它每秒消耗约6.6亿吨氢气。太阳的总质量为2×10^{27}吨，其中一半都是氢，因此太阳的寿命约为15×10^{18}秒，将近500亿年！太阳目前大约有30亿至40亿年的历史，[1]相比之下，它还是一个年轻人，还将在未来几十亿年的时光里继续像现在一样发光发热。

对于那些质量越大，亮度也因而越高的恒星来说，它们对初始氢储备的消耗速率要比太阳快得多。例如：天狼星比太阳重2.3倍，因此它最初含有的氢燃料也是太阳的2.3倍；而它的亮度是太阳的39倍，所以它在单位时间内消耗的燃料也是太阳的39倍。如此一来，天狼星将在30亿年内全部消耗殆尽。对于那些更亮的恒星来说，譬如天鹅座 γ（它的质量是太阳的17倍，亮度是太阳的30 000倍），初始氢燃料能持续的时间不超过1亿年。

当一颗恒星的氢储备被耗尽时，会发生什么呢？

核聚变所产生的能量是支撑恒星维持漫长生命的"灵丹妙药"，使它能够在很长一段时间内维持现状。而随着能量的消耗，恒星本体逐渐开始收缩，自身密度将会变得越来越大。

天文观测表明，宇宙中存在大量这类"萎缩恒星"，它们的平均密度是水的几十万倍。这些恒星如今依旧灼热，极高的表面温度使得它们发出明亮的白光，与主序恒星中正常的黄色或红色光芒形成鲜明对比。然而，由于这些恒星的体积很小，它们的总亮度也不高，大约只有太阳的几千分之一。天文学家将恒星演化的终极阶段命名为"白矮星"，这个术语囊括了它在亮度和几何尺寸上的特征。随着时间的推移，白矮星本体呈现出的状态将会发生变化，它们会逐渐失去亮度并最终变成"黑矮星"，也就是我们使用常规天文观测方法无法看到的那些冰冷的大团物质。

---

[1] 根据魏茨泽克理论，太阳应当是在行星系形成不久前构建完成的，而我们估算的地球年龄大约是三四十亿岁，所以太阳的年龄也差不多。

这里必须注意的是，这种耗尽所有氢燃料后的收缩和冷却过程并不总是安静有序的。实际上，当恒星即将走完生命的最后旅程时，极易发生猛烈的爆炸，似乎是要通过这最后的"呐喊"去抗争这无法改变的命运。

　　这些灾难性事件被称为"新星爆发"和"超新星爆发"，[①]是恒星研究领域中最令人兴奋的课题之一。短短数日之内，一颗其貌不扬的恒星亮度突然激增了数十万倍，表面温度急速升高。伴随着亮度的突然增加，恒星的光谱也随之发生变化，研究表明，此时的恒星体正在迅速膨胀，其外层以每秒2000公里的速度向外扩张。但是，亮度的激增只是暂时的，当尺寸膨胀到一定限度后，恒星会慢慢稳定下来。爆炸恒星的亮度通常只需一年左右的时间即可恢复正常，只是在此之后的一段时期内，人们还是可以观察到恒星辐射的微小变化。尽管恒星的亮度恢复正常，但它的其他性质却并非如此，在爆炸阶段参与了急速扩张的那一部分气体会继续向外运动，在恒星外部形成一个直径逐渐增长的发光气体外壳。关于爆炸之后恒星会发生哪些永久性的变化，目前依旧没有完整的证据能说清楚，因为天文学家们只拍摄到了一颗新星（御夫座新星，1918年）爆炸前的恒星光谱。但就算是这张照片，看起来也并不完美，无法帮助我们确定这颗新星爆炸前的表面温度和直径。

　　通过对超新星爆炸的观测，我们可以更好地研究其爆炸所产生的后果。在银河系中，这样壮观的恒星爆炸好几个世纪才会发

---

① 新星爆发，是由一颗白矮星和主序星或者红巨星组成的密近双星系统中吸积到白矮星表面的富氢气体发生热核爆发的结果。热核爆发过程中产生的能量足以抛射掉大部分吸积的物质。超新星爆发是某些恒星在演化接近末期时经历的一种剧烈爆炸。这种爆炸都极其明亮，过程中所突发的电磁辐射经常能够照亮其所在的整个星系，并可持续几周至几个月才会逐渐衰减变为不可见。

生一次（与每年约爆炸40次左右的普通新星形成了鲜明对比①），超新星的亮度比普通新星高出几千倍。爆发的超新星在峰值阶段的亮度堪比整个银河系。第谷·布拉赫②于1572年在明亮的白天观测到的那颗恒星与中国天文学家在1054年记录的另一颗恒星③都是银河系超新星爆发的典型案例，伯利恒之星④大抵也如此。

---

① 此为大概界定。宇宙中存在一类特殊的天体，被称为"复发新星"，爆炸颇为频繁。2008年，天文学家在银河系隔壁的仙女座星系发现了一个奇怪的现象——没有任何预兆，一颗星星突然爆炸，变得非常明亮，15天后才逐渐暗下来。这颗星名为M31N 2008-12α（简称12α），它爆炸之后并未消失，一年之后，它又炸了！在2008年至2016年间，它每隔一年就炸一次。科学家估计，12α的反复爆炸已经持续了数百万年。目前，人类在银河系中发现了十多颗复发新星。不过，复发新星的爆炸不会永远持续下去。爆炸后还会有一些氢气残余，将使白矮星一点点变重，超过质量上限后，就会变成新星"升级版"——超新星，它会在更猛烈的爆炸后彻底毁灭。经过漫长的岁月，这些白矮星的余烬与残骸又会因引力而凝聚起来，成为新恒星的温床。

② 第谷·布拉赫（1546—1601），丹麦天文学家和占星学家，近代天文学的奠基人。他曾提出一种介于地心说和日心说之间的宇宙结构体系，17世纪初传入我国后曾一度被接受。第谷编制的一部恒星表相当准确，仍然有使用价值。

③ 1054年7月4日产生蟹状星云的一次超新星爆发，被中国宋朝的天文学家详细记录，据《续资治通鉴长编》卷一七六中载："至和元年五月己酉，客星晨出天关之东南可数寸（嘉祐元年三月乃没）。"

④ 有人认为是当时发生在北半球看观测的某一次超新星爆发，其明亮程度和持续时间都比较罕见。根据圣经的记载，这颗星在天上至少存在几个月到一年以上，而只出现于耶路撒冷附近星空，之后神秘消失。英国著名科幻作家阿瑟·C.克拉克的名篇《星》，即是以这一事件为背景写成。

1885年，我们在邻近的仙女座大星云里观测到第一颗银河系外的超新星，其亮度是该星系中以往观测到的任何超新星亮度的一千倍。尽管这样巨大的爆炸相当罕见，但近年来我们对超新星性质的研究依旧取得了极大的进展，这都得归功于巴德和兹威基[1]的观测。他们是第一个意识到这两种爆炸之间存在巨大差异的人，并就此启动了对各个遥远星系超新星的系统研究。

　　尽管超新星和普通新星爆炸时在亮度上相差悬殊，但二者还是有许多相同的特点。二者的亮度都会迅速上升，然后缓慢下降，变化时曲线状态（除了尺度以外）几乎一样。与普通新星类似，超新星爆炸会产生一个急速膨胀的气壳，但超新星的气壳带走的质量在恒星总质量中的占比更大。事实上，新星的气壳会越来越薄并迅速消失在周围的空间中，而超新星释放出的气体会在爆炸点的周围形成明亮的巨大星云。比如，1054年的那颗超新星爆炸后，我们在其原来所在的位置看到了"蟹状星云"，这极有可能由恒星爆炸时所喷射出的气体形成（详见图片Ⅷ，P343）。

　　我们已经找到了这颗特殊的超新星爆炸后残存的遗骸。事实上，在蟹状星云的正中心，观测显示那里存在着一颗光线暗淡的恒星，根据其特征，这颗恒星被归类为密度非常高的白矮星。

　　所有证据都表明，超新星爆发的物理过程与普通新星十分相似，只是前者的规模比后者大得多。

　　在接受新星和超新星的"坍缩理论"之前，我们必须考虑清

---

① 弗里茨·兹威基（1898—1974），瑞士天文学家。兹威基的主要贡献是对超新星现象的研究。他曾在1934年和巴德一起确认宇宙中有比新星更激烈、释放能量更多、光变幅更大的灾变天体。兹威基认为宇宙物质的演化是沿着从稀到密和从密到稀两个方向进行的，超新星爆发是双向演化的典型：一方面外部物质抛散到空间，另一方面内部物质收缩为致密天体。根据这思想，他预言应有中子星存在，还预言可能有整个星系核的大规模爆发。

楚，是什么原因导致整个恒星体产生了急速收缩。目前已经有充分的证据表明，恒星是由灼热气体组成的大质量天体，它之所以能维持自身的平衡状态，全靠内部灼热物质形成的高气压支撑。只要上述"碳循环"在恒星中心持续进行，恒星核产生的能量就可以不断支持表面向外辐射能量，让其维持现有状态。但是，一旦氢燃料完全耗尽，原子能供应不上，恒星就会发生收缩，将其引力势能转化为辐射。只不过这样的引力收缩过程进行得十分缓慢，因为恒星物质的热传导率极低，热量从核心部位传导到表面需要很长的时间。举个例子，假如太阳开始收缩，至少要到1000万年以后它的直径才会变成现在的一半。任何试图加快收缩速率的行为，都会立即释放出额外的引力势能，导致恒星内部的温度和气压上升，反而减缓收缩过程。由此可以看出，想要促使恒星加速收缩，让其像新星和超新星那样快速坍缩，唯一的方法是设法移除收缩过程中恒星内部产生的一部分能量。例如，如果恒星物质的不透明度可以降低数十亿倍，那么收缩的速度将以同样的比例增加，恒星将在短短几天内坍缩。然而这种可能性几乎为零，因为目前的辐射理论明确指出——恒星物质的不透明度显然由其密度和温度决定，即便只是降低10倍或100倍也无比困难。

最近，笔者和他的同事舍恩伯格博士（Dr.Schenberg）提出，恒星坍缩的真正原因是中微子的大量形成，本书第七章中对此有详细的讨论。对中微子的描述可以看出，它显然是去除收缩恒星内部多余能量的理想介质，因为它可以毫不费力地穿透恒星，就像一扇透明的窗户无法阻挡射入的光线一样。至于"收缩中的恒星是否会产生中微子以及产生的量是否足够"这些问题仍然有待做进一步研究。

各种元素的原子核捕获快速移动的电子这一过程中必定会释放出中微子，高速电子穿透原子核的瞬间，一个高能中微子会被直接释放出来，电子被保留在原子核内部，虽然元素的电子量没变，但原子核却变得不稳定了。这个新形成的原子核只能维持很短的时间，然后就会迅速衰变，释放出一个电子和另一个中微子。然后，这个过程再次从头开始，继续循环，继续制造出新的中微子……（见图124）

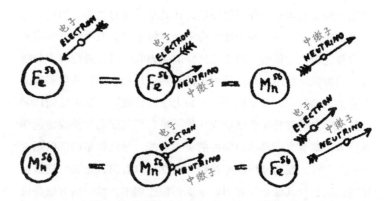

图124 铁原子核中的尤卡过程促使中微子不断形成

如果温度和密度足够高，就像收缩恒星的内部环境一样，那么中微子将带走许多能量。例如，铁原子的中微子捕获并重新释放电子的过程中，通过中微子转移的能量多达每秒每克10^{11}尔格[①]。如果将铁换为氧（它所产生的不稳定原子核为放射性氮，衰变周期为9秒），恒星每秒甚至要损失10^{17}尔格的能量。由于氧原子损失的能量如此之高，恒星在此种情况下，只需要25分钟就会完全坍缩。

综上所述，收缩恒星灼热的中心区通过中微子被转移能量这一事实让我们清晰地认知到恒星坍缩的原因。

然而，必须指出，尽管我们能够轻松地计算出中微子转移能量的损失速率，但就坍缩过程来说，依旧面临着许多数学上的难题，所以目前只能对这类事件做出定性的解释。

---

① 尔格是一个能量单位，1尔格=1×10^{-7}焦耳。

图125 超新星爆炸的早期和晚期阶段

可以想象，由于恒星内部气压不足，在引力的驱动下，形成恒星外部巨大天体的物质开始向内坍缩。然而，由于恒星通常处于旋转状态，所以它的坍缩过程是不对称的，两极区域的物质（即位于旋转轴附近的物质）会先向内塌陷，赤道区域的物质反而被挤到了外面（见图125）。

这个过程会将之前隐藏在恒星深处的物质带出来，导致恒星表面的温度骤然升高几十亿度，这也是恒星亮度突然增加的原因。伴随着这一过程，旧恒星的坍缩物质在中心凝结成一颗高密度的白矮星，而被排出的物质会逐渐冷却并继续扩张，形成蟹状星云那样的弥散结构。

3. 原始的混沌与膨胀的宇宙

把宇宙视为整体，我们就面临一个问题——宇宙是否会随着时间的推移而发生演变？是否可以假设它的过去和未来都和我们现在所看到的样子差不多？或者说宇宙一直在发生变化，而且经历了不同的演化阶段？

基于不同学科积累的知识，我们得出了一个非常明确的答案：是的，我们的宇宙正在逐渐发生变化，它确实拥有过去、现在、未来三种状态。除此之外，大量的实验数据表明，宇宙有一个属于自己的混沌时期，从那个起点开始逐步演化发展到了现在的状态。正如前面所看到的，太阳系的年龄大约为几十亿岁，这一数字可以通过多角度多学科进行验证。对于被太阳的强大引力从地球上分离出去的月球而言，它的年龄也至少有几十亿岁了。

针对独立恒星演化过程的研究（见上一节）表明，现在在天空中看到的大多数恒星起码也有几十亿岁。对恒星运动的常规性研究，特别是双星和三星系统的相对运动，以及被称为星系团的更复杂恒星群的相对运动的研究，让天文学家们得出结论：这些星星存在的时间不可能超过几十亿年。

宇宙中各种化学元素的相对丰度[①]（特别是已知会产生逐渐衰变的钍和铀等放射性元素的数量）为我们提供了另一个纬度的独立证据。历经衰变洗礼，如果这些元素依旧存在于宇宙中，我们只能认为它们也是由其他较轻的原子核组合形成，或者是若干年前自然形成后剩余的那一丁点儿"库存"。

基于目前对核嬗变过程的了解，第一种可能性被直接否定，因为即便在最灼热的恒星内部，其温度也不足以"烹制"出放射性重原子核。事实上，正如我们在上一节中所看到的，恒星内部

---

① 相对丰度反映了一种物质中某种元素的比例与所有元素的比例之比，表达为某元素含量占总质量的百分比。

的温度是以数千万度为单位计量的，而用较轻元素的原子核"烹制"出放射性原子核需要几十亿度的高温。

因此，我们认为，重原子核属于宇宙进化的某个特殊时期，那时所有物质都处于超高的温度和压力之中。

我们还可以估计一下宇宙处于这一"炼狱"阶段的大致时间。我们知道，钍和铀238的半衰期分别为180亿年和45亿年，自它们形成以来就没有发生过大规模的物质衰变，因为它们目前的丰度和其他稳定的重元素差不多。另一方面，铀235的半衰期大约只有5亿年，其丰度是铀238的1/140。所以既然我们现在还能看到大量存在的铀238和钍，表明元素的形成时间绝不会超过几十亿年。而铀235相对较少，也为更为精准的估算提供了条件。事实上，如果这种元素的数量每隔5亿年就减少一半，既然现在铀235的丰度相当于铀238的1/140，那么铀235至少经历了7个半衰期，因为 $\left(\frac{1}{2}\right)^7 = \frac{1}{128}$，也就是35亿年。

这种根据核物理学数据对化学元素年龄进行的估算，其结果与天文学家观测行星、恒星和星系团得出的结论完全一致！

不过，在几十亿年前那个万物萌发的早期阶段，宇宙的状态是什么样子呢？宇宙是经历了何种淬炼才变成了今天这个状态？

上述问题可以通过研究"宇宙膨胀"现象找到答案。在上一章中已经看到，广袤的宇宙空间中充斥着数目庞大的星系（或者说恒星系），而太阳只是这诸多星系中被称为银河系的那一个群体中数十亿颗恒星中的一员。在200英寸望远镜的帮助下，我们能看到这些星系均匀地散落在太空中。

威尔逊山的天文学家E.哈勃在研究来自这些遥远星系的光谱时注意到，光谱线略微偏向红色的一端，越遥远的星系"红移"就愈发明显。事实上，天文学家发现，不同星系中观察到的星系"红移"程度，与它们到地球的距离成正比。

想解释这一现象，最自然的方法是假设所有星系都在离我们远去，离得越远退得越快。这种解释是基于所谓的"多普勒效应"，即接近我们的光源，其发光的颜色会更偏向于光谱的紫色一端。相反，远离我们的光线则更偏向于红色的一端。当然，要想观察到明显的偏移，光源与观察者的相对速度必须非常大才行。当R.W.伍德教授[1]在巴尔的摩因为闯红灯而被捕时，他告诉法官，因为多普勒现象，他的汽车当时非常靠近红绿灯，所以他看到的灯是绿色的。这显然是在狡辩。如果法官对物理学知识再了解一些，他就会要求伍德教授计算出他要把红灯看成绿灯，他的车速需要达到多少，并给他来上一张超速罚单！

再回到星系"红移"的问题。乍一看，这个结论相当尴尬，似乎宇宙中所有的星系都在逃离银河系，就好像它是弗兰肯斯坦的星系怪物！银河系究竟有何种不为人知的可怕之处，以至于它在众多星系中如此不受欢迎？其实，稍微思考一下这个问题，我们很容易得出结论：银河系并无特别之处，而其他星系也并非只想逃离它，它们在互相远离彼此。这就像一个表面涂有圆点图案的橡胶气球（见图126），当你开始给它充气，球体表面会被拉伸得越来越大，波点之间的距离也随之不断增长。从任意一个点看其他点，都会觉得它们正在"逃离"自己。而且，在这个膨胀的气球表面，不同的点后退速度与它和参照点之间的距离成正比。

这个例子非常清楚地表明，哈勃观测到的星系后退，并非银河系的性质或位置有何特殊之处，可以简单地理解为：宇宙空间正在缓慢而均匀地膨胀，致使散布在其中的星球不断远离彼此。

---

[1] 罗伯特·威廉姆斯·伍德（1868—1955），美国实验物理学家，主要研究领域是光学与光谱学。伍德改进了衍射光栅的设计，并将其应用在天体摄谱仪上；伍德在彩色摄影方面的工作也催生了如紫外滤光片与红外滤光片等对天文观测非常重要的工具。在20世纪初期，伍德通过设计一系列实验，发现对液态金属（如汞）施加特定的旋转速度可以使液体表面形成抛物面，证明利用液态金属制作反射望远镜的镜面是可行的，并建造了世界上第一台实用的液体镜面望远镜。

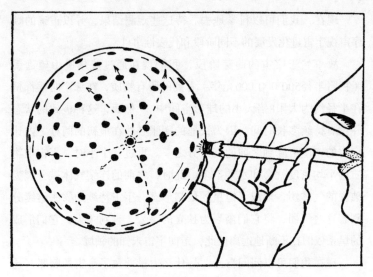

图126 橡胶气球不断膨胀的时候，球面上的点彼此远离

　　根据观测到的膨胀速度和目前相邻星系之间的距离，可以很容易地计算出这种膨胀一定是在50亿年前就开始了。[1]

　　在此之前，我们现在称之为星系的独立恒星云正在整个宇宙空间中形成均匀分布的恒星，而在更早的时候，众多恒星聚集在一起，形成连续分布的灼热气体。再往前追溯，我们发现这种气体密度更大、温度更高，显然，这正是各种化学元素（尤其是放射性元素）广泛形成的时期。时光继续倒流，我们发现宇宙中的物质紧紧地挤成一团，形成了我们在第七章中讨论过的那些密度和温度都高到不可思议的"原子核汤"。

---

[1]　根据哈勃的原始数据，两个相邻星系之间的平均距离约为170万光年（即1.6×10^{19}公里），而它们相互远离的速度约为每秒300公里。假设宇宙膨胀的速率保持不变，膨胀的时间应该为$\frac{1.6 \times 10^{19}}{300}=5 \times 10^{16}$秒$=1.8 \times 10^{9}$年。不过，最近的研究表明，宇宙膨胀的时间应该比这个还要长。

现在，我们可以科学地去看待这些观测结果，并以正确的顺序审视宇宙进化发展的不同阶段和代表性事件。

故事始于宇宙的萌芽阶段，我们现在通过威尔逊山望远镜（视野半径500 000 000光年）看到的所有物质，在那个时候都挤在半径约为太阳8倍大小的球形空间中。[①]然而，这种极致的状态并没有持续多长时间，因为快速的膨胀必然在最初的两秒之内让宇宙的密度下降到之前的百万分之一。再过几个小时，宇宙中物质的平均密度就会和水差不多。此时，之前的连续气体被分裂为独立的气体团，形成了恒星的最初形态。宇宙持续的膨胀继续分割着这些气团，将它们撕裂为独立的星云，直到今天，它们形成的星系依旧在不断地远离彼此，走向宇宙未知的领域。

现在我们可以问问自己，是什么力量导致了宇宙的膨胀？这种膨胀是否会停止，甚至转变成收缩状态？不断膨胀的宇宙物质是否有可能调转方向，将太阳系、银河、太阳、地球和地球上的人类挤压成一锅高密度的浆状物？

根据目前最可靠的消息，这种情况永远不会发生。很久以前，在其进化的早期阶段，膨胀中的宇宙打破了所有可能束缚它的"纽带"，现在它将按照惯性定律无限膨胀下去。刚才提到的"束缚"其实就是引力，引力往往会阻止宇宙变得分崩离析。

下面用一个简单的例子来帮助大家理解。假设我们尝试从地球表面向星际空间发射火箭，我们知道现有的火箭，哪怕是著名的V2，也没有足够大的推进力能够使其进入自由空间。受到引力的作用，它们在上升过程中总是会被无情地"拉回"地面。然

---

① 由于原子核汤的密度是10^{14}克/立方厘米，而目前宇宙中物质的平均密度为10^{-30}克/立方厘米，所以我们能够酸楚宇宙的线收缩率为$\sqrt[3]{\dfrac{10^{14}}{10^{-30}}} \approx 5 \times 10^{14}$。因此，将$5 \times 10^{8}$光年的距离换算为那时的情况，就应该是$\dfrac{5 \times 10^{8}}{5 \times 10^{14}} = 10^{-6}$光年=10000000公里。

而，如果我们能够为火箭提供动力，使其以每秒11公里的速度离开地球（随着核动力火箭的发展，这一目标有望实现），它将能够超越地球引力的羁绊，进入自由空间，随心所欲地飘移。而这扭转局面的"11公里/秒"被称为地球引力的"逃逸速度"。

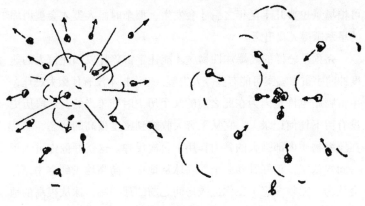

图127

想象一下，一枚炮弹在半空中爆炸，碎片四散开来（见图127a）。强大的爆炸力使得碎片挣脱了引力的桎梏。不用说，碎片之间的引力小得可以忽略不计，根本不会影响碎片在空间中的运动。但是如果这些引力变得更强，它就可以阻止碎片自由飞行，迫使它们坠落到共同的引力中心（见图127b），动能和引力势能的强弱决定了碎片是坠回原地还是飞向远方。

如果用独立的星系代替炮弹碎片，你将会看到前面描述的宇宙膨胀的画面。然而，由于星系碎片的质量很大，与它们的动能相比，引力势能就变得非常重要。[1]因此，只有仔细研究这两个量之间的关系，才能准确判断宇宙未来的走向。

根据现有的关于星系质量的最可靠数据，目前看来，后退星

---

① 运动粒子的动能与其质量成正比，而它们之间的引力势能与质量的平方成正比。

系的动能似乎比它们之间的引力势能大好几倍。由此可以推断，我们的宇宙将永远膨胀下去，绝不会给引力势能任何"拉拢"的机会。然而，与宇宙有关的大部分数据都不是很准确，未来的研究也可能会推翻这一结论。但是，即使膨胀的宇宙突然按下暂停键，甚至开始收缩，黑人灵歌当中所唱的"当星星开始坠落"的可怕场景也要几十亿年之后才会发生，那个时候人类才会被坍塌的星系压得灵魂出窍。

究竟是怎样的高爆炸性物质才能让宇宙碎片以如此惊人的速度冲向宇宙？答案可能有些令人失望：也许根本没有什么大爆炸，宇宙膨胀也许是因为在此之前的某个历史时期（当然，这段历史没有留下任何记录），它从无穷大收缩到密度极高的状态，然后在压缩物质内部强大的弹力作用下再次反弹。这就好像你进入了一间娱乐室，正好看到一个乒乓球从地板上高高地飞到空中，你会认为（无须多想）在你进入房间之前的那一刻，球从很高的地方掉到了地板上，所以它才会在弹力的作用下重新飞向空中。

现在，请放飞你的想象力，问问自己，在宇宙压缩之前，那个时空当中所有事件发生的顺序是否和现在截然相反。

试想一下，如果你在80亿年或100亿年前打开这本书，你是否会从最后一页向前读？那个时代的人们是不是从嘴里取出炸鸡，在厨房里赋予它们生命，然后再把它们送到农场，使其从成年退回幼崽，最终缩进蛋壳里，几周之后重新变成了新鲜的鸡蛋？尽管这些问题十分有趣，但从纯科学的角度却无法回答，因为宇宙的压缩会将所有物质挤压成均匀的核流体，并彻底抹去过往的所有痕迹。

附　录

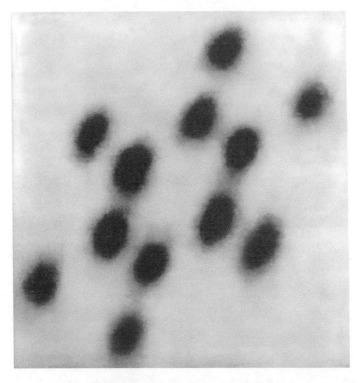

（图片由M.L.哈金斯教授提供，柯达实验室）

图片 I

六甲苯分子放大175 000 000倍之后的照片。

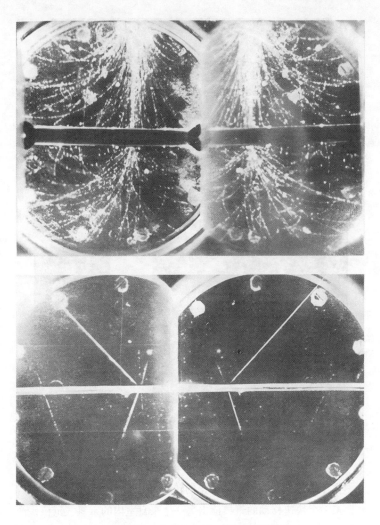

（图片由卡尔·安德森提供，加州理工学院）

图片 Ⅱ

A.宇宙射线流星雨起源于云室的外壁和铅盘的中部，形成簇射的正负电子在磁场中偏向相反的方向。

B.宇宙射线粒子在中央隔板上引发了核衰变。

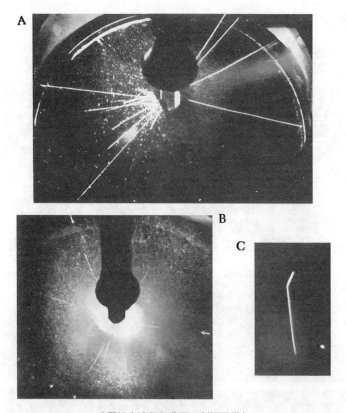

（图片由迪伊和费瑟于剑桥提供）

图片Ⅲ

人工加速抛射物引起原子核的转变。

A.一个快速移动的氘核撞击另一个来自室内的重氢气氘核，产生了氚核和普通氢核（$_1D^2+_1D^2\rightarrow_1T^3+_1H^1$）。

B.一个快速移动的质子撞击硼原子核，将其分解成三个相等的碎片（$_1B^{11}+_1H^1\rightarrow3_2He^4$）。

C.一个来自左边、图片中无法显示的中子将氮原子核分解为硼原子核（向上的轨道）和氦原子核（向下的轨道）。（$_7N^{14}+_0n^1\rightarrow_5B^{11}+_2He^4$）

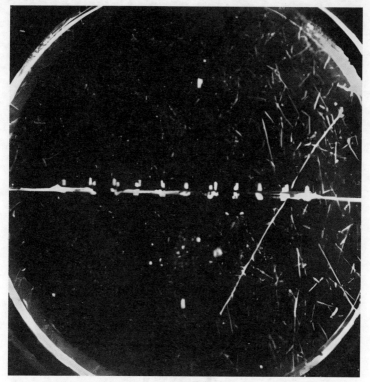

图片Ⅳ

　　铀核裂变的云室照片。一个中子（当然，你在照片中看不到它）击中了其中的一个位于薄层中的铀核。这两条轨道对应于两个裂变碎片，每个碎片的能量约为100兆电子伏特。

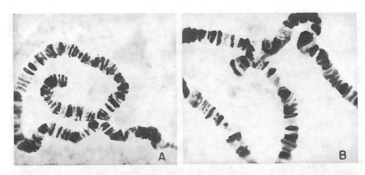

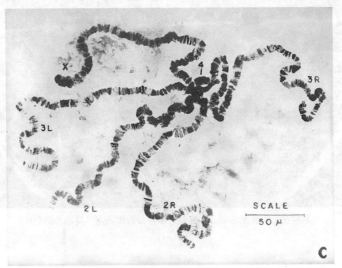

（图片出自《果蝇指南》，作者：M.德莫里克和B.P.卡夫曼，华盛顿，华盛顿
卡内基基金会，1945年，经德美莱克先生许可使用）

图片Ⅴ

　　A和B为黑腹果蝇唾液腺染色体的显微镜照片，显示了反转和
相互易位的情况。

　　C是黑腹果蝇雌性幼虫的显微镜照片，X与X染色体紧密配对且
并排在一起；2L和2R则表示成对的第二染色体的左右两边；3L和
3R为第三染色体；4是第四条染色体。

340

（图片由G.奥斯特博士和W.M.斯坦利提供）

图片Ⅵ

这是活的分子吗？这张照片是用电子显微镜拍摄的烟草花叶病毒颗粒，它们被放大了34800倍。

（图片来自威尔逊山天文台）

图片 Ⅶ

A.大熊座旋涡星云俯瞰图，一座遥远的岛屿。

B.后发座旋涡星云侧视图，另一座遥远的宇宙岛。

（图片由慧生山天文台的W.巴德提供）

图片Ⅶ

蟹状星云。1054年，中国天文学家在天空中的这片区域观测到一颗超新星爆炸后向外喷出的膨胀气体层。